计算机技术
开发与应用丛书

公有云安全实践

AWS版·微课视频版

陈 涛 陈庭暄 ◎ 编著

清华大学出版社

北京

内 容 简 介

本书是一本专门针对公有云安全进行深入探讨的书籍。它根据公共云领域广为接受的"云计算安全责任共担模型"，简要介绍了公共云供应商如何确保云自身的安全，并重点阐述了客户如何负责云上应用的安全配置与管理。

本书共 9 章，内容涵盖了云计算安全基础，身份和访问管理，计算安全管理，网络安全管理，数据安全管理，应用安全管理，密钥与证书管理，监控、日志收集和审计，以及事件响应和恢复等多方面。每章都深入浅出地讲解了相关的理论知识，并结合 AWS 的实际操作对示例进行了详细演示，使读者能够更好地理解和掌握公有云安全的实践技巧。

虽然市场上有多家公有云供应商，每家都有其独特的优势，但由于篇幅所限，本书的实践部分仅聚焦于 AWS 云。本书涵盖了 AWS 的 40 多种云服务，对其他公有云的安全管理也具有参考价值。

本书适合希望在公有云环境中实施安全实践的云计算机工程师、开发人员和管理员阅读，对信息安全分析师、审计员和咨询顾问也具有参考价值。

图书在版编目(CIP)数据

公有云安全实践：AWS 版·微课视频版/陈涛，陈庭暄编著. --北京：清华大学出版社，2024.8.
(计算机技术开发与应用丛书). --ISBN 978-7-302
-66988-3

Ⅰ. TP393.027

中国国家版本馆 CIP 数据核字第 2024NF7433 号

责任编辑：赵佳霓
封面设计：吴　刚
责任校对：王勤勤
责任印制：丛怀宇

出版发行：清华大学出版社
　　　网　　　址：https://www.tup.com.cn,https://www.wqxuetang.com
　　　地　　　址：北京清华大学学研大厦 A 座　　　邮　　　编：100084
　　　社 总 机：010-83470000　　　邮　　　购：010-62786544
　　　投稿与读者服务：010-62776969，c-service@tup.tsinghua.edu.cn
　　　质量反馈：010-62772015，zhiliang@tup.tsinghua.edu.cn
　　　课件下载：https://www.tup.com.cn,010-83470236
印 装 者：三河市东方印刷有限公司
经　　　销：全国新华书店
开　　　本：186mm×240mm　　　印　　　张：21.5　　　字　　　数：480 千字
版　　　次：2024 年 8 月第 1 版　　　印　　　次：2024 年 8 月第 1 次印刷
印　　　数：1～2000
定　　　价：79.00 元

产品编号：103044-01

前 言
PREFACE

本书的由来

在 2013 年,我们的团队开始研究公有云技术,并主要为客户提供公有云和混合云的解决方案。那时,许多企业误认为公有云的安全性不如私有云,并且成本较高,因此他们通常只会选择将对外宣传的网站部署在公有云上。为了打破这种观念,我们选择从提供替代传统"二地三中心"方案的角度切入市场。我们建议保留生产中心和同城中心不变,而将远程灾难恢复中心迁移到公有云,这样可以大幅降低成本。

随着政府的推动和企业对云计算理解的深入,越来越多的企业开始尝试将核心业务迁移到公有云,使公有云得到了更广泛的应用。公有云市场已经进入成熟期,竞争格局逐渐明朗,市场份额集中度逐步提升。同时,公有云的应用价值也得到了大多数企业客户的认可和重视。

传统数据中心的安全系统建设是"重投入"型的项目,需要投入大量的资金用于防火墙、防 DDoS、入侵检测、防注入、漏洞扫描、补丁管理、日志管理等,对于中小企业来讲,资金压力很大。公有云的按需使用和即时获取特性可以大大地降低成本。除了资金投入之外,公有云安全管理与私有云安全管理也存在很大的差异。

我们团队一直想总结并分享公有云安全实践的心得和经验,但市场上有多家公有云供应商,每家都有其独特的优势,由于篇幅所限,我们无法面面俱到,然而,我们决定撰写这本书的一个契机是希望帮助学校培养学生参加世界技能大赛和中华人民共和国职业技能大赛中的云计算赛项,这两个赛项都采用了 AWS 云,因此,我们撰写了这本涵盖 AWS 的 40 多种云服务的《公有云安全实践(AWS 版·微课视频版)》。由于许多公有云厂商的技术原理相似,因此本书对公有云的安全管理也具有参考价值。

本书的内容

本书共 9 章,是一本全面的公有云计算安全实践指南,需要读者有一定的云计算的基础知识。

第 1 章　云计算安全基础:介绍信息安全的基础知识,主要的攻击类型,安全框架和风险管理,公有云的安全责任共担模型,以及公有云的安全考虑和最佳实践。

第 2 章　身份和访问管理:详细讲解 AWS 的身份和访问管理,包括根用户和用户凭证,多因素身份验证，联合身份验证，以及各种 AWS 服务，如 SSO、Microsoft AD、Organizations 等。

第 3 章　计算安全管理：深入探讨 EC2 实例的安全访问管理、密钥对管理、AMI 管理，以及使用 AWS Systems Manager 和 Amazon Inspector 进行实例管理。

第 4 章　网络安全管理：详细介绍采用纵深防御策略进行网络安全管理，AWS VPC 的基础知识，以及各种网络设备和服务，如互联网网关、NAT 设备、网络访问控制列表、负载均衡器等。

第 5 章　数据安全管理：讲解如何保护 Amazon S3、Amazon RDS、Amazon DynamoDB 等数据存储服务，以及数据库的跨区域加密、EBS 卷的保护、数据备份与恢复等。

第 6 章　应用安全管理：介绍应用开发与安全、AWS WAF 服务、AWS Shield 服务、DDoS 缓解、无服务器与安全性，以及各种 AWS 服务，如 Amazon Cognito、Amazon API Gateway、AWS Lambda 函数等。

第 7 章　密钥与证书管理：详细讲解 AWS KMS 服务、AWS Secrets Manager 服务、AWS 证书服务，以及 AWS CloudHSM 服务。

第 8 章　监控、日志收集和审计：深入探讨 Amazon CloudWatch 服务、Amazon EventBridge 服务、AWS CloudTrail 服务、AWS Config 服务，以及各种日志功能和服务。

第 9 章　事件响应和恢复：介绍事件响应成熟度模型，安全事件的响应流程，以及各种 AWS 服务，如 AWS Trusted Advisor、AWS Security Hub、AWS GuardDuty、AWS Detective、AWS Incident Manager 等。

资源下载提示

素材（教学课件、实验文件）等资源：扫描目录上方的二维码下载。

视频等资源：扫描封底的文泉云盘防盗码，再扫描书中相应章节的二维码，可以在线学习。

致谢

在本书的编写过程中，笔者参考了 AWS 官方的产品文档和 AWS 安全博客，在此向这些作者致敬。

感谢 AWS 的技术支持团队及教育培训团队的大力支持。

感谢清华大学出版社的工作人员为本书付出的辛勤劳动。

由于云计算技术的发展速度非常快，而笔者的能力有限，因此书中可能存在一些疏漏，诚挚地欢迎读者提出批评和建议，以帮助完善本书。

陈　涛　陈庭暄

2024 年 1 月

目 录
CONTENTS

教学课件(PPT)

实验文件

第 1 章

云计算安全基础

在云计算环境中,理解并实施安全措施至关重要。云计算带来了诸多优势,例如灵活性、可扩展性和成本效益,但同时也引入了新的安全挑战。在公共云环境中,众多服务和工具可助力实现云计算安全,包括身份和访问管理、数据保护、网络安全等。本章将深入探讨云计算安全的基础知识,包括信息安全的基本概念、主要的攻击类型、安全框架和风险管理,以及公有云的安全考虑和最佳实践。

本章要点:

(1) 信息安全基础。

(2) 主要攻击类型。

(3) 安全框架和风险管理。

(4) 责任共担模型。

(5) 公有云的安全考虑与最佳实践。

1.1 信息安全基础

在云计算环境中,信息安全的重要性显而易见。它不仅涉及数据安全,更直接影响业务运行和服务质量,因此,深入理解云计算环境中的信息安全问题是实施安全策略的首要任务。

1.1.1 云计算的优势和挑战

云计算的诞生,为现代企业带来了前所未有的便利,其核心优势主要体现在以下几方面。

(1) 灵活性:传统的硬件设备采购和维护方式,往往需要大量的前期投入,而云计算则允许企业根据实际需求快速地扩展或缩小资源,无须提前进行大量投资。这种灵活性为企业带来了更大的运营空间,可以根据业务需求迅速做出调整。

(2) 可扩展性:随着业务的增长,数据处理和计算任务的需求也会相应增加。云计算能够轻松地应对这种增长,确保企业能够高效地处理大规模的数据和计算任务,满足业务的快速增长需求。

（3）成本效益：传统的 IT 模式往往会伴随着高昂的初期投资，而云计算采用按需付费的模式，企业只需为其实际使用的资源付费。这种模式有效地降低了企业的 IT 成本，使企业可以将更多的资源投入到核心业务上。

然而，正如硬币的两面，云计算在带来巨大优势的同时，也带来了一些新的挑战，尤其是在安全方面。近年来，频繁的网络安全、数据泄露事件为我们敲响了警钟。

（1）2022 年 1 月，FlexBooker 数据泄露事件：美国数字化调度平台 FlexBooker 遭遇数据泄露，导致 370 万用户的敏感信息外泄。这起事件提醒我们，云计算环境中的身份和访问管理问题不容忽视。

（2）2022 年 10 月，BlueBleed 数据泄露事件：由于错误配置的存储桶，属于 100 多个国家的 65 000 多家公司的 2.4TB 客户数据被泄露。这起事件突显了数据保护在云计算环境中的重要性。

（3）2023 年 4 月，澎湃新闻报道称，2023 年第一季度发生了近 1000 起数据泄露事件，涉及 1204 家企业、38 个行业，其中一家大数据平台因遭受病毒木马攻击而导致数据泄露。这起事件再次提醒我们，应用安全和基础设施安全在云计算环境中同样重要。

这些案例都表明，在享受云计算带来便利的同时，不能忽视其带来的安全挑战。只有深入理解这些挑战并采取相应的措施，才能确保在云环境中的信息安全。

1.1.2 公有云的特点和服务模型

云计算根据部署方式可以分为公有云、私有云和混合云。公有云由云服务提供商运营，向公众提供标准化的 IT 资源，其优势在于低成本、无须维护、易用且易于扩展。私有云则是专为特定客户构建的 IT 基础设施，其 IT 资源仅供该客户内部员工使用。私有云的一大优势在于，它可以提供一个更加可控的环境，用户可以根据自身需求定制资源。在某些情况下，这可能会带来更高的安全性，然而，无论是私有云还是公有云，其安全性都取决于多种因素，包括配置、管理和使用的安全措施等。混合云是用户同时使用公有云和私有云的模式，它在部署互联网应用并提供最佳性能的同时，兼顾私有云本地数据中心的安全性和可靠性，并能根据各部门的工作负载灵活选择云部署模式。

公有云和私有云在安全管理上有一些相同点，也有一些不同点。相同点主要如下。

（1）数据保护：无论公有云还是私有云都需要对存储在云中的数据进行保护，如数据的加密、备份和恢复等。

（2）访问控制：公有云和私有云都需要对访问云资源的用户进行控制，通常会使用身份和访问管理（Identity and Access Management，IAM）系统实现。

（3）合规性：公有云和私有云都需要遵守相关国家、地区和行业的法规，例如数据保护和隐私法规。

不同点主要如下。

（1）控制权：私有云由组织自己构建和管理，组织可以完全掌控云环境中的数据和应用程序,而公有云则由云服务提供商提供,用户只能掌控自己的数据和应用程序,无法掌控整个云环境。

（2）安全责任：在公有云中,云服务提供商负责保护基础设施的安全,而用户需要负责保护自己的数据和应用程序的安全。在私有云中,由于组织拥有全部的控制权,因此需要负责保护整个云环境的安全。

（3）成本：在公有云中,由于安全管理的一部分由云服务提供商负责,用户可以节省一部分安全管理的费用,而在私有云中,由于组织需要自己负责全部的安全管理,可能需要投入更多的资源和成本。

选择公有云、私有云还是混合云不仅取决于组织的具体需求和条件,还需考虑组织的业务性质、数据敏感性、合规要求、预算等因素。例如,对于处理高度敏感数据的组织,可能会选择私有云以获得更高的数据安全性,而对于初创公司或小型企业,由于预算有限,可能会选择公有云以降低 IT 基础设施的投资和运营成本。对于大型企业,可能会选择混合云,将不同的工作负载部署在最适合的云环境中,以实现业务灵活性和数据安全性的平衡,因此,选择哪种云服务需综合考虑多种因素,做出最符合组织需求的决策。

公有云的服务模型主要包括基础设施即服务（IaaS）、平台即服务（PaaS）和软件即服务（SaaS）。IaaS 提供基础的计算资源,如服务器、存储和网络。用户可以在这些资源上部署和运行任何软件,包括操作系统和应用程序。PaaS 在 IaaS 的基础上,还提供运行环境和开发工具,用户可以在这个平台上开发、测试和部署应用程序。SaaS 则提供完全运行的应用程序,用户通过互联网即可访问这些应用程序,无须关心底层的基础设施和平台。这 3 种服务模型在安全管理上有一些不同的要求。例如,在 IaaS 模型中,用户需要负责操作系统和应用程序的安全,而在 SaaS 模型中,这部分安全责任由云服务提供商负责,因此,用户在选择服务模型时,也需要考虑这些安全因素。

1.1.3　信息安全的基本概念

信息安全是保护信息系统免受未经授权的访问、使用、披露、破坏、修改或检查的过程。信息安全的目标是确保信息的机密性（Confidentiality）、完整性（Integrity）和可用性（Availability）,这被称为 CIA 模型。

（1）机密性：防止未经授权的信息披露或访问。例如,通过设置访问控制策略仅允许特定用户访问数据库中的敏感数据,或使用加密技术保护传输中的数据不被窃取。

（2）完整性：保护信息免受未经授权的修改或删除。例如,使用数字签名等防篡改技术确保数据在传输或存储过程中的完整性;通过数据备份和恢复确保硬件发生故障时数据不会丢失;或使用版本控制防止数据被误修改。

（3）可用性：确保信息系统在需要时可用。例如,通过设置冗余服务器和网络设备确保硬件发生故障时系统仍可运行;使用负载均衡保证高流量时系统的响应速度。

这 3 个要素相互关联。如果一个系统在保护机密性的同时牺牲了可用性,则不能视为安全。同样,如果系统完整性受到威胁,则机密性和可用性也可能受到影响,因此,信息安全专业人士必须平衡这3个要素,确保系统既安全又能满足用户需求。

除了CIA模型,信息安全还包括其他几个重要概念。

(1) 认证(Authentication):确认用户的身份。例如,通过用户名和密码确认用户身份,或使用数字证书或多因素认证提高认证的安全性。

(2) 授权(Authorization):确定用户可以访问哪些资源及可以对这些资源执行哪些操作。例如,通过设置访问控制策略限制仅管理员能修改系统配置。

(3) 审计(Auditing):记录和检查用户的行为和活动。例如,通过记录操作日志和使用审计工具检查用户行为是否符合安全策略。

(4) 非否认性(Non-repudiation):保证操作的执行者不能否认他们已经执行过该操作。例如,通过记录操作日志和使用数字签名实现非否认性。

理解这些信息安全的基本概念对于理解云计算安全至关重要。在本书中,我们将深入探讨这些概念在云环境中的应用。

1.2　主要攻击类型

知己知彼,百战不殆。在掌握了信息安全的基本概念后,本书将深入探讨云环境中可能遇到的主要攻击类型。这些攻击类型涵盖了从基础设施到应用层的各种攻击手段,对于理解和防范云环境中的安全威胁至关重要。

1.2.1　针对云环境的常见攻击类型

由于云环境的开放性和共享性,它面临着各种类型的攻击。这些攻击大致可以分为以下几类。

(1) 网络攻击:网络攻击主要通过网络进行,例如分布式拒绝服务(Distributed Denial of Service,DDoS)攻击、中间人攻击、IP欺骗等。DDoS攻击通过大量请求使目标系统无法处理正常请求,导致服务中断。中间人攻击是攻击者拦截通信两端,获取或修改通信内容。IP欺骗是攻击者伪造IP地址进行欺骗或攻击。

(2) 系统漏洞攻击:系统漏洞攻击利用系统漏洞进行攻击,例如操作系统漏洞、软件漏洞等。攻击者通过这些漏洞可以获取系统控制权,进而进行其他恶意行为。例如,攻击者可以利用操作系统的权限提升漏洞获取管理员权限,或利用软件的缓冲区溢出漏洞执行恶意代码。

(3) 恶意软件攻击:恶意软件攻击通过恶意软件进行攻击,例如病毒、蠕虫、特洛伊木马等。这些恶意软件可能破坏系统,窃取数据,或进行其他恶意行为。例如,病毒通过复制自身感染其他文件,蠕虫通过网络自动传播,特洛伊木马伪装成正常软件诱骗用户运行。

(4) 身份欺骗攻击:身份欺骗攻击通过冒充他人身份进行攻击,例如钓鱼攻击、社会工程攻击等。攻击者通过这些攻击可以获取用户敏感信息,例如用户名和密码。例如,钓鱼攻击通过伪造网站或邮件诱骗用户输入敏感信息,社会工程攻击通过人际交往诱骗用户泄露敏感信息。

（5）内部威胁：内部威胁由组织内部人员进行攻击,例如内部人员滥用权限、内部人员泄露敏感信息等。这些攻击可能导致数据泄露或系统破坏。例如,内部人员可能因滥用权限访问不应访问的数据,或因疏忽泄露敏感信息。

以上只是针对云环境的一些常见攻击类型。实际上,攻击种类远不止这些,还有一些未提及的攻击类型,或者同时属于多个分类的攻击类型。此外,攻击者可能会组合使用多种攻击手段,以达到更大的破坏效果,因此,需要保持警惕,不断学习和了解新的攻击手段,以便更好地防范这些攻击。

1.2.2 防止和应对攻击的策略和工具

网络攻击可以通过防火墙、入侵检测系统(IDS)和入侵防御系统(IPS)进行防御。防火墙通过定义访问控制规则阻止未经授权的网络访问。IDS通过分析网络流量检测异常行为,IPS则在检测到攻击时采取阻止行动。在AWS云中,可以利用安全组和网络访问控制列表(ACL)实现类似功能。安全组作为虚拟防火墙,控制单个或一组实例的入站和出站流量。ACL类似传统网络交换机的ACL,控制子网级别的入站和出站流量。此外,AWS还提供了其他服务,如Amazon VPC Traffic Mirroring复制网络流量进行性能监控和威胁检测;AWS Shield和AWS WAF提供更高级别的DDoS和Web应用防护。

对于系统漏洞攻击,需要及时更新和修补系统,消除已知的系统漏洞。漏洞扫描工具通过检查已知的漏洞数据库发现和修复未知的漏洞。在AWS云中,可以利用AWS Systems Manager Patch Manager自动化修补管理;Amazon Inspector自动检查应用程序中的安全漏洞或不合规配置;AWS Security Hub提供了一个综合视图,以便检查安全和合规性状态。

对于恶意软件攻击,可以利用反病毒软件和反恶意软件工具。这些工具通过扫描文件、内存检测和清除恶意软件,防止它们破坏系统或窃取数据。在AWS云中,可以利用Amazon GuardDuty检测和防止恶意活动和不寻常的行为;Amazon Macie自动发现、分类和保护敏感数据,防止数据泄露;AWS Security Hub提供了一个综合视图,以便检查安全和合规性状态。

对于身份欺骗攻击,可以通过教育用户提高他们对钓鱼攻击和社会工程攻击的警惕性。多因素认证(MFA)通过要求用户提供两种或更多种身份验证因素增强账户安全。在AWS云中,可以利用AWS Identity and Access Management(IAM)管理AWS环境的访问权限;利用AWS Multi-Factor Authentication(MFA)增强账户安全;Amazon Cognito提供了用户注册和登录服务;利用AWS Secrets Manager保护访问密钥;AWS Certificate Manager提供了公有和私有SSL/TLS证书。

对于内部威胁,可以通过权限管理和审计日志防止内部威胁。权限管理通过定义用户的访问权限限制内部人员访问敏感数据,审计日志则通过记录用户的行为监控内部人员的行为。在AWS云中,可以利用AWS IAM管理用户的访问权限,利用AWS CloudTrail记录用户活动,以及利用 Amazon Macie 发现、分类和保护敏感数据。此外,AWS 还提供了其他服务,如 AWS Organizations 帮助集中管理 AWS 账户,AWS Config 帮助评估和审计 AWS 资源配置,Amazon Detective 帮助分析、调查和快速识别可能的安全问题。

以上就是防止和应对各种类型攻击的策略和工具,但是,需要注意的是,它们并不是万能的,还需要结合其他安全措施和最佳实践,才能构建出真正安全的云环境。

1.3 安全框架和风险管理

在构建和维护安全的云环境时,仅依赖技术手段是不够的。需要一套完整的管理体系来指导行动,这就是安全框架和风险管理的作用。安全框架提供了一套标准和指南,帮助理解和应对安全问题。风险管理则是一套方法论,它帮助识别、评估和控制风险。在接下来的部分,将详细介绍一些常见的安全框架,以及如何进行风险评估和管理。

1.3.1 AWS 云采用框架

云采用,或者说 Cloud Adoption,是组织机构(例如政府、企业等)采取的一种策略,通过基于云计算的能力来降低成本,降低风险并实现可扩展性。在中文中,政府上云、企业上云中的"上云"这个词汇的含义与 Cloud Adoption 非常相似。"上云"也是指组织机构通过高速互联网,将基础系统、业务、平台部署到云端,利用网络便捷地获取计算、存储、数据、应用等服务,有利于降低信息化建设成本。

AWS 云采用框架(Cloud Adoption Framework,CAF)是一种帮助组织成功转型到云计算的框架。它提供了一套最佳实践、工具和指导,帮助组织开始使用云技术。换句话来讲,AWS CAF 就像是一本指南,它提供了一条清晰的路径,帮助组织在云计算的旅程中避免常见的陷阱,同时确保能够充分利用云计算的优势。

对于刚开始使用云计算的组织机构,AWS CAF 是一个很好的起点。它是可帮助组织开始使用云技术的一系列最佳实践、工具和指南。

AWS CAF 框架清晰地定义了云采用过程中的关键利益相关者,并将他们划分为 6 个视角:业务、平台、安全、运营、治理和人员。这些视角使从各个利益相关者的角度理解云采用成为可能。本书的重点是云计算的安全,因此只介绍安全视角。

在 AWS CAF 框架中,安全视角的目标是帮助构建适合组织的控制选择和实施的结构。这个视角关注的是如何在遵循既定的信息安全原则的同时,以更快的速度、更大的规模和更低的成本进行操作。

AWS CAF 的安全视角包括以下关键组成部分。

(1) 指令性控制(Directive Controls),提供了组织为达到特定目标而设定的规则和程序的指导。

- 账户所有权和联系信息,例如将 AWS 账户分配给业务部门。
- 变更和资产管理,例如将客户特定的标签分配给资源。

- 最小权限访问,例如将 AWS 角色分配给员工,仅允许对指定资源授予所需的权限。

(2)预防性控制(Preventive Controls),旨在防止不符合政策或程序的行为发生。

- 身份和访问,例如拒绝所有 AWS IAM 用户的 ec2∷CreateVpc,有合理需要的用户除外。
- 基础设施保护,例如拒绝从公共子网到敏感子网的数据包。
- 数据保护,例如对敏感 Amazon S3 存储桶执行删除操作时需要多重身份验证(MFA)。

(3)侦探性控制(Detective Controls),用于检测和警告可能的问题。

- 记录和监控,例如通过 AWS CloudTrail 记录所有 AWS 应用程序编程接口(API)活动。
- 资产盘点,例如如果任何 AWS Config 规则不合规,则向云管理员发出警报。
- 变化检测,例如针对拒绝的 IAM API 请求发出警报。

(4)响应控制(Responsive Controls),当问题发生时,这些控制用于减轻影响并恢复正常操作。

- 漏洞,例如启动操作系统安全补丁。
- 权限提升,例如恢复 IAM 中的危险更改。
- DDoS 攻击,例如拒绝源 IP。

1.3.2 AWS 架构完善的框架

无论是已经在云中的组织,还是正在进入云的组织都可以使用 AWS 架构完善的框架(Well-Architected Framework,WAF)。该框架提供了在云中设计和运行可靠、安全、高效和经济的工作负载的当前架构的最佳实践。它可以持续地将工作负载与最佳实践进行对比,并找出改进的地方。

提示:在 AWS 官方文档中,AWS Well-Architected Framework 通常被简称为 WAF,这与 Web 应用防火墙(Web Application Firewall)的简称相同。在阅读时,需要根据上下文来判断 WAF 指的是哪一个。

该框架提供了一种一致的方法,可以用来评估架构并实施随时间扩展的设计。Well-Architected Framework 基于 6 个支柱:运营卓越、安全、可靠性、性能效率、成本优化和可持续性。本书将专注于讨论安全支柱。

安全支柱侧重于在满足业务需求的同时保护信息、系统和资产。该支柱分为 5 个领域,如图 1-1 所示。

这些领域中的每个都很重要,并且其中许多领域是重叠的。

1. 基础设施保护

基础设施保护可以采用多种控制方法,以满足最佳实践标准、组织和监管义务,其中一种方法是纵深防御(Defense in Depth)。纵深防御涉及部署和配置多种不同类型的安全控制,最好是在环境的每层。可以通过 AWS 提供的以下安全控制实现纵深防御。

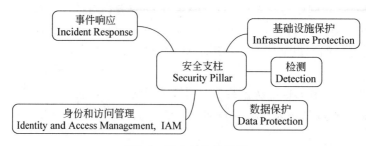

图 1-1　安全支柱的领域

（1）Amazon VPC 服务。

（2）分层的子网部署。

（3）路由表。

（4）网络访问控制列表。

（5）安全组。

（6）弹性负载均衡。

（7）AWS Shield 服务。

（8）AWS WAF 服务。

（9）Amazon GuardDuty 服务。

（10）AWS Firewall Manager 服务。

2. 检测

AWS 的许多服务功能在安全支柱的各个领域都有所体现，其中，检测控制功能尤其重要，能够帮助识别与基础设施、数据及身份和访问管理相关的潜在安全威胁或事件。这些功能是构建安全治理框架的关键部分，通常被用于满足法律或合规要求，以及进行威胁识别和响应。

在 AWS 中，可以使用以下的服务或功能来监控、分析或评估并提供警报。

（1）AWS Trusted Advisor 服务。

（2）AWS Audit Manager 服务。

（3）AWS CloudTrail 服务。

（4）Amazon CloudWatch 服务。

（5）VPC 流日志功能。

3. 数据保护

数据保护包括保护静态数据和传输中的数据。这些数据可能以非易失性或易失性状态驻留在资源上，或者作为从资源发送或接收的传输中的数据。可以通过多种方式实现对数据的保护，并通过以下方式保护计算资源。

（1）系统加固。

（2）始终加密数据（无论是静态的还是传输中的数据）。

（3）尽可能地使用最安全的远程访问方法。

在保护计算资源时，必须考虑如何消除或最大限度地减少未经授权访问信息的可能性。

这一目标与保密性一致,对于满足最佳实践标准、组织或基于合规性的要求非常重要。

4.身份和访问管理

借助身份和访问管理(Identity and Access Management,IAM),可以安全地管理对 AWS 服务和资源的访问。使用 IAM,可以实施最小权限原则,并为与 AWS 资源的每次交互提供适当的授权来实施职责分离。IAM 允许集中权限管理并减少甚至消除对长期凭证的依赖。IAM 的主要功能包括以下几点。

(1)用户和组。

(2)权限策略。

(3)角色。

(4)身份联邦。

(5)多因素认证。

5.事件响应

与本地环境相比,AWS 云中的事件响应更快、更便宜、更有效且更易于管理。使用 AWS 可以显著增强检测、反应和恢复能力。以下是一些关键的事件响应工具和服务。

(1)Amazon CloudWatch 服务。

(2)AWS CloudTrail 服务。

(3)AWS Security Hub 服务。

(4)AWS Lambda 服务。

AWS 架构完善的框架提供了一个全面且实用的工具,能够帮助在云环境中设计和运行安全、高效的工作负载。通过理解和应用 WAF 的原则和最佳实践,可以更好地满足业务需求,同时确保信息、系统和资产的安全。本书的许多知识点是围绕它展开的。在接下来的章节中,将深入探讨如何在 AWS 环境中实现这些安全控制和管理策略。

1.3.3 NIST 网络安全框架

美国国家标准与技术研究院(National Institute of Standards and Technology,NIST)的网络安全框架(Cyber Security Framework,CSF)汇集了全球公认的标准、指南和实践,成为安全最佳实践的重要参考。

CSF 主要由 3 部分组成:核心、层级和配置文件。核心部分涵盖了一系列网络安全实践、成果和安全控制,包括 5 个并行且连续的功能:识别、保护、检测、响应和恢复,这 5 个功能为整体的安全计划奠定了基础,如图 1-2 所示。

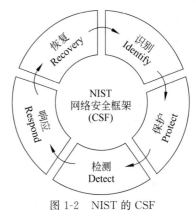

图 1-2 NIST 的 CSF

这些功能映射到 NIST 特别出版物 SP800-53 中的控制类别,该出版物是关于信息系统和组织的安全和隐私控制的指南。AWS 云基础设施和服务已通过针对 NIST SP800-53 修订版 4 控制措施执行的第三方测试的验证。

　　根据 AWS 的责任共担模型，AWS 负责云的安全，而客户负责云中的安全。为了支持实施共同责任，AWS 创建了由 AWS CloudFormation 支持的快速入门解决方案网站。只需单击一下，就可以自动地在 AWS 云中部署重要技术。每个快速入门都会启动、配置和运行部署工作负载所需的 AWS 计算、网络、存储和其他服务，以满足 NIST SP800-53 等安全标准和框架的合规性要求，如图 1-3 所示。

图 1-3　AWS 快速入门

NIST CSF 中 5 个核心功能的循环性质：识别、保护、检测、响应和恢复。

（1）识别：帮助组织理解如何管理系统、人员、资产、数据和能力的网络安全风险。控制类别如下：

- 资产管理（Asset Management，ID.AM）。
- 商业环境（Business Environment，ID.BE）。
- 治理（Governance，ID.GV）。
- 风险评估（Risk Assessment，ID.RA）。
- 风险管理策略（Risk Management Strategy，ID.RM）。

结果示例如下：

- 识别物理和软件资产以建立资产管理计划。
- 确定网络安全政策以定义治理计划。
- 确定组织的风险管理策略。

（2）保护：提供适当的保护措施，以确保关键基础设施服务的提供。控制类别如下：

- 身份管理、身份验证和访问控制（Identity Management，Authentication，and Access

Control,PR.AC)。

- 意识和培训(Awareness and Training,PR.AT)。
- 数据安全(Data Security,PR.DS)。
- 信息保护流程和程序(Information Protection Processes and Procedures,PR.IP)。
- 维护(Maintenance,PR.MA)。
- 防护技术(Protective Technology,PR.PT)。

结果示例如下：

- 建立数据安全保护以保障机密性、完整性和可用性。
- 管理保护技术以确保系统和协助的安全性和弹性。
- 通过意识和培训增强组织内员工的能力。

(3)检测：识别网络安全事件。

控制类别如下：

- 异常和事件(Anomalies and Events,DE.AE)。
- 安全连续监控(Security Continuous Monitoring,DE.CM)。
- 检测过程(Detection Processes,DE.DP)。

结果示例如下：

- 实施安全持续监控能力来监控网络安全事件。
- 确保检测到异常和事件并了解其潜在影响。
- 验证防护措施的有效性。

(4)响应：对网络安全事件采取行动。

控制类别如下：

- 响应计划(Response Planning,RS.RP)。
- 缓解措施(Mitigation,RS.MI)。
- 通信(Communications,RS.CO)。
- 分析(Analysis,RS.AN)。
- 改进(Improvements,RS.IM)。

结果示例如下：

- 确保响应计划流程在事件发生期间和事件发生后运行。
- 管理活动期间和活动后的沟通。
- 分析应对活动的有效性。

(5)恢复：在网络安全事件中恢复，并回到正常运行状态。

控制类别如下：

- 恢复计划(Recovery Planning,RC.RP)。
- 改进(Improvements,RC.IM)。
- 通信(Communications,RC.CO)。

结果示例如下：

- 确保组织实施恢复计划流程和程序。
- 根据经验教训实施改进。
- 在恢复活动期间协调沟通。

无论公共部门还是商业部门的组织，均可利用 NIST CSF 来评估云环境，并改进作为共担责任模型一部分的安全措施的实施和运营。AWS WAF 的安全支柱支持 NIST CSF 的 5 个功能，这是基于云环境中的最佳实践经验。

总体来讲，NIST CSF 具有许多优点：

（1）设计不受国家、规模和行业的限制。

（2）引用了全球公认的标准、指南和实践。

（3）全球各地的组织可利用它在全球环境中高效运营。

1.3.4 风险评估与管理

风险评估与管理是云环境安全的关键环节。在评估风险时，需要回答以下 4 个问题。

（1）保护对象是什么？可以通过数据流/图来识别资产。

（2）需要防止哪种威胁？可以通过威胁建模来识别威胁。

（3）服务或系统中存在哪些弱点？需要识别并记录漏洞。

（4）为了获得足够的保护，愿意投入多少资源？需要进行风险计算。

识别潜在的安全威胁和漏洞后，可评估其对云环境的影响，并采取措施降低或消除这些风险。这包括制定适当的安全策略、配置合理的安全控制措施及定期进行安全审计等。

（1）风险识别：需了解可能对云环境构成威胁的因素。例如，内部威胁可能包括员工误操作，如误删重要数据或错误配置安全设置。外部威胁可能包括恶意软件攻击，如勒索软件或钓鱼攻击。供应链风险也是一种常见的威胁，如第三方软件中的安全漏洞。

（2）风险评估：识别潜在风险后，需评估这些风险可能对业务造成的影响。例如，如果数据库被攻击，则可能导致数据泄露，对公司声誉和财务造成重大影响。需评估风险的可能性（考虑到安全控制措施，攻击的可能性有多大）和影响（如果攻击成功，则可能造成多大损失）。

（3）风险减轻策略：根据风险评估结果，需制定风险减轻策略。例如，如果发现数据库攻击风险较高，则可增强数据库的安全控制，如实施更强的访问控制，加密敏感数据，或定期备份数据。还可提高员工的安全意识，如定期进行安全培训。此外，还可通过购买保险来转移风险。

（4）风险审计与复查：需定期审计和复查风险管理策略的有效性。例如，可定期检查数据库的安全设置，确保它们符合安全策略。还需复查风险评估，因为随着时间的推移，威胁和业务环境可能会变化，因此，需定期更新风险管理策略，以适应新的威胁和业务需求。

通过严谨的风险评估与管理，可更有效地管理云环境中的风险，保护业务免受潜在威胁的影响。这是一个重要的过程，需要持续关注和改进。

1.4 责任共担模型

云服务提供商(例如 AWS)和客户共同承担云安全和合规性的责任。责任共担模型是一个明确划分云服务提供商和客户责任的安全和合规性框架。在这个模型中,云服务提供商负责保护云基础设施,包括硬件、软件、网络和设施的安全,而客户则负责保护云中的资产,例如数据和应用程序。

以 AWS 为例,责任共担模型可以减轻客户的运营负担,因为 AWS 负责运行、管理和控制从宿主机操作系统和虚拟化层到物理设施的组件,然而,客户在整体安全环境中的责任仍然至关重要。

这两个责任领域通常被划分为云本身的安全(AWS 的责任)和云中的安全(客户的责任),如图 1-4 所示。

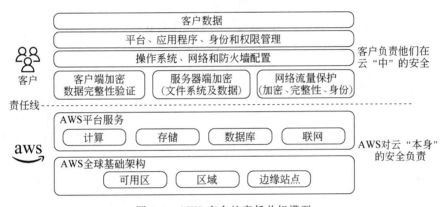

图 1-4 AWS 安全的责任共担模型

在云"本身"的安全方面,AWS 负责管理提供云服务的全球基础设施,这是 AWS 的核心,位于责任共担模型的最底层。全球基础设施由位于世界各地的区域、可用区和边缘站点组成。AWS 负责全球基础设施的全部管理工作,包括硬件、安全等。全球基础设施的上一层级包含 AWS 服务、工具和资源。计算、存储、联网、数据库等服务位于全球基础设施之上,AWS 负责管理这些服务,包括这些服务和系统的安全。

在云"中"的安全方面,客户在 AWS 云中管理其工作负载,包括客户端数据加密完整性、身份验证、服务器端加密及网络流量保护;负责与此相关的所有工作及操作系统、网络和防火墙配置;负责应用程序,当然还有身份和访问控制。负责配置用户对应的账户及该账户所含服务的访问权限。客户还负责客户数据,即确保数据安全及对该数据进行备份。

总体来讲,AWS 负责保护用于运行 AWS 云中提供的各项服务的全球基础设施,包括硬件、软件、网络和设施,而作为 AWS 客户,负责保护在 AWS 云中创建的数据、操作系统、网络、平台和其他资源。有责任保护数据的保密性、完整性和可用性,确保工作负载符合任何特定业务和/或合规性要求。

提示：责任共担模型不仅适用于安全性，还适用于云提供商与客户在许多其他方面的共同责任。例如，弹性的责任共担模式，AWS 负责云"本身"的弹性，客户负责云"中"的弹性。

1.5　公有云的安全考虑与最佳实践

在公有云环境中，需要考虑的安全问题主要包括数据保护、访问控制、网络安全和应用安全。同时，也需要遵循一些最佳实践以确保安全。AWS 架构完善的框架是实施这些最佳实践的重要指南。

（1）数据是云计算环境中最重要的资产之一。在 AWS 中，可以使用多种工具和服务来保护数据。例如，可以使用 AWS Key Management Service(KMS)来加密存储在 S3 桶中的数据。此外，还可以使用 AWS Backup 服务定期备份数据，以防止数据丢失。

（2）访问控制是确保只有经过授权的用户才能访问数据和资源的关键。在 AWS 中，可以使用 Identity and Access Management(IAM)服务来管理用户和用户组，并控制他们对 AWS 资源的访问权限。例如，可以创建一个 IAM 策略，只允许某个用户组访问特定的 S3 桶。

（3）网络安全是防止非法访问、数据窃取、操作中断或数据破坏的过程。在 AWS 中，可以使用 Virtual Private Cloud(VPC)来创建私有的隔离的云网络，并控制进出网络的流量。例如，可以设置安全组和网络访问控制列表(NACLs)来控制进出 VPC 的流量。

（4）最小权限原则是指只授予用户或程序完成任务所需的最少权限。在 AWS 中，可以使用 IAM 服务实现这一原则。例如，如果一个用户只需读取 S3 桶中的数据，就只给他分配读取权限，而不是完全的读写权限。

（5）数据加密是保护数据安全的重要手段。在 AWS 中，可以使用 KMS 服务来加密数据。无论是在传输过程中还是在存储时都应该对数据进行加密。

（6）定期审计是检查和评估安全措施有效性的重要手段。在 AWS 中，可以使用 CloudTrail 服务来记录用户的操作历史，然后定期审计这些记录，以检查是否有任何异常行为。

以上就是公有云的安全考虑和最佳实践的一些基本内容。在实际操作中，需要根据具体的业务需求和安全要求，选择合适的工具和服务，制定并执行相应的安全策略。

在接下来的章节中，将更深入地探讨这些主题。例如，将详细讨论身份和访问管理、计算安全管理、网络安全管理、数据安全管理、应用安全管理、密钥与证书管理、监控、日志收集和审计，以及事件响应和恢复等主题。这些章节将提供更具体、更深入的知识和技能，帮助更好地理解和应用 AWS 的安全实践。

1.6　本章小结

本章深入探讨了云计算安全的基础知识。首先,介绍了信息安全的基本概念,包括云计算的优势和挑战、公有云的特点和服务模型,以及信息安全的基本概念,如机密性、完整性和可用性(CIA)模型。接着,讨论了主要的攻击类别,包括常见的针对云环境的攻击类型,以及如何防止这些攻击。在安全框架和风险管理部分,详细介绍了 AWS 云采用框架(CAF)、AWS 架构完善的框架(WAF)、NIST 网络安全框架(CSF),以及风险评估和管理。还讨论了责任共担模型,以及公有云的安全考虑和最佳实践。

第 2 章

身份和访问管理

　　身份与访问管理在信息安全领域起着至关重要的作用,其核心功能是确保只有经过授权和身份验证的用户才能访问资源,并且访问方式必须符合预设规定。通过身份与访问管理,可以明确规定哪些用户有权访问哪些资源,以及这些用户可以对资源执行的操作。本章将详细介绍一些处理身份与访问管理的 AWS 服务。

本章要点:

（1）身份和访问管理基础知识。

（2）AWS IAM 的用户、组与角色管理。

（3）多因素验证方法。

（4）AWS SSO(单点登录)服务。

（5）AWS Microsoft AD 服务。

（6）AWS Organizations 服务。

（7）策略与权限管理。

（8）AWS IAM 访问分析器。

2.1　身份和访问管理基础

　　AWS 身份与访问管理基础涵盖了与 AWS 交互访问的流程及通过签名保护 API 的方式。

2.1.1　与 AWS 交互访问的流程

　　AWS 为其服务提供了多种访问方式,这些访问接入点被称为 API 终端节点,如图 2-1 所示,其中,通过 AWS 管理控制台,用户可以通过标准浏览器轻松访问 Web 界面,并使用大多数功能。此外,AWS 还提供了命令行界面(AWS CLI)这一工具,它包含一系列命令,可用于访问多个 AWS 产品,从而促进自动化操作。同时,AWS 软件开发工具包(SDK)为不同编程语言或平台提供了易用函数,对 API 进行了抽象化处理,极大地方便了开发人员的使用。此外,AWS 还支持使用各种开源和第三方工具通过 RESTful HTTP(s) API 请求访问其服务。除此之外，其他 AWS 服务也可能通过创建特定 AWS 服务 API 终端节点的 API 调用来实现访问。这些多元化的访问方式使用户能够更加灵活、高效地使用 AWS 的各种服务。

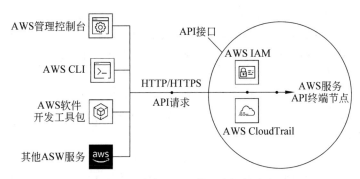

图 2-1　用户与 AWS 交互访问的流程

所有的 API 终端节点均支持 HTTPS，并采用 TLS 加密来保护请求和响应，以防止信息在传输过程中被泄露。虽然某些服务也支持 HTTP，但 AWS 强烈建议仅使用 HTTPS 进行访问。无论以何种方式访问 AWS，每个 API 请求都将经过验证和记录。

AWS Identity and Access Management（IAM）负责对请求进行身份验证和授权。随后，AWS CloudTrail 会记录身份验证是否成功，并记录用户身份、请求来源位置及受到请求影响的资源等信息。这些信息有助于追踪对 AWS 资源的更改、排查操作问题，并确保符合内部策略和监管标准。CloudTrail 会记录所有 IAM 用户的登录结果，无论成功与否，以及 AWS 账户根用户的成功登录。CloudTrail 还会记录对客户端的所有响应。需要注意的是，IAM 并不涉及响应。

为了减少应用程序中的数据延迟，大多数 AWS 服务提供了区域终端节点（Regional Endpoint），用于发出请求。终端节点的 URL 通常采用以下语法格式：protocol://service-code.region-code.amazonaws.com。例如，https://dynamodb.us-west-2.amazonaws.com 是位于美国西部（俄勒冈）区域的 Amazon DynamoDB 服务的终端节点。当需要直接通过 API 调用与公司或客户所在同一区域内的 AWS 服务进行交互时，使用区域终端节点非常有帮助。

注意：AWS 中国的终端节点 URL 语法格式为 protocol://service-code.region-code. amazonaws.com.cn。例如，dynamodb.cn-north-1.amazonaws.com.cn 是北京区域 AWS DynamoDB 服务的终端节点。

有的服务（例如，IAM、CloudFront、Route 53 等）只有一个入口点，不支持区域，因此，其终端节点在 URL 中不包括区域。这些终端节点被称为全局终端节点（Global Endpoints）。

另一些服务（例如，EC2、EC2 Auto Scaling 和 EMR）既支持区域端点，也支持不包含区域的通用端点。当使用通用端点时，AWS 会将 API 请求路由到美国东部（弗吉尼亚州北部）（us-east-1），该区域是 API 调用的默认区域。例如，https://ec2.amazonaws.com 就是这样的一个例子。在这种情况下，AWS 会将终端节点路由到 us-east-1。

2.1.2　通过签名保护 API

对 API 调用进行签名的操作，可以实现以下方面的请求保护。

（1）确认请求者身份：签名可以确保请求是由持有有效访问密钥的用户发送的。

（2）防止请求在传输过程中被篡改：一些请求元素会用于计算请求的哈希值（摘要），该哈希值将包括在请求中。当 AWS 服务收到请求时，它会使用相同的信息计算哈希值，并与请求中的哈希值进行匹配。如果不匹配，则 AWS 将拒绝该请求。

（3）防止重放攻击：在大多数情况下，请求必须在请求中的时间戳的 5min 内到达 AWS，否则 AWS 将拒绝该请求。

由于 AWS 管理控制台、CLI 和 AWS SDK 已经集成了签名功能，因此无须手动对请求进行签名。它们会自动处理连接细节，并使用输入的访问密钥进行签名计算、处理请求重试和错误处理。

然而，当用户手动创建 HTTPS 请求时，就必须掌握如何进行请求签名。这可能发生在编写自定义代码将 HTTPS 请求发送到 AWS 时，或者在某些编程语言没有提供 AWS SDK 的情况下。在这种情况下，用户需要自行编写代码来计算和将签名添加到请求中，以确保请求的有效性和安全性。

注意：在 AWS 签名版本 4 中，签名计算可能较为复杂，因此，AWS 建议尽可能地使用 AWS SDK 或 CLI。

2.2　AWS 账户中的根用户和用户凭证

AWS 账户中的根用户是在账户创建时生成的账户管理员，具备 AWS 账户内的全部权限，能够无限制地访问并管理所有 AWS 服务和资源，然而，出于安全考虑，建议在日常的访问操作中，避免直接使用根用户凭证。相反，应当创建 IAM 用户，并为这些 IAM 用户分配适当的权限，以此限制其访问范围。这样的策略有助于实现更精细的权限控制，并提高账户的安全性。

2.2.1　AWS 账户根用户与 IAM 用户

10min

首次创建 AWS 账户之后，只有一个登录身份，对账户中的所有 AWS 服务和资源具有完全访问权限。这就是 AWS 账户根用户。根用户的凭证是创建账户的电子邮件地址和密码，用这些凭证登录就是以根用户身份访问。AWS 账户根用户的权限不受限制，除非受到 AWS Organizations 服务控制策略的限制。

出于安全性考虑，建议尽量不要在日常操作中使用根用户凭证，而是使用 IAM 用户。IAM 用户是由根用户创建的，并按照最小权限原则分配了必要的权限，以便他们能够访问特定的 AWS 服务和资源。IAM 用户可以拥有不同的权限级别，例如只读或读写权限，具体取决于根用户设置的策略。IAM 用户可以用于管理和控制对 AWS 资源的访问,以及进行身份验证和授权。

2.2.2　保护 AWS 账户根用户

AWS 账户根用户拥有 AWS 账户中所有资源的完全访问权限,并且无法控制 AWS 账户根用户的权限,因此,强烈建议避免使用账户根用户与 AWS 进行日常交互。不应在应用程序或代码中嵌入 AWS 账户根用户凭证或任何适用于该用途的凭证。

相反,建议使用 IAM 来创建待分配权限的其他用户,并遵循最小权限原则。例如,如果需要管理员级权限,则可以创建 IAM 用户并为该用户授予完全访问权限。如果以后需要撤销或修改权限,则可以删除或修改与该 IAM 用户相关联的任何策略。

此外,如果有多个用户要访问 AWS 账户,则可以为每个用户创建唯一的凭证并定义哪些用户有权访问哪些资源。这意味着,无须共享凭证。例如,可以创建对 AWS 账户中的资源具有只读访问权限的 IAM 用户,并将这些凭证分配给需要读取访问权限的用户。

当使用 AWS CLI 或 API 工具和软件开发工具包时,如果操作时使用根账户的访问密钥,就会具有对所有 AWS 服务和资源的完全访问与管理权限,并且也不能限制所授予的权限,从而可能导致误用或泄露而造成账户安全问题,因此,除非绝对必要,强烈建议避免创建 AWS 账户根用户的访问密钥,即使已经创建了访问密钥,也不应在日常操作中使用根账户访问密钥。相反,应为特定任务创建 IAM 用户,并仅分配必需的、最小化的权限。同时,务必遵守最佳实践,确保访问密钥的安全性。就像对待任何敏感信息一样,必须谨慎保护 AWS 账户的访问密钥,以确保账户的机密性和安全性。

为保护 AWS 账户根用户的安全性,还有一个重要的建议是启用 AWS 多因素身份验证(Multi-Factor Authentication,MFA)。这样可以为账户多添加一层身份验证,提高账户的安全性和可信度。使用 MFA 需要用户输入用户名和密码之外的额外信息才能完成身份验证,从而防止未经授权的用户访问账户。启用 MFA 后,当每次使用根账户执行敏感操作时,系统都会要求用户提供额外的一种身份验证因素,例如硬件令牌或移动设备应用程序生成的一次性安全代码等。启用 MFA 可以显著地增强对根账户的保护,建议所有 AWS 账户管理者都启用 MFA 来保护 AWS 账户根用户的安全。

2.2.3　用户访问密钥

为了通过 AWS CLI 或 AWS 软件开发工具包进行编程调用,或直接使用 AWS 服务的 API 进行 HTTPS 调用,用户需要有自己的访问密钥。这个访问密钥用于对 AWS 服务进行数字签名的 API 调用。任何持有访问密钥的人都将获得相同的 AWS 资源访问权限级别。

每个访问密钥凭证包含一个访问密钥 ID 和一个私有密钥。私有密钥是在签名中使用的访问密钥的一部分,必须由 AWS 账户持有人或已被分配密钥的 IAM 用户保护。

为确保 AWS 账户的安全性,秘密访问密钥只在创建时可用。如果秘密访问密钥丢失,则必须删除该访问密钥,并创建新的密钥。在默认情况下,创建访问密钥时,其状态为活跃,意味着可以将其用于 API 调用。每个用户可以拥有两组有效的访问密钥,这在需要轮换用户的访问密钥或撤回权限时非常有用(如图 2-2 所示)。用户可以具备列出、轮换和管理自己密钥的权限。

图 2-2　用户访问密钥

2.2.4　访问密钥的保护

以下策略可以保护访问密钥:

(1)定期轮换所有用户的访问密钥。

(2)禁用或删除访问密钥,撤销访问权限。

(3)为不同实体使用不同的密钥。

(4)删除未使用的访问密钥。

(5)避免将访问密钥直接嵌入代码中。

(6)制定应对访问密钥泄露的计划。

建议定期轮换或更改访问密钥,缩短访问密钥处于活跃状态的时间,减少在密钥遭到破坏时可能带来的影响。可以禁用用户的访问密钥,使该密钥不能用于 API 调用。例如,作为例行协议,可以禁用所有旧密钥、启用新密钥。

如果生产环境中出现中断,还没有充足的时间更新服务器的密钥信息,则可以重新激活其中一个旧密钥并快速解决问题。访问密钥可以随时删除,但需要注意,删除访问密钥意味着永久删除且无法恢复,但始终可以创建新的密钥。

不同实体应使用不同的访问密钥。这样,在访问密钥泄露时可以隔离权限并撤销单个应用程序的访问密钥。通过为不同应用程序使用独立的访问密钥,还可以在 AWS CloudTrail 日志文件中生成不同的条目,快速确定执行特定操作的应用程序。

如果访问密钥未被使用,则应删除它们。例如,当用户离开组织时,应禁用或删除对应的 IAM 用户,同时删除该用户对资源的访问权限。要找出访问密钥上次使用的时间,可以使用 GetAccessKeyLastUsed API(AWS CLI 命令 aws iam get-access-key-last-used --access-key-id <AccessKeyId>)。

另一个保护凭证的最佳实践是不要将访问密钥直接嵌入代码中。使用 AWS 软件开发工具包和 AWS CLI,可以在两个已知位置存储访问密钥,这样就不必将其保留在代码中。第 1 个已知位置是 AWS 凭证文件,AWS 软件开发工具包和 AWS CLI 会自动使用该文件。另一个已知位置是软件开发工具包存储,适用于.NET 的 AWS 软件开发工具包和 AWS Tools for Windows PowerShell。

提示:AWS 凭证文件是一组安全的登录信息,包括 AWS 访问密钥和密钥,并以明文形式存储在本地计算机上。在 Windows 操作系统上,AWS 凭证文件通常位于路径 C:\Users\your_user_name\.aws\credentials,在类 UNIX 操作系统上,通常位于路径~/.aws/credentials。

必须制订计划来应对访问密钥和凭证泄露的情况。首先,确定 IAM 访问密钥的来源,访问密钥与单个 IAM 用户关联。首要任务是查明访问密钥与哪个用户关联,然后查看与访问密钥关联的 IAM 策略,了解它为用户授予了哪些类型的访问权限。下一步是撤销与 IAM 用户关联的任何访问权和权限,因为用户可能创建了其他未知的密钥。通过向用户附加"拒绝"类型的 IAM 策略,可以取消用户使用其他已创建但未知的密钥的访问权。"拒绝"策略是显式拒绝,优先于与 IAM 相关的任何其他允许策略。用户将无法使用其 IAM 访问权访问 AWS 服务。在处理了泄露的凭证后,下一个优先任务是撤销任何未完成的会话。

在限制或撤销对已泄露凭证的访问权之后,使凭证失效。相较于删除凭证,禁用凭证更具有效性,因为如果这会对业务产生负面影响,则可以重新启用它。要考虑业务可用性及机密性和完整性的影响,然后必须预置并部署新的凭证,并在适当的时候删除已泄露的访问密钥。最后,为了确定受此影响的范围(如果有),可以使用 CloudTrail 和 AWS Config 调查在密钥泄露后进行了哪些更改。此外,还要考虑可能存在问题的其他 IAM 密钥或凭证,并禁用它们,特别是账户根用户的密钥。建议至少删除未用于日常运营的密钥。

2.3 AWS 多因素身份验证

在数字化世界中,安全防护显得尤为重要。多因素身份验证(Multi-Factor Authentication,MFA)为 AWS 账户提供了额外的安全层。MFA 要求用户在登录时提供至少两种类型的身份验证信息,包括用户名和密码(知识因素),以及如安全令牌、短信验证码或 FIDO 安全密钥等额外的验证因素(拥有因素)。这样,即使攻击者获取了密码,由于缺乏额外的验证因素,他们也无法访问账户,从而极大地提高了账户的安全性。

2.3.1 MFA 基本工作原理

AWS 推荐对根用户和重要的 IAM 用户启动 MFA 功能,从而为登录凭证提供更多一

层的安全保护。启用 MFA 后,当用户登录时,系统将提示用户输入其用户名和密码(第 1
个安全要素,用户知道的要素),以及来自其 MFA 注册设备的临时验证码(第 2 个安全要
素,用户拥有的要素),如图 2-3 所示。

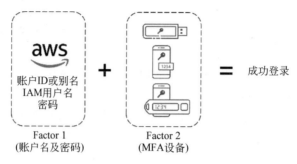

图 2-3　AWS MFA 工作原理

这种设置中,即使攻击者能够窃取或猜测到用户的用户名和密码,他们仍然需要额外的
验证因素才能成功登录。这极大地提高了账户的安全性,因为即使密码被泄露,攻击者也需
要获得额外的验证因素才能有效地进行登录尝试。将多个要素结合起来将为 AWS 账户设
置和资源提供更高的安全保护。

2.3.2　AWS 支持的 MFA 设备

使用 MFA,AWS 用户可以获得一个可生成一次性密码(One-Time Password,OTP)的
设备。当用户访问 AWS 网站或服务时,MFA 会要求用户在身份验证时输入唯一的身份验
证码,以增强安全性。

AWS 使用的 MFA 设备可以是物理硬件或虚拟设备。虚拟设备是一种运行在手机或
其他移动设备上的模拟物理设备的软件应用程序。无论是哪种方式,该设备都会使用已进
行时间同步的一次性密码算法(One-Time Password Algorithm,OTP)生成一个六位数字
代码。为了使 MFA 正常工作,必须将 MFA 设备分配给 AWS 根账户或 IAM 用户。

注意:AWS 中国目前仅支持虚拟设备。

对于大多数 MFA 设备或软件来讲,并不需要始终保持联网状态。一旦 MFA 设备或软
件与账户进行了初始化和配置,它们通常可以在离线状态下生成身份验证代码或令牌。在
初始化时,设备或软件会与账户建立连接以完成配对和激活过程。此后,设备或软件将使用
基于时间的一次性密码(Time-Based One-Time Password,TOTP)或挑战-响应代码
(Challenge-Response Code),在本地通过算法生成身份验证代码,无须连接互联网。

提示:部分 MFA 设备或应用程序可能支持联网同步功能,以确保其内部时间与服务
器时间保持同步,防止时间偏移导致身份验证失败。对于这些设备或应用程序,需要定期连
接互联网进行时间同步。此外,某些服务提供商可能要求进行在线验证,以确保设备或应用
程序的有效性。

AWS 要求每个用户使用独立的 MFA 设备,不能使用其他用户设备的验证码进行身份

验证。

2.3.3　用于 AWS CLI 的 MFA

AWS CLI 默认使用访问密钥对（Access Key / Secret Key）作为凭证进行访问。这些访问密钥对通常被称为永久凭证，因为它们与 AWS 账户关联并长期有效。使用永久凭证可以持续访问 AWS 资源，但也存在一定的安全风险，例如需要妥善保管和管理这些密钥对，以免遭到泄露或滥用。此外，通过 AWS 的长期凭证进行身份验证时通常不需要 MFA。

相比之下，可以通过调用 AWS Security Token Service（STS）的 get-session-token 操作获取临时凭证。临时凭证的有效期较短，通常为数小时，可用于访问 AWS 资源。使用临时凭证可以减少对永久凭证的依赖，并增加安全性，因为临时凭证的有效期限制了滥用的可能性。另外，STS 还具备 MFA 支持，可与多因素身份验证结合使用，进一步增强账户的安全性。通过 MFA，可以确保只有经过身份验证的用户才能获得临时凭证，提供额外的保护层。此外，STS 还提供其他服务，如角色扮演、联盟身份等，用于更灵活地管理和控制访问权限。

在 AWS CLI 中，要使用 MFA 进行身份验证，需要执行以下步骤：

（1）首先，确保已安装并配置好 AWS CLI。可以在终端或命令提示符中运行 aws --version 来检查 AWS CLI 是否已正确安装。

（2）配置 AWS CLI。运行 aws configure 命令，并按照提示输入 AWS Access Key ID、AWS Secret Access Key、默认区域和输出格式。

（3）执行以下命令以获取 MFA 设备生成的临时会话令牌（Temporary Session Token）：

```
aws sts get-session-token --serial-number
arn:aws:iam::ACCOUNT_NUMBER:mfa/USERNAME --token-code MFA_CODE
```

其中，arn:aws:iam::ACCOUNT_NUMBER:mfa/USERNAME 是 MFA 设备的 ARN，MFA_CODE 是由 MFA 设备生成的 OTP 代码。

（4）如果运行成功，AWS 则会返回包含临时凭证的 JSON 对象。类似于以下内容的输出，其中包含临时凭证和到期时间（默认为 12h）：

```
{
    "Credentials": {
        "AccessKeyId": "TEMP_ACCESS_KEY_ID",
        "SecretAccessKey": "TEMP_SECRET_ACCESS_KEY",
        "SessionToken": "TEMP_SESSION_TOKEN",
        "Expiration": "EXPIRATION_DATE_TIME "
    }
}
```

（5）从中提取 AccessKeyId、SecretAccessKey 和 SessionToken，设置环境变量，以便临时凭证在 AWS CLI 中生效。

在 Linux 系统中设置环境变量，代码如下：

```
export AWS_ACCESS_KEY_ID=TEMP_ACCESS_KEY_ID
export AWS_SECRET_ACCESS_KEY=TEMP_SECRET_ACCESS_KEY
export AWS_SESSION_TOKEN=TEMP_SESSION_TOKEN
```

在 Windows 系统中设置环境变量，代码如下：

```
set AWS_ACCESS_KEY_ID=TEMP_ACCESS_KEY_ID
set AWS_SECRET_ACCESS_KEY=TEMP_SECRET_ACCESS_KEY
set AWS_SESSION_TOKEN=TEMP_SESSION_TOKEN
```

（6）现在，就可以使用 AWS CLI 并使用 MFA 身份验证的安全功能了。需要确保在每次使用 AWS CLI 之前都要再次生成临时会话令牌，因为这些令牌的有效期是有限的。

还可以使用配置文件指定需要进行 MFA 身份验证的命令。为此，需要编辑用户主目录中的 .aws 文件夹下的 credentials 文件，然后添加新的配置文件以发出经过了 MFA 身份验证的命令。配置文件的示例代码如下：

```
[mfa-user]
aws_access_key_id =TEMP_ACCESS_KEY_ID
aws_secret_access_key =TEMP_SECRET_ACCESS_KEY
aws_session_token =TEMP_SESSION_TOKEN
```

可以使用 --profile 参数指定配置文件，命令如下：

```
$ aws s3 ls --profile mfa-user
```

2.3.4 用于 AWS API 的 MFA

除了保护控制台登录和 CLI 操作，MFA 保护也可以应用于 API 调用，但仅适用于临时安全凭证。这需要在 IAM 中创建的策略，将确定哪些 API 需要进行 MFA 验证。例如，允许用户执行针对 EC2 实例的 RunInstances、DescribeInstances 和 StopInstances 普通操作，而限制高风险操作（如 TerminateInstances），只有经过 MFA 身份验证的用户才能执行该操作。示例策略代码如下：

```
{
  "Version": "2012-10-17",
  "Statement": [{
    "Effect": "Allow",
    "Action": [
      "ec2:TerminateInstances"
    ],
    "Resource": ["*"],
    "Condition": {"Bool": {"aws:MultiFactorAuthPresent": "true"}}
  }]
}
```

当采用受 MFA 保护的 API 策略时，如果用户尝试在未进行有效 MFA 身份验证或请求超出策略所允许的时间范围内使用 API，AWS 则将拒绝其访问。用户需要使用 MFA 代码和设备序列号申请新的临时安全凭证,并通过重新进行 MFA 身份验证获取凭证。

AWS STS 提供了两种 API 操作,允许用户传递 MFA 信息:GetSessionToken 和 AssumeRole。具体使用哪个 API 调用取决于场景。如果调用访问与发出请求的 IAM 用户所在的 AWS 账户相同的资源的 API 操作,则需要使用 GetSessionToken。如果调用访问与发出请求的 IAM 用户所在的 AWS 账户或不同 AWS 账户中的资源的 API 操作,则需要使用 AssumeRole。

2.4 联合身份验证概述

40min

联合身份验证是 AWS 中一种授权非 AWS 用户(或应用程序)有限访问权限的方法。通过角色的应用,可以为这些用户临时分配访问 AWS 资源的权限。对于那些利用外部服务,如 Microsoft Active Directory、LDAP 或 Kerberos 进行身份验证的非 AWS 用户,此机制尤其有效。临时的 AWS 证书与角色相互配合,使企业内的 AWS 用户和非 AWS 用户(联合身份用户)能够无缝进行联合身份验证,无须独立的身份验证和授权系统。这种联合身份验证的方式不仅提高了身份验证的效率,同时也增强了安全性,确保了只有授权用户才能访问 AWS 资源。

除了可以在 AWS 账户中创建 IAM 角色之外,还可以使用身份提供商(Identity Provider,IdP)来管理外部身份,并授予这些外部身份或联合身份用户在 AWS 账户中访问资源的权限。这对于拥有自己身份系统(如 Microsoft Active Directory)的组织来讲非常有用。AWS 支持使用 SAML(Security Assertion Markup Language)2.0 或 OIDC(OpenID Connect)进行联合身份验证。通过配置 AWS 账户与 IdP 的集成,联合身份用户将通过组织的 IdP 进行身份验证和授权。一旦完成配置,这些用户就可以通过 AWS CLI 或 AWS API 进行访问,如图 2-4 所示。

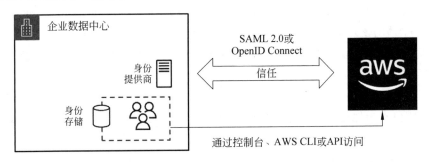

图 2-4 联合身份验证的工作原理

在 AWS 中,使用联合身份验证的好处主要有以下几点。

(1)简化身份验证:联合身份验证可以使 AWS 用户和非 AWS 用户能够共享相同的身份认证系统,避免了创建和管理多个独立的身份验证系统。

(2)提高安全性:联合身份验证通过临时授予访问权限,并在访问结束时自动收回授权,从而提高了安全性。此外,联合身份验证还可以与多因素身份验证(MFA)搭配使用,增加额外的安全层级。

(3) 实现集中管理:使用身份提供商(IdP)管理外部身份后,各种身份可以在一个地方集中管理,提高了管理效率和可维护性。

AWS SSO(Single Sign-On)和 AWS Directory Service 是 AWS 中实现联合身份验证的两个主要服务。AWS SSO 适用于集中管理多个 AWS 账户和业务应用程序的用户访问权限,而 AWS Directory Service 则适用于将本地目录与 AWS 环境进行集成。

提示:2022 年 7 月 26 日,AWS SSO 更名为 AWS IAM Identity Center。为了保证一致性,本书使用单点登录(SSO)一词来描述允许用户一次登录即可访问多个应用程序和网站的身份验证方案。

2.5 AWS SSO 服务

AWS SSO(Single Sign-On)是一项云端的单点登录服务,旨在集中管理对多个 AWS 账户和业务应用程序的访问权限。通过这项服务,用户可以利用现有的企业凭证,轻松登录用户门户,并从单一位置访问所有已分配的账户和应用程序。此外,AWS SSO 还支持多种身份来源,可以灵活地将其与 AWS SSO 内置的用户目录、现有的 Microsoft Active Directory 或外部的身份提供商(IdP)进行集成。

AWS SSO 提供了以下技术优势:

(1) 集成商业云应用程序(如 Office 365、GitHub、Salesforce 和 Box)内置支持。

(2) 内置目录用于用户和组管理,可用作 IdP,用于对 AWS SSO 集成应用程序、AWS 管理控制台及 SAML 2.0 兼容的云应用程序的用户进行身份验证。

(3) 与 AWS 服务(例如 AWS Organizations)深度集成。

(4) 登录到 CloudTrail,以便对所有登录和管理活动进行审计。还可以将这些日志发送到 SIEM 解决方案(如 Splunk 和 Sumo Logic)以进行进一步的分析。

(5) 提供用户门户,允许他们使用现有的企业凭证登录,并从一个集中位置访问所有分配的账户和应用程序。

(6) 能够通过 AWS SSO 使用 AWS CLI v2 访问 AWS 资源。这样可以向用户提供短期凭证,以便更安全地访问资源。可以自动或手动配置 CLI 配置文件以访问 AWS 账户中的资源。

AWS SSO 的使用流程如图 2-5 所示。

(1) 启用 AWS SSO。

首次打开 AWS SSO 控制台时,系统会提示启用 AWS SSO,然后才能开始管理它。启用后,AWS SSO 便会获得在 AWS Organizations 内的任何 AWS 账户中创建 IAM 服务相关角色的必要权限。AWS SSO 稍后会在为 AWS 账户设置 SSO 访问权限的过程中创建这些角色。

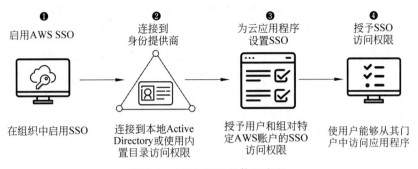

图 2-5　AWS SSO 的使用流程

（2）连接到身份提供商。

选择目录,该目录确定 AWS SSO 在哪里查找需要访问权限的用户和组。在默认情况下,将获得一个 AWS SSO 用户目录,可快速方便地进行用户管理。或者也可以连接到本地 Active Directory 或 SAML2.0IdP。

（3）授予访问权限。

可以向目录中的用户授予对 AWS Organizations 中特定 AWS 账户的一个或多个 AWS 控制台的访问权限。还可以授予 AWS 和 SAML 应用程序访问权限。

（4）在 AWS SSO 用户门户中启用访问。

用户仅会看到从用户门户中分配给他们的 AWS 账户图标（例如,开发）。选择该图标后,他们便可以选择自己在登录该 AWS 账户的 AWS 管理控制台时希望使用的 IAM 角色。

2.6　AWS Microsoft AD 服务

AWS Directory Service 是一项完全托管的服务,可以帮助在 AWS 云中轻松地运行目录,并将 AWS 资源与现有的本地 Microsoft Active Directory 无缝连接。这项服务旨在减少管理负担,避免烦琐的目录拓扑构建工作。每个目录都会自动跨多个可用区进行部署,并配备监控功能,以实时检测并替换故障域控制器。更令人称道的是,数据复制和每日自动快照功能都已预先配置好,无须手动安装任何软件或处理任何补丁和软件更新,一切都由 AWS 自动完成。

完成目录创建后,将获得丰富的功能,如用户和组的管理、为应用程序和服务提供单点登录、创建和应用组策略等。此外,还能轻松地将 EC2 实例加入域中,简化基于云的 Linux 和 Microsoft Windows 工作负载的部署和管理。更为灵活的是,可以通过公有 API 以编程方式管理目录,实现更高效的操作和管理。

2.6.1　AWS Microsoft AD 服务的类型

AWS Microsoft AD 服务提供了 3 种类型的服务来满足不同的客户需求。

（1）Simple AD：Simple AD 提供了一种小规模、低成本的基本 Active Directory 功能。

它具备基本的 Active Directory 兼容性,能够支持 Samba 4 兼容应用程序,并为能够识别 LDAP 的应用程序提供 LDAP 兼容性。Simple AD 是 AWS Managed Microsoft AD 功能 的子集,包括管理用户账户和组成员资格、创建和应用组策略、安全连接到 Amazon EC2 实 例及提供基于 Kerberos 的单点登录(SSO)等功能。

(2) AD Connector:AD Connector 适用于那些需要通过 Active Directory 访问 AWS 服务的本地用户场景,如图 2-6 所示。它提供了符合 Active Directory 标准的身份验证和授 权机制,使本地用户可以使用现有的 Active Directory 凭证访问 AWS 资源。此外,AD Connector 还可以将 Amazon EC2 实例连接到现有的 Active Directory 域。

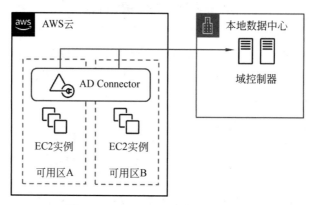

图 2-6　AD Connector 典型应用场景

(3) AWS Managed Microsoft AD:适用于在 AWS 云中需要完整的 Microsoft Active Directory 的场景。它提供了完整的 Microsoft Active Directory 功能,并且支持 Active Directory 感知型工作负载,例如 Microsoft Exchange Server、Citrix Workspace 和 VMware Workspace ONE。此外,AWS Managed Microsoft AD 还与 AWS 应用程序和服务,如 Amazon WorkSpaces 和 Amazon QuickSight 进行集成,并为 Linux 应用程序提供 LDAP 支持。

2.6.2　AWS Microsoft AD 服务的案例

1. AWS Managed Microsoft AD 的案例

在创建 AWS Managed Microsoft AD 目录时,AWS 会自动部署两个 Microsoft Active Directory 域控制器,由 VPC 中的 Microsoft Windows Server 2012 R2 提供支持,如图 2-7 所示。为确保高可用性,这两个域控制器在选定的 AWS 区域的不同可用区中运行。作为 一项托管服务,AWS Managed Microsoft AD 负责配置目录复制,每日自动创建快照,并处 理所有的补丁和软件更新。此外,AWS Managed Microsoft AD 会监控域控制器,并在发生 故障时自动恢复域控制器。

AWS Managed Microsoft AD 还允许添加域控制器,以满足应用程序的特定性能需求。 还可以将 AWS Managed Microsoft AD 用作与本地目录具有信任关系的资源林。可以使用 AWS Managed Microsoft AD(标准版)来加密应用程序和目录之间的轻型目录访问协议(LDAP)通信。通过启用传输层安全性(TLS)的 LDAP 协议(也称为 LDAPS),可以实现对LDAP 通信的端到端加密,这有助于在通过不受信任的网络进行访问时保护目录中保存的敏感信息。

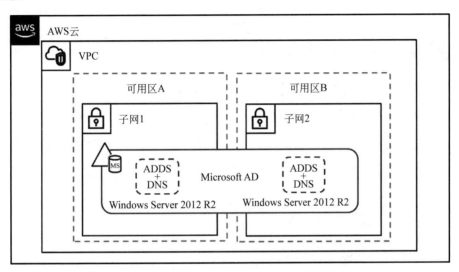

图 2-7　AWS Managed Microsoft AD 的应用场景

2. AWS SSO 和 AD Connector 结合使用的案例

通过将 AWS SSO 与 AWS Directory Service 集成,可以使用几种方法连接企业目录:使用 AD Connector 或者配置本地 Active Directory 信任。一旦连接了企业目录,就可以配置账户和应用程序以实现 SSO 访问。如果没有本地 Active Directory 或者不想连接到本地Active Directory,则可以使用 AWS Managed Microsoft AD 在云中管理用户和组。AWSSSO 可以帮助用户连接到其需要访问的 AWS 账户和业务应用程序,如图 2-8 所示。

(1)通过 AWS SSO,能够授予用户对组织中 AWS 账户的访问权限,这可以通过将用户添加到企业 Active Directory 中的组来执行此操作。在 AWS SSO 中,首先需要指定哪些Active Directory 组可以访问哪些 AWS 账户,然后选择权限集以指定授予这些 ActiveDirectory 组的 SSO 访问级别。接下来,可以将新用户添加到 Active Directory 组,AWSSSO 将自动为用户提供对已配置账户的访问权限。此外,还可以授予 Active Directory 用户对 AWS 账户的访问权限,而无须将用户添加到 Active Directory 组中。

(2)AWS SSO 内置支持对常见业务应用程序(如 Salesforce 和 Office 365)的 SSO 访问。可以在 AWS SSO 控制台中找到这些应用程序,并使用应用程序配置向导配置 SSO 访问。一旦配置了用于 SSO 访问的应用程序,就可以搜索企业目录中的用户和组,以授予用户访问权限。

(3)使用 AWS SSO 应用程序配置向导,可以启用对自定义构建或合作伙伴构建的SAML 应用程序的 SSO 访问。

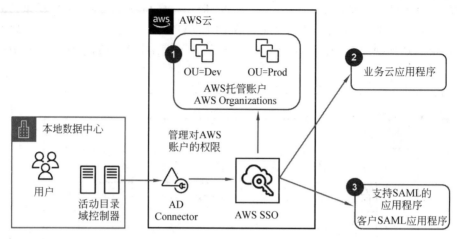

图 2-8　AWS SSO 和 AD Connector 结合使用案例

2.7　AWS Organizations 服务

2.7.1　单账户与多账户

AWS 账户被视为独立的安全边界。每个 AWS 账户都具有专属的身份和访问管理(IAM)设置、网络配置及资源和服务,与其他账户相互独立。这种设计确保了不同 AWS 账户之间的资源完全隔离,因此,账户中的事件或问题不会直接影响其他账户,从而提供了高度的安全性与隔离性。

使用多个 AWS 账户的好处包括以下几点。

(1) 隔离和冗余:将不同的应用程序或环境分别部署在不同的 AWS 账户中,可以实现物理隔离和逻辑隔离,从而降低潜在的风险和故障传播。

(2) 划分责任:每个 AWS 账户可以由不同的团队或业务负责,使各个团队能够独立管理和控制其自己的资源和权限。

(3) 限制权限范围:将不同的应用程序或环境划分到不同的账户中,可以更细粒度地定义和管理 IAM 角色、策略和访问权限,以确保最小特权原则和权限分离。

(4) 管理成本和资源利用率:使用多个 AWS 账户可以更好地管理成本和资源利用率。可以根据不同的应用程序需求,优化和控制每个账户中的资源配额和预算。

(5) 合规性和审计:使用多个 AWS 账户可以更好地满足合规性要求,并对每个账户的活动更容易地进行审计和跟踪。

管理多个 AWS 账户需要合理的规划和组织,过多的账户可能会增加管理复杂性,因此,需要根据实际需求进行权衡和决策。最佳实践是在安全性、可管理性和成本效益之间找到平衡点,并遵循 AWS 提供的多账户管理最佳实践指导。

AWS Organizations 是一个全面的服务,用于管理多个 AWS 账户。它提供了一种集中式的方式来组织、管理和控制多个 AWS 账户,避免需要为每个账户单独配置安全设置,从而简化了多账户的管理。

2.7.2 AWS Organizations 概述

AWS Organizations 是免费提供的功能,无须额外付费,它提供了两种功能集:整合账单功能(Consolidated Billing)和所有功能(All Features)。所有的 AWS Organizations 组织都支持整合账单功能,这提供了基本的账户管理工具,用于集中管理组织中的账户。当启用所有功能时,除了拥有整合账单功能外,还可以获得一组高级功能,例如服务控制策略(Service Control Policies,SCP)。SCP 能够更精细地控制成员账户可以访问哪些服务和资源。

启用了所有功能后,组织中的主账户可以将策略应用到所有成员账户,但需要注意,从整合账单功能迁移到所有功能是单向操作,无法将已启用所有功能的组织切换回仅启用整合账单功能。

借助 AWS Organizations,能够实现以下功能,并轻松管理 AWS 账户的安全性:

(1) 自动创建 AWS 账户并将其添加到组织,或将现有账户添加到组织中,并通过组织单元(OU)对这些账户进行组织和管理。

(2) 创建账户组并应用策略。

(3) 集中管理跨多个账户的安全策略,无须编写自定义脚本或手动操作。通过 Organizations,不再需要为每个 AWS 账户单独管理安全策略。

(4) 使用 API 自动创建新账户。

(5) 简化组织中的多个账户的计费方式,通过整合账单来为所有账户设置一种付款方式。

2.7.3 AWS Organizations 的安全优势

AWS Organizations 提供了多种优势,不仅包括账户管理方面的优势,还包括审计、监控和保护 AWS 账户等方面的优势。通过 AWS Organizations,可以集中启用审计,确保所有账户都启用了审计日志记录,特别是对于新账户。此外,在任何给定账户中修改审计是不被允许的。还可以将 AWS Organizations 与 AWS Config 集成,从而在一个中央位置汇总环境数据,以对账户进行合规性审计。

AWS Organizations 的另一个优势是,能够通过 AWS Firewall Manager 集中创建、修改和管理 AWS WAF 规则。最后,AWS Organizations 允许通过 Amazon CloudWatch Events 在组织范围内发布通知。可以通过指定 Organizations ID 而不是单独指定账户来写入中央事件总线,并向组织中的账户授予权限。这样可以简化流程,避免单独列出所有账户。

2.7.4　AWS Organizations 的基本操作

AWS Organizations 的基本操作有 4 个步骤，如图 2-9 所示。通过这些步骤，可以有效地管理和保护组织中的账户，并实现更高级别的安全性和合规性。

图 2-9　AWS Organizations 的基本操作步骤

（1）创建组织：首先，需要创建一个组织。在 AWS Management Console 中，选择 AWS Organizations 服务，并按照提示创建一个新的组织。创建新组织时，应从将成为主账户的那个账户开始。主账户将拥有组织及组织应用于账户的所有管理操作。主账户可以设置安全控制策略（SCP）、账户分组和组织中的其他 AWS 账户（称为成员账户）的支付方法，然后可以通过发送给 AWS 账户根用户的邀请，邀请 AWS 账户加入组织。邀请必须在 15 天内接受。

（2）创建组织单元（OU）：组织单元是组织中的逻辑容器，可以用来组织和管理账户。可以根据需求创建多个组织单元，并将账户分配给这些组织单元。

（3）创建账户：在组织中创建账户，可以邀请已有的 AWS 账户或者创建全新的 AWS 账户。可以选择邀请目标账户加入组织，并设置其所属的组织单元。

（4）创建并分配服务控制策略（SCP）：可以使用服务控制策略来限制可委托给成员账户中的用户和角色的操作。SCP 是一种组织级别的控制策略，可应用于整个组织、组织单元或特定账户。SCP 指定了成员账户的根用户所拥有的权限。在账户中，IAM 用户和角色可以按照正常方式使用，然而，无论用户或角色的权限多么宽松，其有效权限集永远不会超出 SCP 所定义的范围。通过 SCP，可以对 AWS 服务和 API 函数在账户级别上实施精细的访问控制，可以帮助确保账户的安全性和合规性。

2.7.5　AWS Organizations 的架构

AWS Organizations 可以拥有一个主账户和 0 个或多个成员账户。创建组织时，AWS Organizations 会自动创建一个根节点。可以采用分层的树状结构来组织这些账户，将根节点置于顶部，并在其下方嵌套组织单元（OU），如图 2-10 所示。每个账户可以直接放在根节点中，或者放在分层结构中的某个 OU 中。根节点作为组织内所有账户的父容器。

在这种架构中，可以同时将 SCP 应用于 OU 和单个账户。如果将 SCP 应用于组织根

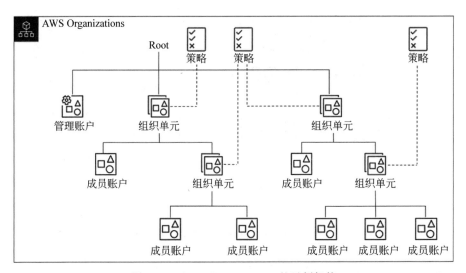

图 2-10 AWS Organizations 的示例架构

节点,则将影响到所有的 OU 和账户,而附加到 OU 的 SCP 将会影响该 OU 中的所有账户,以及该 OU 下任何子目录中的所有 OU 中的账户。可以将 SCP 视为组织级别的边界,类似于权限边界,SCP 并不授予权限,而是限制权限。权限边界定义了 IAM 实体在账户中可以使用的最大权限。

2.7.6 AWS Organizations 的服务控制策略

服务控制策略(SCP)是一项策略,用于指定用户和角色在受 SCP 影响的账户中可以使用的服务和操作。与 IAM 权限策略类似,SCP 用作在受影响账户中筛选指定服务和操作的工具,并不授予权限,即使对用户已经授予完整管理员权限的账户,未明确被 SCP 允许或已明确被拒绝的任何访问也将被阻止。

在默认情况下,AWS Organizations 会将名为 FullAWSAccess 的 AWS 托管策略附加到所有根、OU 和账户,如图 2-11 所示。这样可以确保在构建组织时不会阻止任何内容(除非有特殊需求)。换句话说,在默认情况下所有权限都将被列入白名单。当需要限制权限时,可以将 FullAWSAccess 策略替换为一个仅允许具有更强限制权限集的策略,然后受影响账户中的用户和角色只能使用该级别的访问权限,即使它们的 IAM 策略允许所有操作也是如此。

图 2-11 中展示了根目录下的默认 FullAWSAccess 策略,该策略将被子 OU 继承,然后可以附加另一个名为 Deny_DeleteLogs 的 SCP 以阻止用户和角色删除某些日志。

在本书的 2.8.4 节策略的评估流程中将详细介绍如何将 SCP 与其他策略进行结合使用的方法。

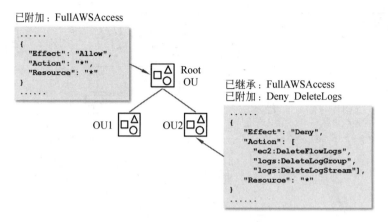

图 2-11　AWS Organizations 的服务控制策略

2.8　策略与权限管理

2.8.1　术语与基本原理

AWS IAM 为控制 AWS 账户的身份验证和授权提供了必要的基础设施。IAM 基础设施如图 2-12 所示。

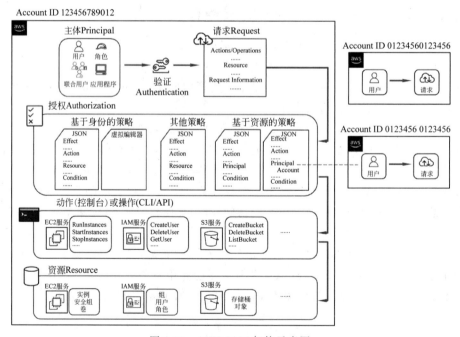

图 2-12　AWS IAM 架构示意图

为了正确掌握 IAM 基本原理,需要掌握以下 IAM 术语。

(1) IAM 资源(Resource):存储在 IAM 中的用户、组、角色、策略和身份提供商对象。与其他 AWS 服务一样,可以在 IAM 中添加、编辑和删除资源。

(2) 实体(Entity):AWS 用于进行身份验证的 IAM 资源对象,包括 IAM 用户和角色。

(3) 身份(Identity):在策略中用于授权执行操作和访问资源的 IAM 资源,包括用户、组和角色。

(4) 主体(Principal):使用 AWS 账户根用户、IAM 用户或 IAM 角色登录并向 AWS 发出请求的人员或应用程序,包括联合身份用户(Federated Users)和担任的角色(Assumed Roles)。

这些术语之间的关系如图 2-13 所示,其中"实体"和"主体"是两个最容易混淆的概念,它们有着不同的含义和用途。

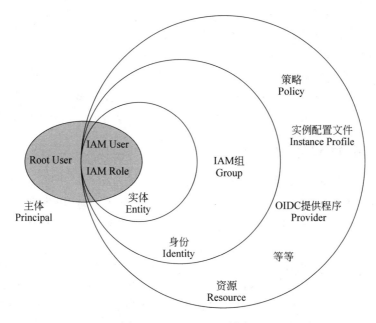

图 2-13 AWS IAM 术语

实体和主体的区别在于,实体是一个更广泛的概念,代表了可以识别和操作的实际对象,而主体是实体的子集或根用户,用于标识和验证执行操作或访问资源的身份或角色。例如,有一个 IAM 用户(实体),该用户被授予了访问 S3 存储桶的权限。在这种情况下,该 IAM 用户就是访问 S3 存储桶的主体。总体来讲,实体是具体的对象,而主体是被授权或访问资源的身份或角色。理解这两个概念的区别对于在 IAM 中正确配置权限和访问控制非常重要。

当主体尝试使用 AWS 管理控制台、AWS CLI 或 AWS API 时,将向 AWS 发送请求。AWS 服务收到请求后会完成几个步骤来确定是允许还是拒绝该请求。

(1) 身份验证(Authentication):首先,AWS 对发出请求的主体进行身份验证,以确保其合法性。一些服务（如 Amazon S3）可能不需要此步骤，它们允许匿名用户的某些请求。

（2）处理请求上下文（Context）：AWS 会处理请求中收集到的信息，以确定应该应用哪些策略。AWS 在处理请求时会收集以下信息作为请求的上下文。

- 操作或运营（Actions or Operations）：主体希望执行的操作。
- 资源（Resource）：对其执行操作的 AWS 资源对象。
- 主体（Principal）：发送请求的用户、角色、联合身份用户或应用程序。该主体的信息包括与策略关联的内容。
- 环境数据（Environment Data）：有关 IP 地址、用户代理、SSL 启用状态或当天时间的信息。
- 资源数据（Resource Data）：与请求的资源相关的数据，例如 DynamoDB 表名称或 Amazon EC2 实例上的标签等信息。

（3）授权评估（Authorization Evaluation）：AWS 使用请求上下文中的值来检查应用于请求的策略，然后它使用策略来确定是允许还是拒绝请求。有多种类型的策略可影响是否对请求进行授权，要向用户提供访问他们自己账户中的 AWS 资源的权限，只需基于身份的策略。基于资源的策略常用于授予跨账户访问，其他策略类型是高级功能，应谨慎使用。

在对来自同一账户的请求进行身份验证和授权后，AWS 将批准该请求。如果需要在另一个账户中发出请求（跨账户访问），则其他账户中的策略也必须允许访问资源。

2.8.2　策略的类型

在 AWS 中，可以通过创建策略并将其附加到 IAM 身份（用户、用户组或角色）或 AWS 资源来管理访问权限。策略是 AWS 中的对象，在与身份或资源相关联时，策略用于定义它们的权限。当 IAM 主体（用户或角色）发出请求时，AWS 会评估这些策略，以确定是否允许或拒绝请求。

IAM 策略用于定义操作的权限，无关乎使用哪种方法执行操作。例如，如果一个策略允许 GetUser 操作，则具有该策略的用户既可以从 AWS 管理控制台，也可以从 AWS CLI 或 AWS API 获取用户信息。在创建 IAM 用户时，可以选择允许控制台或编程访问。如果允许控制台访问，则 IAM 用户可以使用其登录凭证登录到控制台。如果允许编程访问，则用户可以通过访问密钥来使用 CLI 或 API。

根据使用场景和控制粒度的角度，可以将 AWS 支持的策略分为 6 种。按照从最常用到不常用的顺序列出的这些策略如下。

（1）基于身份的策略（Identity-based Policies）：这种策略是被直接附加到 IAM 用户、用户组或角色上的。它们用于定义与身份相关的权限，例如允许用户访问特定的 AWS 服务或执行特定的操作。

（2）基于资源的策略（Resource-based Policies）：这种策略是被直接附加到 AWS 资源上的。它们用于定义 IAM 用户或其他 AWS 账户对资源的访问权限。例如，可以通过为 S3 存储桶定义资源策略来控制对该存储桶的访问。

（3）权限边界（Permissions Boundaries）：权限边界是一种特殊类型的策略，它用于限制 IAM 用户或角色所能扮演的最高权限。通过将权限边界与身份关联，可以确保用户或角色不能超越其权限范围。

（4）组织 SCP（Organizations SCPs）：组织服务控制策略是在 AWS Organizations 中使用的策略。它们用于在组织或组织单元（OU）层级上控制成员账户的访问权限。通过 SCP，可以限制账户能够使用的 AWS 服务和执行的操作。

（5）访问控制列表（Access Control Lists，ACL）：ACL 是一种用于控制 S3 存储桶和对象级别访问权限的策略。它是唯一不使用 JSON 策略文档结构的策略类型。

（6）会话策略（Session Policies）：会话策略是在 AWS Security Token Service（STS）中使用的的策略。它们用于控制通过临时凭证（如角色担任）获得的权限。会话策略通常与基于身份的策略结合使用，以限制临时凭证的权限范围。

从管理和使用上的角度，又可以将基于身份的策略进一步分类，共有两类 3 种。

（1）托管策略（Managed Policies）：可以附加到 AWS 账户中的多个用户、组和角色的独立策略，是可重用策略对象。托管策略是为了方便管理和维护，在多个身份或资源之间共享，并且可以通过版本控制来跟踪和管理变更。有两种托管策略。

- AWS 托管的策略（AWS Managed Policies）：由 AWS 创建和管理的托管策略。可以直接在账户中使用，而不需要自己创建和维护，如图 2-14 所示。AWS 的托管策略具有广泛的应用范围，适用于各种常见的权限需求和最佳实践。
- 客户管理的策略（Customer Managed Policies）：如果 AWS 托管的策略满足不了要求，则可以自己在 AWS 账户中创建和管理策略，如图 2-15 所示。与 AWS 托管的策略相比，客户托管的策略可以更精细地控制策略。

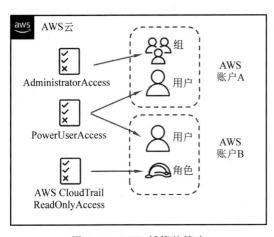

图 2-14　AWS 托管的策略

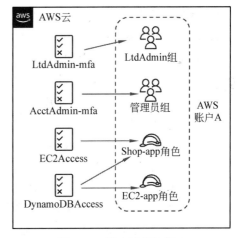

图 2-15　客户托管的策略

（2）内联策略（Inline Policies）：直接添加到单个用户、组或角色的策略。内联策略维持策略与身份之间严格的一对一关系，是不可重复使用的策略，如图 2-16 所示。当删除身份时，它们也将会被删除。

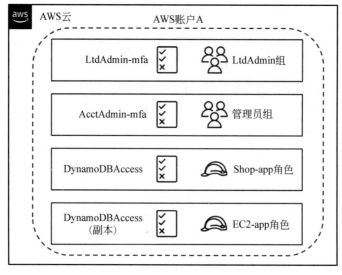

图 2-16　内联的策略

2.8.3　JSON 格式的策略

在 AWS 中，策略主要以 JSON 文档形式存储。尽管 AWS 管理控制台的可视化编辑器简化了策略的创建和编辑过程，但对于内联策略或复杂策略，仍需要在控制台的 JSON 编辑器中进行创建和编辑。

JSON 策略文档包含可选的策略范围信息及一个或多个独立语句，如图 2-17 所示。每个语句都包含单个权限的信息。如果策略包含多个语句，AWS 则将在评估时跨这些语句应用逻辑 OR。如果请求涉及多个策略，AWS 则将在评估时跨所有这些策略应用逻辑 OR。

IAM 策略中的信息包含在一系列元素内。

（1）Version：指定策略语言版本。

（2）Statement：作为主要策略元素，包含以下元素。一个策略中可以包含多个语句。

（3）SID(可选)：包含可选的语句 ID，用于区分不同的语句。

（4）Effect：使用 Allow 或 Deny 指示策略是允许还是拒绝访问。

（5）Principal(仅在某些情况下需要)：如果创建基于资源的策略，则需要指定要允许或拒绝访问的账户、用户、角色或联合身份用户。如果创建 IAM 权限策略以附加到用户或角色，则不能包含该元素。主体暗示为该用户或角色。

（6）Action：包含策略允许或拒绝的操作列表。

（7）Resource(仅在某些情况下需要)：如果创建 IAM 权限策略，则需要指定操作适用的资源列表。如果创建基于资源的策略，则该元素是可选的。如果不包含该元素，则操作适用的资源是策略附加到的资源。

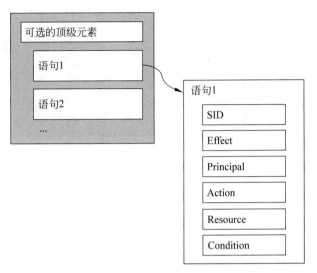

图 2-17　JSON 格式策略的结构

（8）Condition（可选）：指定策略在哪些情况下授予权限。

元素的顺序并不重要，例如，Resource 元素可以在 Action 元素之前出现。一些 JSON 策略元素是相互排斥的，这意味着在一个策略语句中不能同时使用两个排斥的元素。例如，在同一策略语句中无法同时使用 Action 和 NotAction，另外，Principal/NotPrincipal 和 Resource/NotResource 也是互斥的元素。策略的具体内容会因服务而异，取决于服务提供的操作和相关资源类型等因素。

【示例 2-1】　基于身份的策略允许暗示的主体（Implied Principal）列出名为 example_bucket 的单个 S3 存储桶，代码如下：

```
{
  "Version": "2012-10-17",
  "Statement": {
    "Effect": "Allow",
    "Action": "s3:ListBucket",
    "Resource": "arn:aws:s3:::example_bucket"
  }
}
```

【示例 2-2】　附加到 S3 存储桶的基于资源的策略。此策略允许特定 AWS 账户的成员在名为 mybucket 的存储桶中执行任何 Amazon S3 操作。它允许对存储桶或其中的对象执行任何操作，代码如下：

```
{
  "Version": "2012-10-17",
  "Statement": [
    {
```

```
        "Sid": "1",
        "Effect": "Allow",
        "Principal": {"AWS": ["arn:aws:iam::account-id:root"]},
        "Action": "s3:*",
        "Resource": [
          "arn:aws:s3:::mybucket",
          "arn:aws:s3:::mybucket/*"
        ]
      }
    ]
}
```

由于策略的大小受限（例如托管策略的字符数不能超过 6144 个），对于更复杂的权限，可能需要使用多个策略。建议在单独的客户托管策略中创建权限的功能组。例如，为 IAM 用户管理创建一个策略，为 S3 存储桶管理创建另一个策略。无论如何组合多个语句和策略，AWS 都会以相同的方式评估策略。

【示例 2-3】 具有 3 个语句的策略，每个语句在单个账户中定义了一组独立的权限，代码如下：

```
{
    "Version": "2012-10-17",
    "Statement": [
      {
        "Sid": "FirstStatement",
        "Effect": "Allow",
        "Action": ["iam:ChangePassword"],
        "Resource": "*"
      },
      {
        "Sid": "SecondStatement",
        "Effect": "Allow",
        "Action": "s3:ListAllMyBuckets",
        "Resource": "*"
      },
      {
        "Sid": "ThirdStatement",
        "Effect": "Allow",
        "Action": [
          "s3:List*",
          "s3:Get*"
        ],
        "Resource": [
          "arn:aws:s3:::confidential-data",
          "arn:aws:s3:::confidential-data/*"
        ],
```

```
    "Condition": {"Bool": {"aws:MultiFactorAuthPresent": "true"}}
  }
 ]
}
```

（1）第 1 个语句的 Sid 为 FirstStatement，允许具有此策略的用户更改自己的密码。该语句中的 Resource 元素是"＊"，表示适用于所有资源，但实际上，ChangePassword API 操作（或等效的 change-password CLI 命令）只会影响发出请求的用户的密码。

（2）第 2 个语句允许用户列出其 AWS 账户中的所有 Amazon S3 存储桶。该语句中的 Resource 元素是"＊"，表示适用于所有资源。由于策略没有授予其他账户中资源的访问权限，因此用户只能列出自己 AWS 账户中的存储桶。

（3）第 3 个语句允许用户列出和获取名为 confidential-data 的存储桶中的任何对象，但前提是用户已通过多重身份验证（MFA）进行了身份验证。策略中的 Condition 元素强制执行 MFA 身份验证。如果策略语句包含 Condition 元素，则只有在 Condition 计算为 true 时，语句才有效。在此示例中，Condition 在用户进行了 MFA 身份验证时计算为 true。如果用户没有进行 MFA 身份验证，则 Condition 计算为 false。在这种情况下，策略中的第 3 个语句将不适用，因此用户将无法访问 confidential-data 存储桶。

AWS 管理控制台提供了策略摘要表，它对每个服务在策略中允许或拒绝的访问级别、资源和条件进行了总结，如图 2-18 所示。通过策略摘要，可以轻松地了解 IAM 策略的权限，无须阅读 JSON 策略文档。只需查看表格，便可以快速了解每个策略的服务、操作、资源和条件。策略摘要可以在策略详细信息页面或单个 IAM 用户或角色页面的"权限"选项卡找到。

图 2-18　AWS 管理控制台中策略摘要

策略摘要表是对策略的总体概述，其中包含服务列表。选择某一项服务，即可查看该服务的摘要。服务摘要表列出了所选服务的操作和关联的权限。可以选择此表中的操作，以查看操作的摘要。操作摘要表包含所选操作的资源和条件列表。

2.8.4 策略的评估流程

AWS 提供了多种策略类型，用于决定请求是否被授权。如果要让用户访问自己账户中的 AWS 资源，则只需使用基于身份的策略，而基于资源的策略则常用于授予跨账户访问的权限，其他策略类型属于高级功能，使用时需谨慎。

AWS 会检查应用于请求上下文的每个策略。如果权限策略中包含拒绝操作，AWS 则将拒绝整个请求并停止评估，这称为显式拒绝。由于请求默认被拒绝，因此只有在适用的权限策略允许请求的每部分时，AWS 才会授权请求，如图 2-19 所示。在单个账户中，请求的评估逻辑遵循以下一般规则。

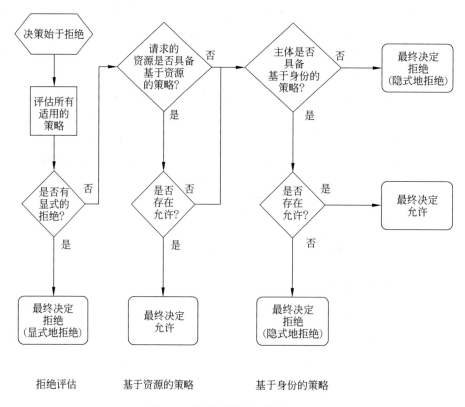

图 2-19 简化的策略评估流程(1)

（1）在默认情况下，所有请求都被隐式地拒绝，除非使用 AWS 账户根用户凭证创建的请求访问该账户资源（此类请求始终允许）。

（2）基于身份或基于资源的策略中的显式允许将覆盖此默认值。

（3）组织 SCP、IAM 权限边界或会话策略的存在将覆盖允许。如果存在其中一个或多个策略类型，则它们必须都允许请求，否则将隐式地拒绝它。

（4）任何策略中的显式拒绝将覆盖任何允许。

身份和资源都可以使用权限策略（Permissions Policy），并且一起进行评估。对于只使用权限策略的请求，AWS 首先会检查所有的 Deny 策略。如果存在这样的策略，则该请求将被拒绝。策略的最常见类型是基于身份的策略和基于资源的策略。当请求访问资源时，AWS 会评估策略以确定在同一账户中是否至少有一个策略允许所请求的所有权限。如果任何一个策略中存在显式拒绝，则将覆盖允许的权限。

【示例 2-4】　AWS 账户 123456789012 的管理员已将基于身份的策略附加到 Alice、Bob 和 Jack 用户，使他们能够对特定资源执行这些策略中定义的一些操作，然而，Tom 并没有被附加基于身份的策略。管理员还为资源 X、Y 和 Z 添加了基于资源的策略。通过基于资源的策略，可以指定哪些用户可以访问这些资源，如图 2-20 所示。

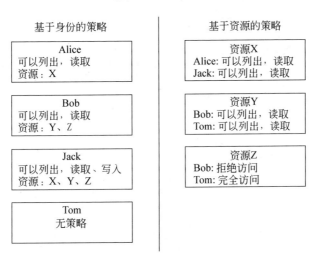

图 2-20　基于身份的策略与基于资源的策略

AWS 账户 123456789012 允许以下用户执行所列出的操作。

（1）Alice：可以对资源 X 执行列出和读取操作。她被授予此权限是通过基于身份的策略（适用于她的用户）和基于资源的策略（适用于资源 X）。

（2）Bob：可以对资源 Y 执行列出、读取和写入操作，但被拒绝访问资源 Z。Bob 的基于身份的策略允许他对资源 Y 执行列出和读取操作。基于资源 Y 的策略还向他授予写入权限，然而，尽管基于身份的策略允许他访问资源 Z，但基于资源 Z 的策略拒绝了该访问请求。显式拒绝会覆盖允许，这将阻止他对资源 Z 的访问。

（3）Jack：可以对资源 X、资源 Y 和资源 Z 执行列出、读取和写入操作。与基于资源的策略相比，他的基于身份的策略允许他对更多资源执行更多操作，并且没有被拒绝访问任何资源。

（4）Tom：具有对资源 Z 的完全访问权限。虽然 Tom 没有基于身份的策略，但是基于资源 Z 的策略向他授予对资源的完全访问权限。此外，他还可以对资源 Y 执行列出和读取操作。

AWS Organizations 是一项服务，用于分组和集中管理企业拥有的 AWS 账户。启用 AWS Organizations 的所有功能后，可以对任意或全部账户应用服务控制策略（SCP）。SCP 是一种 JSON 格式的策略，用于指定组织或组织单元（OU）的最大权限。SCP 限制成员账户中实体（包括每个 AWS 账户根用户）的权限。在任何 SCP 中，显式拒绝都会覆盖允许。

当 AWS 评估所有适用的策略时会检查主体账户是否是 AWS Organizations 的成员并且是否被应用了 SCP，如图 2-21 所示。如果是，AWS 就会评估适用于请求的 SCP。如果在 SCP 中没有找到任何适用的 Allow 语句，则请求会被拒绝，这是最终的决定。如果没有 SCP，或者 SCP 允许所请求的操作，则执行后续的评估，因此，可以使用 SCP 为组织或组织单元的账户成员定义最大权限。SCP 限制基于资源的策略或基于身份的策略的权限，但不授予权限。

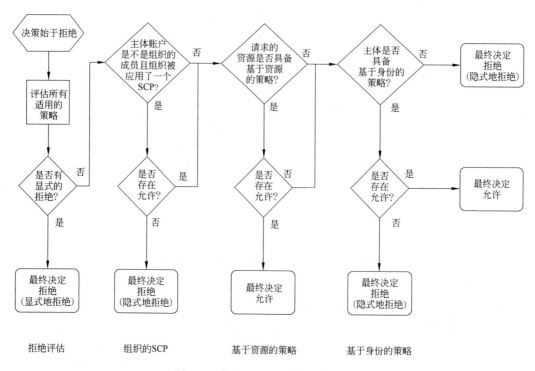

图 2-21　简化的策略评估流程（2）

在进行基于身份策略评估后，还需要进行 IAM 权限边界的检查，如图 2-22 所示。如果用于设置权限边界的策略不允许所请求的操作，则请求将被隐式地拒绝。实体的权限仅限于其基于身份的策略和权限边界同时允许的操作，如图 2-23 所示。

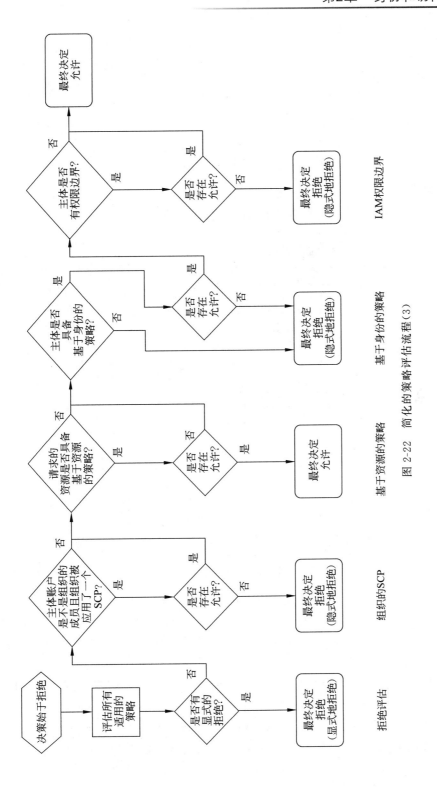

图 2-22 简化的策略评估流程（3）

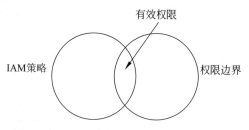

图 2-23 有效的权限是 2 种策略类型的交集

【**示例 2-5**】 一个名为 Alice 的 IAM 用户，她应该只能管理 S3、CloudWatch 和 EC2。为了实现这个规则，可以使用策略设置 Alice 用户的权限边界，如图 2-24 所示。

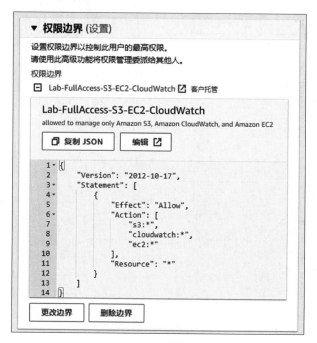

图 2-24 Alice 的权限边界

当使用权限边界策略为用户设置权限时，它会限制用户的权限，但不会授予任何权限。在这个例子中，策略将 Alice 的最大权限设置为 S3、CloudWatch 和 EC2 中的所有操作。Alice 将不能执行任何其他服务（包括 IAM）中的操作，即使她有一个允许这样做的权限策略也是如此，如图 2-25 所示。

这个策略允许在 IAM 中创建用户。如果将这个权限策略附加到 Alice 用户，然后 Alice 尝试创建用户，则该操作将失败。因为权限边界不允许执行 iam:CreateUser 操作而失败。基于这两个策略，Alice 将无法在 AWS 中执行任何操作。必须添加不同的权限策略以允许其他服务中的操作，例如 S3。或者，也可以更新权限边界，以允许她在 IAM 中创建用户。

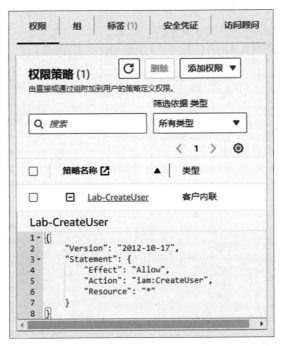

图 2-25　Alice 的权限策略

会话策略是一种高级策略,可以在创建角色或联合身份用户的临时会话时作为参数传递。这样,可以对会话的角色权限进行更多限制,如图 2-26 所示。要创建角色会话,可以使用 AssumeRole API 操作。执行该操作时,如果传递了会话策略,则生成的会话权限将是 IAM 实体的身份策略与会话策略的交集。可以使用 AWS 托管策略或自己托管的策略作为会话策略,并将同样的会话权限应用于多个会话。

图 2-26 展示了完整的策略评估流程。在 IAM 策略评估逻辑中会话策略位于最后一个位置,也就是在所有其他类型的策略(如身份策略、资源策略、服务控制策略等)都被评估之后,才会对会话策略进行评估。这意味着会话策略可以进一步缩小或放宽之前的策略结果,但不能授予之前的策略没有允许的权限。例如,如果一个用户有一个身份策略,则允许他访问所有的 S3 存储桶,但是他创建了一个会话,并附加了一个会话策略,只允许他访问特定的存储桶,那么他的最终权限就是只能访问那个特定的存储桶。反之,如果他的身份策略只允许他访问特定的存储桶,但是他的会话策略允许他访问所有的存储桶,则他的最终权限仍然是只能访问那个特定的存储桶,因此会话策略可以被视为一种最终过滤器,用于调整会话的权限。

提示:AWS 对根用户和 IAM 用户的权限处理是不同的。AWS 不支持将基于身份的策略附加到根用户,也不能为其设置权限边界,但是,可以在基于资源的策略或 ACL 中将根用户指定为主体。根用户仍然属于该账户。如果该账户是 AWS Organizations 中的成员账户,则根用户会受到该账户的任何服务控制策略(SCP)的影响。

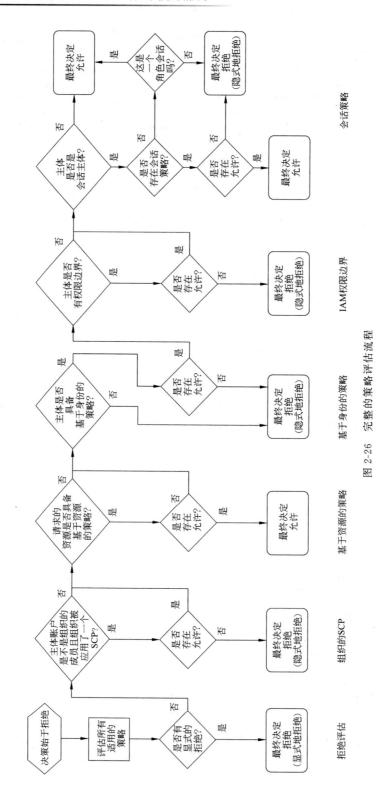

图 2-26 完整的策略评估流程

2.8.5　通过用户组简化权限管理

在许多软件系统中,"用户组"是一个高效管理权限的概念,AWS IAM 也采用了类似的机制。IAM 用户组是一个集合,包含了多个 IAM 用户。通过定义用户组,并为这些组分配相应的权限,可以更便捷地管理用户的访问权限。例如,可以创建一个名为 Admins 的用户组,并为该组授予通常只有管理员才需要的权限。这样,该组中的所有用户都将自动继承这些管理员权限。当有新用户加入组织并需要获得管理员权限时,只需将其添加到 Admins 用户组中。同样,如果组织中的成员变更职务或职责,则无须单独编辑该用户的权限设置,只需将其从旧用户组中移除,并添加到相应的新用户组中,这样就能确保权限的正确分配。这样的设计,极大地简化了权限管理的过程。

可以将基于身份的策略附加到用户组,以便该用户组中的所有用户都能获得该策略的权限,但是,无法在基于资源的策略中将用户组标识为主体,因为组与权限相关,与身份验证无关,并且主体是经过身份验证的 IAM 实体。

以下为用户组具有的一些重要特点:

(1) 一个用户组可包含多个用户,而一个用户又可归属于多个用户组。

(2) AWS 目前不支持嵌套的用户组;其中只能包含用户,而不能包含其他用户组。

(3) 在默认情况下,没有可自动包含 AWS 账户内所有用户的用户组。如果需要有这样的用户组,则需要创建该组,然后将每个新用户分配给它。

(4) AWS 账户中组的数量和每个用户可加入的组的数量是有限的。例如每个账户最多可以创建 500 个组。

要将 AWS 托管策略和客户管理的策略附加到用户组,需要执行以下任一操作:

(1) AWS 管理控制台操作。

(2) AWS CLI:aws iam attach-group-policy。

(3) AWS API:AttachGroupPolicy。

2.8.6　通过角色简化权限管理

在众多软件系统中,"角色"是一个核心概念,代表了一组特定的权限。在 AWS 的官方图标中,IAM 角色由一顶棒球帽来象征,这意味着当某个实体担任某个角色时,就像戴上了这顶帽子,从而获得了该角色的特定权限。AWS IAM 角色是一种具有明确定义的权限集的 IAM 身份,可以在账户中创建和配置。IAM 角色与 IAM 用户类似,也是一个 AWS 身份,具有权限策略来定义其在 AWS 环境中可以执行和不能执行的操作,然而,设计角色的目的是让任何需要它的实体都能够扮演相应角色,而不是与特定的个人绑定。更重要的是,角色并不具备长期的标准凭证(如密码或访问密钥),而是在扮演角色时会生成临时的安全凭证,为访问提供安全保障。

使用 IAM 角色的场景主要有以下几种。

(1) 向 AWS 账户中的用户授予对其通常不拥有的资源的访问权限。

（2）向一个 AWS 账户中的用户授予对其他账户中的资源的访问权限。

（3）允许移动应用程序使用 AWS 资源，但是不希望在应用程序中嵌入 AWS 密钥（因为难以更新密钥，而且用户有可能会提取到密钥）。

（4）向已经具有在 AWS 外部（例如，在企业的目录服务中）定义的身份的用户提供对 AWS 的访问权限。

（5）向第三方授予对账户的访问权限，使他们可以对资源执行审核。

角色可由以下实体使用：

（1）与该角色在相同 AWS 账户中的 IAM 用户。

（2）位于与该角色不同的 AWS 账户中的 IAM 用户。

（3）由 AWS 提供的服务，例如 EC2 实例。

（4）由与 SAML2.0 或 OpenID Connect 兼容的外部身份提供程序（IdP）服务或定制的身份代理进行身份验证的外部用户。

1. 角色的创建

一个全新的 AWS 账户，在默认情况下不会创建任何角色。当为账户添加服务时，这些服务可能会添加服务相关角色。服务相关角色是一种与 AWS 服务相关联的服务角色，服务可以扮演代表完成任务的角色。服务相关角色显示在 AWS 账户中，并由该服务拥有。IAM 管理员可以查看但不能编辑服务相关角色的权限。

根据业务需求，可以创建自定义的角色。可以使用 AWS 管理控制台、AWS CLI 或 IAM API 来创建角色。如果选择使用 AWS 管理控制台，则可使用向导程序来完成创建角色的步骤。向导程序的步骤可能稍有不同，具体取决于是为 AWS 服务、AWS 账户，还是联合用户创建角色。

在 AWS 管理控制台中创建实例，步骤 1 的操作是"选择可信实体"（Trusted Entity Type），这是为新角色设置"信任策略"（Trust Policy），即指定哪些实体可以扮演（Assume）此角色，如图 2-27 所示。

提示：在 AWS 英文官方文档中，有时会使用 switch to a role，有时会使用 assume a role，这两个短语的意义是相同的，并且可以互换使用。在中文资料中，assume 被翻译成不同的词语，例如"代入""担任"和"扮演"等，然而，作者更倾向于使用"扮演"这个词汇，因为它更好地表达了角色的动态性和临时性。角色是一种身份，可以根据不同情境进行切换，而不是一种固定的职位或身份。例如，在不同的项目中，一个人可以扮演不同的角色，如项目经理、开发人员、测试人员等。这些角色的分配和调整是根据项目的需求和目标进行的，而不是由个人的资格或职责所决定的，因此，"扮演"这个词汇更能够体现角色的灵活性和多样性，也更能表达 AWS IAM 角色的核心概念和特性。

如果在步骤 1 中为此角色选择的可信实体为 EC2 实例，则此角色的信任策略的代码如下：

图 2-27　在控制台中创建角色(选择可信实体)

```
{
    "Version": "2012-10-17",
    "Statement": [
        {
            "Effect": "Allow",
            "Action": [
                "sts:AssumeRole"
            ],
            "Principal": {
                "Service": [
                    "ec2.amazonaws.com"
                ]
            }
        }
    ]
}
```

　　信任策略是 JSON 格式的策略文档,可以在其中指定的主体包括用户、角色、账户和服务。

　　创建新实例步骤 2 的操作是"添加权限"(Add Permissions),这是为新角色设置"权限策略"(Permissions Policy),即定义新角色可以访问的操作和资源,如图 2-28 所示。

图 2-28　在控制台中创建角色（添加权限）

2. 用户切换角色

【示例 2-6】　存在一个关键业务型资源需要加密管理,可以创建具有这些权限的角色,而非直接向用户授予权限。此外,允许管理员在需要进行管理操作时切换为该角色。这样,可以为关键资源增加以下几重保护:

(1) 必须向用户显式授予扮演该角色的权限。

(2) 用户必须使用 AWS 管理控制台、AWS CLI 或 AWS API 主动扮演此角色。

(3) 可以向该角色添加多重身份验证(MFA)保护,以便只有使用 MFA 设备的用户才能扮演该角色。

这是采用"最小权限原则"的方法,也就是说,仅限特定任务需要时,才能使用提升的权限。通过角色,可以帮助防止对敏感环境进行意外更改,如果将它们与审核合并以帮助确保仅在需要时才使用角色,这尤其适用。

为此目的创建角色时,可在该角色的信任策略的 Principal 元素中指定允许访问该角色的账户 ID,然后可以向这些其他账户中的特定用户授予切换到角色的权限。信任策略的示例代码如下:

```
{
    "Version": "2012-10-17",
    "Statement": [
        {
            "Effect": "Allow",
```

```
        "Principal": {
            "AWS": "arn:aws:iam::AccountID:group/GroupName"
        },
        "Action": "sts:AssumeRole",
        "Condition": {}
    }
  ]
}
```

　　一个账户中的用户可以切换为相同或不同账户中的角色。使用角色过程中,用户只能执行角色允许的操作并且只能访问角色允许的资源;其原始用户权限处于暂停状态。用户退出角色时,恢复原始用户权限。

　　本示例是假设组织拥有多个 AWS 账户以将开发环境与生产环境隔离。开发账户中的某些用户有时需要访问生产账户中的资源。尽管可以为在两个账户中工作的用户创建两套身份(和密码),但是多套账户的凭证管理会增加身份管理的复杂度。推荐将所有用户都在开发账户中进行管理,允许一些开发人员可以对生产账户进行有限访问。开发账户有两个组:测试人员(Testers)和开发人员(Developers),每个组有其自身的策略,如图 2-29 所示。

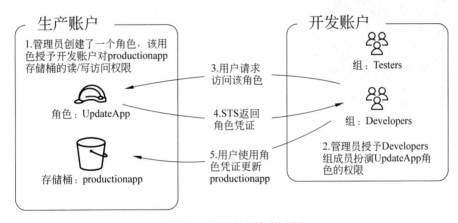

图 2-29　用户切换角色示例

　　(1) 在生产账户中,管理员在该账户中创建 UpdateApp 角色。在角色中,管理员定义信任策略将开发账户指定为 Principal,这意味着开发账户中的授权用户可以扮演 UpdateApp 角色。管理员还为角色定义权限策略,指定对名为 productionapp 的 S3 存储桶的读取和写入权限。

　　接着,管理员与需要扮演角色的所有人共享相关信息。该信息是角色的账号和名称(对于 AWS 控制台用户)或用于 AWS CLI 或 AWS API 访问的 Amazon Resource Name(ARN)。角色 ARN 类似于 arn:aws:iam::123456789012:role/UpdateApp,其中 UpdateApp 是角色名,123456789012 是创建该角色的账号。

　　管理员还可以配置角色,以便扮演角色的用户必须先使用多重身份验证(MFA)进行身份验证。

（2）在开发账户中，管理员向 Developers 组的成员授予切换为角色的权限。执行此操作的方法是向 Developers 组授予调用 AWS Security Token Service（AWS STS）AssumeRole API 来扮演 UpdateApp 角色的权限。Developers 组的所有用户现在都可以切换为生产账户中的 UpdateApp 角色。不在开发人员组中的其他用户无权切换为该角色，因此无法访问生产账户中的 S3 存储桶。

（3）用户请求切换为角色。

- AWS 控制台：用户在导航栏上选择自己的账户名，然后选择 Switch Role（切换角色），如图 2-30 所示。用户输入要切换到的账户 ID（或别名）和角色名称，如图 2-31 所示。或者，用户可以单击管理员在电子邮件中发送的链接。该链接会直接跳转到已填写好详细信息的 Switch Role 页面。

图 2-30　在 AWS 管理控制台中切换角色（1）　　　图 2-31　在 AWS 管理控制台中切换角色（2）

- AWS API/AWS CLI：在开发账户中 Developers 组的用户调用 AssumeRole 函数以获取 UpdateApp 角色的凭证。用户将 UpdateApp 角色的 ARN 指定为调用的一部分。

（4）AWS STS 返回临时凭证。

- AWS 控制台：AWS STS 使用角色的信任策略来验证请求，以确保请求来自受信任实体（开发账户）。验证完成后，AWS STS 向 AWS 控制台返回临时安全凭证。
- API/CLI：AWS STS 根据角色的信任策略来验证请求，以确保请求来自受信任实体。验证完成后，AWS STS 向应用程序返回临时安全凭证。

（5）临时凭证允许访问 AWS 资源。

- AWS 控制台：AWS 控制台在所有后续控制台操作中代表用户使用临时凭证，在本例中用于读取和写入 productionapp 存储桶。该控制台无法访问生产账户中的任何其他资源。当用户退出角色时，用户的权限恢复为切换为角色之前所拥有的原始权限。
- API/CLI：应用程序使用临时安全凭证更新 productionapp 存储桶。应用程序只能使用临时安全凭证读取和写入 productionapp 存储桶，无法访问生产账户的任何其他资源。应用程序不必退出角色,只需在后续 API 调用中停止使用临时凭证并使用原始凭证。

3. EC2 实例配置文件

【示例 2-7】 在 EC2 实例上运行的应用程序需要将 AWS 凭证包含在其 AWS API 请求中,然而,直接在 EC2 实例中存储 AWS 凭证并不推荐,因为这可能导致凭证的意外泄露,从而使 AWS 账户面临安全威胁。此外,这种做法还需要谨慎地管理这些凭证,确保能安全地向每个实例分发这些凭证,并在需要更新凭证时更新每个 EC2 实例,这将需要进行大量的额外工作。

相反,使用 IAM 角色来管理在 EC2 实例上运行的应用程序的临时凭证是更好的做法。这样就无须将长期凭证(如登录凭证或访问密钥)分配给 EC2 实例,而是由角色提供临时权限供应用程序在调用其他 AWS 资源时使用。这种方式既可以避免长期凭证的管理和安全风险,又可以简化权限管理的工作。当创建 EC2 实例时,可先选择要关联到该实例的 IAM 角色,然后实例上运行的应用程序可使用角色提供的临时凭证对 API 请求进行签名。

若要使用角色向 EC2 实例上运行的应用程序授予权限,则需要执行一个额外步骤,即创建一个包含该角色的实例配置文件来附加到该实例,从而为该实例上运行的应用程序提供该角色的临时凭证,然后可以在应用程序的 API 调用中使用这些临时凭证访问资源,以及将访问限制为仅角色指定的那些资源。

使用该角色的这种方式有多个优势。由于角色凭证是临时的并且会自动更新,所以无须管理这些凭证,也不用担心长期的安全风险。此外,如果对多个实例使用单个角色,则可以对该角色进行更改,这样的更改会被自动应用到所有实例。

一次只能将一个角色分配给一个 Amazon EC2 实例,实例上的所有应用程序都具有相同的角色和权限。通常在创建 EC2 实例时就为它分配角色(通过指定配置文件),不过也可以向已在运行的 EC2 实例附加角色。

本示例中,一名开发人员在 EC2 实例上运行一个应用程序,该应用程序需要访问名为 photos 的 S3 存储桶,如图 2-32 所示。管理员创建 Get-pics 服务角色并将该角色附加到 EC2 实例。该角色包括一个权限策略,该策略授予对指定 S3 存储桶的只读访问权限。它还包括一个信任策略,该策略允许 EC2 实例扮演该角色并检索临时凭证。在该实例上运行应用程序时,应用程序可以使用该角色的临时凭证访问 photos 存储桶。管理员不必向开发人员授予访问 photos 存储桶的权限,开发人员也不需要共享或管理任何凭证。

(1)管理员创建 Get-pics 角色。在角色的信任策略中,管理员指定只有 EC2 实例才能扮演该角色。在角色的权限策略中,管理员为 photos 存储桶指定只读权限。

(2)开发人员在创建 EC2 实例时,通过实例配置文件为该实例分配 Get-pics 角色。

(3)应用程序在运行时会从 EC2 实例元数据获取临时安全凭证。

(4)应用程序使用获取的临时凭证访问 photos 存储桶。由于附加到 Get-pics 角色的策略,应用程序只有只读权限,并且实例上提供的临时安全凭证会在过期前自动更新,因此始终有有效的凭证可用。应用程序只需在当前凭证过期前从实例元数据获取新的凭证。

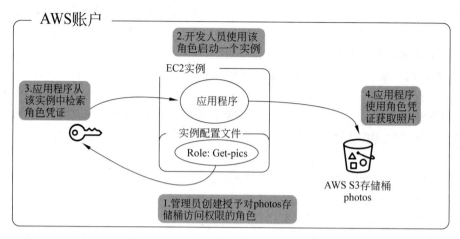

图 2-32　EC2 实例配置文件的工作原理

这样就可以确保应用程序始终具有有效的访问凭证,而无须手动管理和更新这些凭证。这种方式既安全又方便,大大地简化了权限管理工作。

2.9　IAM 访问分析器

IAM 访问分析器(Access Analyzer)是一项强大的功能,能帮助识别与外部身份共享的账户中的资源。通过分析资源级别的策略,它可以提供有关资源访问权限的详细信息。在启用访问分析器功能后,它会自动创建一个分析器,并将账户定义为信任区域。这个分析器会持续监控信任区域内的所有支持的资源,并将实体在信任区域内对资源的访问视为可信任的。访问分析器会定期分析账户中所有受支持的资源的策略,以确保权限设置的正确性。首次分析完成后,访问分析器将每24h 自动执行一次分析操作,以确保持续的安全性和合规性。目前,受支持的资源包括 Amazon S3 存储桶、AWS KMS 密钥、AWS IAM 角色、AWS Lambda 函数和层,以及 Amazon SQS 队列等,如图 2-33 所示。

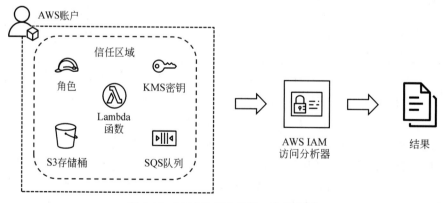

图 2-33　IAM 访问分析器工作流程图

当访问分析器分析策略时,如果发现某个策略允许外部实体访问不属于信任区域内的资源,则将生成一个发现。每个发现包含相关资源、有权访问该资源的外部实体及授予的权限的详细信息,以便采取适当的措施。IAM 访问分析器基于 Zelkova 构建。Zelkova 是一个开源的日志聚合和分析平台,它将 IAM 策略转换为等效的逻辑语句,并运行一套通用和专用的逻辑求解器。

访问分析器使用 Zelkova 来判断策略允许哪些行为,具体而言,针对特定问题,访问分析器会根据策略内容来说明策略允许的行为级别。访问分析器仅考虑外部用户无法直接影响或对授权产生影响的特定 IAM 条件键。这样,就可以更好地理解和管理账户中的资源访问权限,从而提高安全性。这种方式既安全又方便,大大地简化了权限管理工作。这是一个有效的方法,可以更好地理解和管理账户中的资源访问权限,从而提高安全性。

2.10 本章小结

本章深入探讨了 AWS 身份和访问管理的各方面。详细介绍了 AWS IAM 服务的概述,以及如何创建和管理用户、组和角色。讲解了多因素验证的概念和优势,以及如何为用户和角色启用多因素验证。还讨论了 AWS SSO 服务和 AWS Microsoft AD 服务的重要性和使用方法。在此基础上,深入了解了 AWS Organizations 服务,以及它如何帮助创建和管理多个 AWS 账户,并实现了集中式的策略和安全控制。最后,介绍了策略与权限管理的概念和类型,以及 AWS IAM 访问分析器的功能和应用,它们在处理特定问题时能够发挥巨大的作用。

第 3 章

计算安全管理

计算安全管理是信息安全中的一个重要方面。它确保计算资源（例如 AWS EC2 实例和容器）能够抵御各种威胁，并且能够按照预定的要求正常运行。通过计算安全管理，可以定义哪些用户或服务可以访问计算资源，并且他们可以执行哪些操作。本章将介绍一些用于处理计算安全管理的 AWS 服务。

本章要点：

（1）EC2 实例的安全访问管理。

（2）密钥对的管理。

（3）AMI 的管理。

（4）使用 AWS Systems Manager 进行实例管理。

（5）使用 Amazon Inspector 进行实例管理。

（6）EC2 实例安全管理的最佳实践。

（7）容器的安全。

3.1　EC2 实例安全访问管理

在网络世界中，安全如同一座城堡 EC2 实例便是城堡中的珍宝。如何保护这座城堡防止外敌的侵入？这是需要探索的问题。

EC2 实例安全访问管理涉及如何利用 AWS 的各种服务和工具，以便对 EC2 实例的访问权限和网络流量进行控制。EC2 实例是 AWS 提供的虚拟服务器，可以运行各种操作系统和应用程序，满足计算需求。为了确保 EC2 实例的安全性和合规性，需要确保只有经过授权和身份验证的用户或服务能访问实例，并且他们只能按照规定进行操作。同时，也需要确保实例只能与信任的网络进行通信，并能防御各种网络攻击。

3.1.1　使用 IAM 控制访问权限

身份和访问管理（IAM）是 AWS 提供的服务，可以帮助创建和管理用户、组、角色和策略，并为它们分配权限和资源。通过 IAM，可以明确规定哪些用户或服务有权访问 EC2 实例,以及他们可以执行哪些操作。

在本书的第 2 章身份和访问管理中,已经详细介绍了 IAM 的概念和组成部分,包括如何创建和管理 IAM 用户、组、角色和策略,以及如何为 EC2 实例分配 IAM 角色。接下来,将重点讨论如何使用 IAM 策略来限制对 EC2 实例的操作。

AWS 提供了近 40 种与 EC2 相关的托管策略,如图 3-1 所示。这些策略可以帮助为用户或角色分配 EC2 相关的权限,其中最常用的托管策略有以下几种。

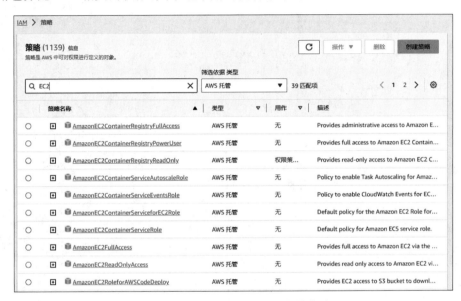

图 3-1 与 EC2 相关的 AWS 托管策略

（1）AmazonEC2FullAccess：这个策略授予完全访问 EC2 的权限。这是一个非常强大的策略,因为它允许通过 AWS 管理控制台提供对 EC2 的完全访问权限,代码如下：

```json
{
    "Version": "2012-10-17",
    "Statement": [
        {
            "Action": "ec2:*",
            "Effect": "Allow",
            "Resource": "*"
        },
        {
            "Effect": "Allow",
            "Action": "elasticloadbalancing:*",
            "Resource": "*"
        },
        {
            "Effect": "Allow",
```

```
            "Action": "cloudwatch: * ",
            "Resource": " * "
        },
        {
            "Effect": "Allow",
            "Action": "autoscaling: * ",
            "Resource": " * "
        },
        {
            "Effect": "Allow",
            "Action": "iam:CreateServiceLinkedRole",
            "Resource": " * ",
            "Condition": {
                "StringEquals": {
                    "iam:AWSServiceName": [
                        "autoscaling.amazonaws.com",
                        "ec2scheduled.amazonaws.com",
                        "elasticloadbalancing.amazonaws.com",
                        "spot.amazonaws.com",
                        "spotfleet.amazonaws.com",
                        "transitgateway.amazonaws.com"
                    ]
                }
            }
        }
    ]
}
```

（2）AmazonEC2ReadOnlyAccess：这个策略授予只读访问 EC2 的权限。这是一个更受限的策略，适合需要通过 AWS 管理控制台查看但不需要修改 EC2 资源的用户，代码如下：

```
{
    "Version": "2012-10-17",
    "Statement": [
        {
            "Effect": "Allow",
            "Action": "ec2:Describe * ",
            "Resource": " * "
        },
        {
            "Effect": "Allow",
            "Action": "elasticloadbalancing:Describe * ",
            "Resource": " * "
        },
        {
```

```
        "Effect": "Allow",
        "Action": [
            "cloudwatch:ListMetrics",
            "cloudwatch:GetMetricStatistics",
            "cloudwatch:Describe*"
        ],
        "Resource": "*"
    },
    {
        "Effect": "Allow",
        "Action": "autoscaling:Describe*",
        "Resource": "*"
    }
    ]
}
```

这两个策略最常用,因为它们分别提供完全访问权限和只读权限,能满足大多数用户的需求,然而,AWS还提供了其他更具体的托管策略,例如 AWSEC2Capacity-ReservationFleetRolePolicy、AWSEC2FleetServiceRolePolicy、AWSEC2SpotFleetServiceRolePolicy和 AWSEC2SpotServiceRolePolicy 等。这些策略针对特定的使用场景,如管理 EC2 队列或Spo 队列等。选择哪个托管策略取决于具体需求和使用场景。

提示:AWS 的队列(Fleet)是一种服务,它包含了启动一组实例的配置信息。队列可以在一个 API 调用中,在多个可用区中启动多种实例类型。

可以根据需要创建自定义的策略,例如允许用户在特定的 EC2 实例上执行StartInstances 和 StopInstances 操作,代码如下:

```
{
    "Version": "2012-10-17",
    "Statement": [
        {
            "Effect": "Allow",
            "Action": [
                "ec2:StartInstances",
                "ec2:StopInstances"
            ],
            "Resource": "arn:aws:ec2:region:account-id:instance/instance-id"
        }
    ]
}
```

在这个策略中出现的几个关键词的意义如下:

(1)"Effect":"Allow"表示这个策略允许某些操作。

(2)"Action"列出了被允许的操作,这里是"ec2:StartInstances"和"ec2:StopInstances"。

(3)"Resource"指定了这个策略适用于哪些资源,这里是一个特定的 EC2 实例。

需要注意，需要将 region、account-id 和 instance-id 替换为实际的 AWS 区域、账户 ID 和 EC2 实例 ID。

在使用 IAM 控制访问 EC2 实例的权限时，有一些重要的注意事项和最佳实践。

（1）最小权限原则：始终遵循最小权限原则，只授予用户或服务完成其工作所需的最少权限。这可以减少因误操作或恶意行为而导致的风险。

（2）定期审计：定期审计 IAM 策略和权限，确保它们仍然符合业务需求。如果发现不再需要的权限，则应立即撤销。

（3）避免使用根用户：避免使用 AWS 账户的根用户进行日常任务。相反，应创建 IAM 用户，并为每个用户分配适当的权限。

（4）使用 IAM 角色：对于需要访问 AWS 资源的 AWS 服务（如 EC2 实例），应使用 IAM 角色。这样可以避免在代码中硬编码凭证。

（5）轮换密钥：定期轮换访问密钥和密码。这可以降低密钥被泄露后被滥用的风险。

AWS 官方提供了多个有参考价值的示例：

（1）允许根据标签为 EC2 实例附加或分离 EBS 卷。

（2）允许在特定子网中启动 EC2 实例。

（3）允许管理与特定 VPC 关联的 EC2 安全组。

（4）允许启动或停止用户标记的 EC2 实例。

（5）允许根据资源和主体标签启动或停止 EC2 实例。

（6）在资源和主体标签匹配时，允许启动或停止 EC2 实例。

（7）允许在特定区域进行不受限制的 EC2 访问。

（8）允许启动或停止特定的 EC2 实例和修改特定的安全组。

（9）拒绝在没有 MFA 的情况下访问特定的 EC2 操作。

（10）将要终止的 EC2 实例限定为特定的 IP 地址范围。

3.1.2 使用 SSH 和 RDP 连接到实例

SSH 和 RDP 是两种常用的远程登录协议，它们可以安全地连接到 EC2 实例，并在上面执行命令或操作界面。通过 SSH 和 RDP，可以方便地管理 EC2 实例，并进行各种配置和维护工作。

（1）SSH（Secure Shell）是一种加密的网络协议，它可以通过一个安全的通道，使用命令行界面来远程访问和管理 Linux 实例。SSH 的优点是它可以提供高级的安全性、灵活性和功能，例如文件传输、端口转发、代理等。SSH 的缺点是它需要使用密钥对进行身份验证，而密钥对的管理可能比较复杂和容易出错。

（2）RDP（Remote Desktop Protocol）是一种图形化的网络协议，它可以通过一个虚拟的桌面环境来远程访问和管理 Windows 实例。RDP 的优点是它可以提供直观的用户界面、多媒体支持、打印机重定向等。RDP 的缺点是它需要使用密码进行身份验证，而密码可能比较容易被破解或遗忘。

尽管 SSH 和 RDP 都是加密传输协议，但仍需避免暴露 EC2 实例的公网 IP 地址和端口。例如，可以使用 AWS VPN Gateway 或 OpenVPN 等服务来建立和管理 VPN 连接，只允许通过 VPN 认证过的主机进行 RDP 或 SSH 连接。这样，可以避免暴露实例的公网 IP 地址和端口，从而降低被扫描和攻击的风险。

除此之外，还需要采取一些措施来保护登录凭证。

（1）使用强大和复杂的密码或密钥对，避免使用默认的或容易猜测的密码或密钥对。例如，可以使用密码管理器来生成和存储随机的密码或密钥对，或者使用 Passphrase 来增加破解的难度。

提示：Passphrase 是一种特殊类型的密码，它由多个单词组成，形成一个句子或短语。与传统的密码相比，Passphrase 通常更长，因此更难被破解。例如，一个传统的密码可能是 Pr8ub4dr!3，而一个 Passphrase 可能是 brightCityLightsAtNight。尽管后者看起来更简单，但由于其长度，它实际上更难被破解，而且通常更容易记忆。

（2）定期更新和轮换密码或密钥对，并妥善保管私钥文件。这样，可以防止密码或密钥对过期或被重复使用，从而降低被破解的可能性。同时，也要注意不要将私钥文件存储在不安全的地方，如公共计算机、云存储、邮件等。如果私钥文件丢失或泄露，则要及时更换或删除相应的密钥对。

（3）使用额外的身份验证层（MFA/2FA），在输入密码或密钥对之后，还需要输入一个由手机或其他设备生成的一次性验证码。这样，即使密码或密钥对被泄露，也无法登录到实例，除非同时拥有设备。例如，可以使用谷歌 Authenticator 或 AWS Virtual MFA Device 等工具实现 MFA/2FA。

3.1.3　使用安全组控制网络流量

安全组可以被理解为实例的虚拟防火墙，负责控制入站和出站流量。在 VPC 中创建实例时，需要为其指定安全组。每个安全组都可以添加一组规则来控制入站流量，以及添加另一组规则来控制出站流量。值得注意的是，安全组是有状态的，即允许的入站流量的响应无论出站规则如何都可以流出，反之亦然。在配置所需的安全组的入站规则之前，不允许任何入站流量。可以根据 IP 协议、服务器端口及源/目的地 IP 地址限制流量。对于每个安全组，可以添加规则以控制到实例的入站流量，并另设一套规则控制出站流量。可以指定允许规则，但不能指定拒绝规则。

AWS 账户中的默认 VPC 和新建的 VPC 都带有默认安全组，名称为 default。建议为特定资源或资源组创建新的安全组，避免使用默认安全组。如果在创建 EC2 实例时未将其关联到特定安全组，则会被自动关联到默认安全组。虽然可以更改默认安全组中的规则，但无法删除默认安全组。

【示例 3-1】 示例的架构拓扑如图 3-2 所示。在两个可用区内分布了 6 个子网，此外还有一个互联网网关和一个应用程序负载均衡器。每个可用区都有一个应用子网（用于 Web 服务器）和一个数据子网（用于数据库服务器），它们都属于私有子网。每个可用区还有一个公有子网,但其中没有资源。负载均衡器、Web 服务器和数据库服务器各自拥有独立的安全组,因此,如图 3-3 和图 3-4 所示,需要创建 3 个安全组:

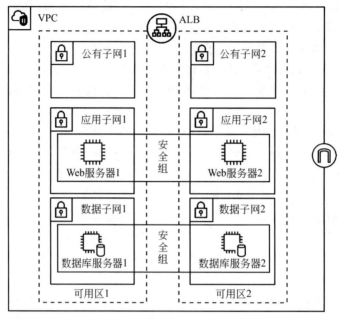

图 3-2 "嵌套"型安全组的示例

图 3-3 ALB 的安全组

图 3-4 Web 服务器的安全组

（1）向负载均衡器的安全组添加规则，允许来自互联网的 HTTP 和 HTTPS 流量。

（2）向 Web 服务器的安全组添加规则，仅允许来自负载均衡器的流量。

（3）向数据库服务器的安全组添加规则，仅允许来自 Web 服务器的数据库请求。

通过这样的配置，可以实现以下目标：

（1）保证只有负载均衡器才可以访问 Web 服务器，只有 Web 服务器才可以访问数据库服务器，以便隔离不同层次的资源，从而提高安全性。业界将这种风格的安全组称为"嵌套"安全组。

（2）保证只有互联网上的用户才可以访问负载均衡器，从而实现公开服务，并防止其他网络对负载均衡器的干扰。

（3）保证只有特定的协议和端口才可以进入或离开每个实例，从而减少不必要或恶意的流量，并提高性能。

安全组的作用是过滤进入或离开 EC2 实例的网络包，因此它会增加一些额外的处理时间和开销，然而，这些处理时间和开销通常是很小的，不会对 EC2 实例的网络性能造成显著影响，这种影响通常是可以接受和优化的。

安全组的最佳实践包括以下几点。

（1）仅授权特定 IAM 主体创建和修改安全组。

（2）创建最小数量的安全组，以降低出错风险。每个安全组应管理具有相似功能和安全要求的资源的访问权限。

（3）在为端口 22（SSH）或 3389（RDP）添加入站规则以便访问 EC2 实例时，仅授权特定 IP 地址范围。如果指定 0.0.0.0/0（IPv4）和 ::/（IPv6），则任何人都可以使用指定协议从任何 IP 地址访问实例。

（4）避免设置较大端口范围。确保每个端口的访问仅限于需要访问的源或目的地。

此外，AWS Firewall Manager 能够简化跨多个账户和资源的安全组管理和维护任务。利用 Firewall Manager，可以通过单一的中央管理员账户配置和审计安全组。Firewall Manager 能够自动跨账户和资源应用规则和保护，即使添加了新资源。如果需要保护整个企业，或者经常添加需要通过中央管理员账户保护的新资源，则 Firewall Manager 将会非常有用。

提示：除了安全组，还可以利用网络访问控制列表（Network Access Control List，NACL）在子网层面批准或拒绝特定的入站或出站流量，以此来保护 EC2 实例。有关这部分的详细内容，将在第 4 章网络安全管理中进行深入阐述。

3.2　密钥对管理

EC2 实例相关密钥对是一种用于远程登录 EC2 实例的安全凭证，由一对公钥和私钥组成。公钥存储在 AWS 上，私钥存储在本地计算机上。

3.2.1　密钥对的基本使用

当使用 SSH 协议连接到运行 Linux 发行版本的 EC2 实例时会使用公钥验证私钥,从而确认身份,因此,需要保护好私钥文件,避免泄露或丢失。如果要使用密钥对连接到 Linux 发行版本的 EC2 实例,则需要完成以下 3 个步骤。

(1) 创建或导入密钥对:可以在 AWS 控制台上创建或导入密钥对,也可以使用 AWS CLI 或 API。在创建密钥对时,需要为其指定一个名称和一个区域。创建后,需要将私钥文件下载并保存到本地计算机上。在导入密钥对时,需要提供一个已经存在的公钥文件。

(2) 将密钥对分配给实例:在创建 EC2 实例时,为其分配一个或多个密钥对。也可以在创建后,为已经存在的实例分配或更换密钥对。分配后,需要等待一段时间,以便让实例应用新的设置。

(3) 连接到实例:可以使用 SSH 客户端软件(如 PuTTY、OpenSSH 等)连接到 EC2 实例。连接时,需要提供实例的 IP 地址或 DNS 名称,以及私钥文件的路径和用户名。如果连接成功,就可以在命令行界面上操作和管理 EC2 实例了。

密钥对也可以用于远程登录 Windows 操作系统的 EC2 实例,但是与 Linux 实例不同的是,需要使用密码而不是私钥文件来连接。为了获取密码,需要使用密钥对来解密一个由 EC2 实例生成的密码文件,具体步骤如下。

(1) 创建或导入密钥对:与 Linux 实例相同。

(2) 将密钥对分配给实例:与 Linux 实例相同。

(3) 获取密码:在 AWS 控制台上选择 EC2 实例,并单击“连接”按钮,然后在弹出的窗口中选择“获取密码”选项。接着上传私钥文件,并单击“解密密码”按钮。这样就可以看到由 EC2 实例生成的随机密码了。

(4) 连接到实例:可以使用 RDP 客户端软件(如远程桌面连接(mstsc))连接到 EC2 实例。连接时需要提供实例的 IP 地址或 DNS 名称及用户名和密码。如果连接成功,就可以在图形化界面上操作和管理 EC2 实例了。

通过密钥对来连接到 Windows 操作系统的 EC2 实例,可以保证只有拥有私钥文件的人才能获取和使用密码,并方便地执行各种配置和维护工作。

3.2.2　密钥对的保护和备份

私钥是远程登录 EC2 实例的重要凭证,如果被泄露或丢失,则可能会导致实例被入侵或损坏,因此,需要将私钥文件存储在安全的位置,并定期备份和更新它们。Amazon EC2 使用的密钥对是 2048 位 SSH-2 RSA 密钥,它们不支持用户身份验证和审计功能。这意味着无法知道谁在使用密钥对访问实例,也无法追踪他们的操作记录。为了提高安全性和实行问责制,AWS 建议采用以下一些措施。

(1) 将 EC2 实例加入目录域:如果需要频繁地访问 EC2 实例,则可以将它们加入一个目录域中,如 Active Directory 或 LDAP。这样,可以使用目录域中的用户账号和密码来登录 EC2 实例,而不需要使用密钥对。这样做的好处是,可以通过目录域来管理用户的权限和角色,并记录用户的登录和操作日志。

（2）使用单点登录（SSO）功能:如果需要访问多个 AWS 系统和服务,则可以使用 AWS SSO 功能实现联合用户身份验证。这样,只需使用一个用户账号和密码来登录 AWS SSO 门户,就可以访问所有与之关联的系统和服务,无须为每个系统或服务单独登录。这样做的好处是,可以提高用户体验和效率,并减少密码遗忘或泄露的风险。

通过采用这些措施,可以减少对密钥对的依赖,并提高 EC2 实例的安全性和可管理性。

应定期备份密钥对,并将备份存储在一个安全的地方。这样,在原始密钥丢失或损坏的情况下,仍然可以使用备份访问 EC2 实例。可以考虑使用云存储服务进行备份,以便在任何地方都能访问备份。如果密钥对丢失或泄露,则应立即停止使用该密钥对,并生成一个新的密钥对,然后将所有使用旧密钥对的 EC2 实例迁移到新的密钥对。如果怀疑私钥已经被他人获取,则应立即检查所有相关的 EC2 实例以寻找任何异常行为,并考虑启动事件响应过程。

还可以使用 AWS Key Management Service（KMS）来加密和解密私钥文件:AWS KMS 是一种托管服务,从而可以轻松地创建和控制 AWS 中用于加密操作的密钥。可以使用 KMS 来加密存储在 S3 或其他地方的私钥文件,只有拥有相应权限的用户才能解密和访问这些文件。这提供了一种强大而灵活的方式来保护和管理私钥。

3.2.3　轮换和重置密钥对

无论是进行正常的密钥轮换操作,还是在私有密钥丢失后重置操作,都涉及 EC2 实例的操作系统,而 Linux 实例与 Windows 实例在这方面存在很大的差异。

1. Linux 实例

对于 Linux 实例,当实例首次启动时,公有密钥将被放置在 Linux 实例中的 ~/.ssh/authorized_keys 文件的一个条目中。如果是正常的密钥轮换,则需要连接到实例,然后编辑这个文件,删除现有公有密钥并添加新的公有密钥即可。

如果丢失了现有的私有密钥,或者在没有密钥对的情况下启动了实例,则将无法连接到实例,因此无法添加或替换密钥对。这就需要进行重置。以下是一些可行的处理方法。

（1）使用用户数据重置:首先创建新的密钥对,然后停止实例并编辑用户数据,将新的公钥复制到用户数据对话框中。

（2）使用 AWS Systems Manager:如果实例是 AWS Systems Manager 中的托管实例,则可以使用 AWSSupport-ResetAccess 文档恢复丢失的密钥对。

（3）使用 Amazon EC2 Instance Connect:如果实例是 Amazon Linux 2 2.0.20190618 或更高版本,包括 Amazon Linux 2023,则可以使用 EC2 Instance Connect 连接到该实例。

（4）使用 EC2 Serial Console:如果启用了适用于 Linux 的 EC2 Serial Console,则可以将其用于对受支持的基于 Nitro 的实例类型进行故障排除。

（5）创建新实例:停止原始实例,首先拍摄虚拟机和存储的快照,然后在创建新实例的同时选择快照并从快照创建实例。

2. Windows 实例

对于运行 Windows 操作系统的 EC2 实例，没有像 Linux 一样的轻量的简单的替换（轮换）密钥的方法，但可以通过以下步骤来更换密钥对。

（1）使用 AWS Systems Manager 的 AWSSupport-ResetAccess 文档：这种方法可以用来替换丢失的密钥对，或者替换丢失的本地管理员密码。

（2）创建现有实例的 AMI，启动新实例，然后选择新密钥对：首先创建一个新的密钥对，并将私钥文件保存在安全的位置，然后创建现有实例的 AMI，并启动新的实例。在实例启动向导中，可以选择新的密钥对。

3.3 AMI 管理

Amazon 系统映像（Amazon Machine Image，AMI）是一种预配置的操作系统和软件环境，可以作为模板来克隆多个实例。AMI 包含运行实例所需的所有信息，包括操作系统、应用程序服务器和应用程序等。在创建实例时，必须指定 AMI。

3.3.1 AMI 的安全性与合规性

在云环境中，安全性与合规性至关重要。使用 AMI 可以简化实例的部署和管理，并提供一致性和可重复性。

在创建实例时，必须指定 AMI。AMI 可以包含以下几个组件：

（1）一个或多个 Amazon EBS 快照，用于存储实例的数据卷。对于由实例存储支持的 AMI，还包括一个用于实例根卷的模板，其中包含操作系统、应用程序服务器和应用程序等。

（2）启动许可，用于控制哪些 AWS 账户可以使用 AMI 启动实例。

（3）数据块设备映射，用于指定在实例启动时要附加到实例的卷。

在选择 AMI 时，应考虑以下不同来源的类型：官方 AMI（由 AWS 维护的 AMI）、自定义 AMI（由用户自己创建或修改的 AMI）、AWS Marketplace AMI（由 AWS 合作伙伴通过 AWS Marketplace 提供的 AMI）及社区（公用）AMI（由其他用户共享的 AMI），如图 3-5 所示。

为了确保使用 AMI 满足安全性与合规性要求，应遵循以下最佳实践。

（1）镜像来源验证：在使用 AMI 之前，应验证 AMI 的来源，并确保其来自受信任的源。这可以防止恶意软件或未经授权的修改。例如，官方 AMI 是由 AWS 提供的，经过了安全审计和合规性验证。这些 AMI 通常符合行业标准，并且可以满足多种安全性和合规性要求。

（2）安全配置审计：在启动实例之前，应对 AMI 进行安全配置审计。这包括检查默认账户、密码策略、网络配置及其他与安全性相关的设置。

图 3-5 AMI 的不同来源

（3）数据隐私与合规：根据不同的合规性要求，需要确保 AMI 中的数据隐私和合规性。这可能涉及加密、访问控制和数据保护等方面的配置。

（4）合规标准符合性检查：使用符合特定合规标准的 AMI 可以简化合规性检查过程。应选择符合合规标准的 AMI，并确保其配置符合要求。

3.3.2 构建自定义的 AMI

有时，可能需要构建自定义的 AMI，以满足在 AWS 云中的特定需求。构建自定义 AMI 的一些常见场景如下：

（1）当需要安装大量的软件或进行大量的定制操作时，使用自定义 AMI 可以避免每次启动实例时重复这些步骤，从而缩短配置时间。

（2）当需要在多个实例上部署相同的配置时，可以从单个自定义 AMI 启动多个实例，而不需要为每个实例单独配置。

（3）当需要对底层组件（如 Linux 内核）进行更改时，可以使用自定义 AMI 实现这些更改，而不需要在配置文件中进行复杂或耗时的操作。

使用自定义 AMI 有以下几个好处。

（1）提高配置速度：使用自定义 AMI 可以省去在启动实例时的很多不必要的操作，从而提高配置速度。

（2）提高部署效率：使用自定义 AMI 可以简化部署流程，从而提高部署效率。

（3）提供一致性和可重复性：使用自定义 AMI 可以保证从同一个 AMI 启动的所有实例都具有相同的配置，从而提供一致性和可重复性。

可以使用 AWS 官方 AMI 来创建新实例，并对其进行自定义，以满足业务需求。这是一个对 EC2 实例进行强化的过程，其中包括应用必要的补丁、配置和软件，使它们能够完全预配置并做好部署准备，如图 3-6 所示。这种做法相当于构建一个"黄金映像"，它包含了经过批准的强化和系统配置。在创建并注册这个 AMI 之后，就可以使用它来启动新实例了。

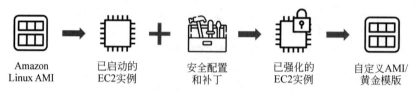

图 3-6　通过生成的方式构建自定义 AMI 的基本流程

在构建自定义的 AMI 时，需要考虑以下因素。

（1）软件包和更新：选择最新和最安全的软件包，并定期更新它们。

（2）密码策略：设置强密码，并定期更换它们。

（3）SSH 密钥：使用密钥对而不是密码访问 EC2 实例，并避免在 AMI 中存储任何 SSH 密钥。

（4）文件系统权限/所有权：限制文件系统上的权限和所有权，以防止未经授权的访问或修改。

（5）文件系统加密：使用加密技术来保护文件系统上的数据，特别是敏感或机密数据。

（6）用户/组配置：创建不同的用户和组，并为它们分配适当的角色和权限。

（7）访问控制设置：使用 IAM 角色而不是访问密钥访问 AWS 资源，并为它们设置最小权限原则。

（8）连续监控工具：使用 AWS 或第三方的监控工具来检测和报告任何异常或威胁活动。

（9）防火墙规则：配置防火墙规则来限制网络流量，并只允许必要的端口和协议。

（10）正在运行的服务：应关闭或删除不需要的服务，并只保留必要的服务。

图 3-7　通过引导程序来定义 EC2 实例

在创建自定义 AMI（Amazon Machine Image）或"黄金镜像"之后，通常可能需要对其中的安全控件、应用程序补丁、配置数据等进行更新或修改。引导启动（Bootstrap）提供了一种机制，可以通过执行预先定义的脚本或命令，在实例启动时对其进行自定义操作，而无须重新创建新的 AMI，如图 3-7 所示。

引导启动是指在启动每个实例时，通过自定义脚本或命令来修改和配置实例的过程。在云计算环境中，特别是在使用 Amazon EC2 等服务时，引导启动是一种方便的方式，可以自动化地对实例进行个性化设置和配置，以满足特定的需求。

引导启动的一些使用案例包括以下几种。

（1）安全软件更新：可以使用引导启动来安装最新的安全补丁、服务包和重大更新，以确保实例的安全性和稳定性。

（2）初始应用程序补丁：可以在引导启动阶段执行应用程序级别的更新，超越已捕捉到的 AMI 中的当前应用程序构建项，以确保实例上的应用程序是最新的版本。

（3）内容关联型数据和配置：可以在启动实例时应用特定于环境的配置，例如，生产环境、测试环境或 DMZ（Demilitarized Zone）/内部环境。这样可以确保每个实例在启动时都有正确的配置，并且适用于特定的使用场景。

（4）远程安全监控和管理系统注册：可以通过引导启动将实例注册到远程的安全监控和管理系统，以便进行远程监控、管理和维护。

要进行引导启动，可以参考以下步骤。

（1）创建启动脚本：根据实例操作系统类型，选择 Bash 脚本或 PowerShell 脚本语言，编写一个自定义的启动脚本或命令。该脚本可以指定实例启动时要执行的各种配置和操作，例如安装软件包、更新补丁、设置环境变量、配置文件等。

（2）存储启动脚本：把启动脚本保存在一个实例可以访问的位置，例如 Amazon S3 存储桶或本地存储目录。确保实例有权限读取脚本所在的位置。

（3）配置用户数据：当准备创建实例时，把启动脚本作为用户数据（User Data）传给实例。用户数据是一段与实例关联的脚本或命令，在实例首次启动时运行。

（4）启动实例：使用选择的方式启动实例，并把用户数据作为一个参数传入。当实例首次启动时，EC2 会自动识别用户数据，并把它传给实例。

（5）引导过程：当实例接收到用户数据后，它会自动运行定义的启动脚本。在这个过程中，实例会按照脚本中的指令进行配置、安装软件包、更新补丁等操作。

需要注意的是，要确保启动脚本具备正确的权限和安全性措施，以避免潜在的安全风险。建议在正式使用前，仔细测试和验证脚本，确保其能够按预期执行和完成所需的操作。

总体来讲，引导启动是一种利用自动化功能在每个实例启动时自定义实例的过程，用于修改和更新实例的安全控件、应用程序补丁、配置数据等。它能够减少维护的 AMI 总数，从而提高系统的灵活性和可管理性。

提示：通过生成的方式构建自定义 AMI，AWS 官方文档称为预烘焙（Prebaking），就像中央厨房提前制作好的半成品。相应地，通过引导启动来修改 EC2 实例，就像餐厅现做现卖的新鲜菜肴。

还可以使用 AWS EC2 Image Builder 服务，它可以轻松地创建、维护、验证、共享和部署 Linux 或 Windows Server 映像，无论是在 Amazon EC2 上还是在本地环境中。EC2 Image Builder 只使用必要的组件来构建映像，从而降低了受到安全漏洞影响的可能性。当有新的安全补丁发布时，Image Builder 会自动更新映像。还可以选择 AWS 提供的安全策略（例如强制使用复杂密码、对整个磁盘进行加密、开启防火墙等）或自己定义安全策略，以使映像符合内部的合规要求。使用 Image Builder，无须花费太多的时间和精力，就能保证映像始终是最新的和最安全的。

17min

3.4 使用 AWS Systems Manager 管理实例

随着在 AWS 云中的 EC2 实例和业务的增多，面临一系列挑战。首先，如果需要手动执行管理任务，如应用操作系统补丁、配置更改和软件部署，这既效率低下又容易出错，其次，可能需要在代码或配置文件中硬编码敏感信息，从而增加信息泄露的风险。此外，需要登录到 AWS 的多个服务和控制台来查看和管理资源，使资源管理变得复杂和混乱。AWS Systems Manager 提供了强大的工具和功能，可以有效地应对在管理 AWS 云时可能遇到的各种挑战。

3.4.1 AWS Systems Manager 简介

AWS Systems Manager 是一个强大的管理服务，它提供了一种集中的方式来查看和管理在 AWS 环境中的操作系统实例。它不仅可以帮助可视化和控制资源，还可以自动化管理任务，从而提高效率和减少错误。

Systems Manager 的功能丰富多样，如图 3-8 所示。目前包括的功能有以下几种。

图 3-8 AWS Systems Manager 功能一览

（1）自动化（Automation）：通过预定义的流程和脚本来自动执行常见任务，提高操作效率。

（2）文档（Documents）：用于定义和管理运维任务的 JSON 或 YAML 文件，包括脚本、参数和步骤等。

（3）补丁管理器（Patch Manager）：管理实例上的安全和操作系统补丁，确保系统的安全性和稳定性。

（4）参数存储（Parameter Store）：安全地存储和管理敏感数据和配置参数，供应用程序和服务使用。

（5）运维中心（OpsCenter）：提供集中式的运维管理和处理操作，用于快速响应和解决事件和故障。

（6）维护窗口（Maintenance Windows）：定义计划性维护活动的时间窗口，以便在指定时间段内执行系统维护任务。

（7）清单（Inventory）：收集和跟踪实例上的软件包和应用程序的元数据，以便进行资源管理和合规性审查。

（8）状态管理器（State Manager）：配置和管理实例的状态，确保实例符合所需的配置规范。

（9）运行命令（Run Command）：在多个实例上批量执行命令或脚本，以便进行远程管理和故障排除。

（10）事件管理器（Incident Manager）：提供集中式的事件响应和管理，帮助用户有效地处理和解决事件。

（11）会话管理器（Session Manager）：通过安全的远程会话管理控制台，无须使用 SSH 或 RDP 即可远程访问和管理实例。

（12）变更管理器（Change Manager）：管理和跟踪系统中的变更请求，确保变更的规范性和透明性。

（13）变更日历（Change Calendar）：提供可视化的变更日历视图，用于查看和计划系统中的变更活动。

（14）合规性（Compliance）：提供合规性扫描和报告功能，帮助用户评估和维护系统的合规性。

（15）应用程序管理器（Application Manager）：管理和跟踪应用程序的部署过程，确保应用程序在不同环境中的一致性。

（16）分发器（Distributor）：将软件包和文件分发到多个实例，支持自定义策略和版本控制。

Systems Manager 能够提高在 AWS 云中业务的安全性，主要体现在以下几方面。

（1）集中化的资源管理：Systems Manager 提供了一个集中的界面，可以查看和管理在 AWS 环境中的所有资源。这种集中化的管理方式有助于更好地理解环境，并及时发现和解决可能出现的安全问题。

（2）自动化操作：通过 Systems Manager 可以自动化许多常见的管理任务，如应用操作系统补丁、配置更改和软件部署。这种自动化可以减少人为错误，并确保环境始终符合安全策略。

（3）配置合规性：Systems Manager 提供了一种配置合规性功能，可以定义配置基准，并定期检查资源是否符合这些基准。如果发现任何不符合基准的资源，Systems Manager 则可以自动采取修复行动，从而维护一个安全且一致的环境。

（4）安全参数存储：Systems Manager 的 Parameter Store 允许安全地存储和管理敏感信息，如密码和数据库连接字符串。通过 Parameter Store 可以避免在代码或配置文件中硬编码这些敏感信息，从而降低信息泄露的风险。

（5）详细的审计日志：通过与 AWS CloudTrail 集成，Systems Manager 可以记录所有

API调用的详细日志。这些日志可以帮助追踪用户活动，并在发生安全事件时进行调查。

（6）会话管理器：Systems Manager的会话管理器提供了一个安全的远程会话管理控制台，无须使用SSH或RDP即可远程访问和管理实例。这种方式不仅避免了公开SSH/RDP端口带来的安全风险，而且还可以通过IAM策略和网络防火墙规则对访问进行精细控制。此外，所有的会话活动都会被记录并存储在CloudTrail中，以便进行审计和后期分析。

在默认情况下，Systems Manager并未获得在实例上执行操作的权限。需要通过以下3个步骤进行配置，如图3-9所示。

使用IAM角色创建实例配置文件   将实例配置文件附加到EC2实例   安装AWS Systems Manager代理

图3-9　配置AWS Systems Manager的主要步骤

（1）使用IAM角色授予访问权限：通过实例配置文件使用IAM角色授予访问权限。实例配置文件是一个在启动时将IAM角色信息传递给EC2实例的容器。为Systems Manager创建实例配置文件的方法是将定义所需权限的AWS托管策略附加到新角色或已创建的角色。

（2）附加实例配置文件：创建实例配置文件后，需要将它附加到要使用Systems Manager的实例上。可以将实例配置文件附加到现有实例，或者在创建新实例时附加。

（3）安装Systems Manager代理：所有托管系统和实例上都需要安装AWS Systems Manager代理（也称为SSM代理）。SSM代理负责处理Systems Manager的请求，并相应地配置实例。SSM Agent是一款Amazon软件，它默认已经安装在EC2的Windows实例和Amazon Linux实例上，但是，在其他版本的Linux及本地服务器和虚拟机或混合环境中的虚拟机上需要手动安装代理。

3.4.2　执行常见的安全管理任务

AWS Systems Manager与安全相关的管理任务包括使用Session Manager来远程访问EC2实例和使用Patch Manager自动化EC2实例的补丁管理。

1. 使用Session Manager远程访问EC2实例

可以使用Session Manager来安全地远程访问EC2实例，而无须事先配置SSH密钥对或打开传统的SSH端口。通过AWS管理控制台，可以直接在Web浏览器中打开一个基于Web的SSH访问窗口，并与目标实例建立安全连接，如图3-10所示。这种方式不仅简化了访问过程，还提供了更强大的权限控制和审计功能。

在使用Session Manager远程访问EC2实例时，需要满足以下必要条件。

（1）实例配置：需要确保目标EC2实例已经安装了最新版本的SSM Agent。对于

图 3-10 通过会话管理连接到 EC2 实例

Amazon Linux 实例，SSM Agent 会默认安装，但对于其他类型的实例，如 Windows Server、Ubuntu 等，可能需要手动安装或更新 SSM Agent。

（2）IAM 角色：需要为 EC2 实例分配一个 IAM 角色，并赋予该角色执行 Session Manager 相关操作的权限。这个角色需要包含 AmazonSSMManagedInstanceCore 这个预定义的 IAM 策略。

（3）网络配置：需要确保 EC2 实例可以访问 Session Manager 的公共端点。如果实例位于私有子网中，则可以通过设置 VPC 终端节点或 NAT 网关实现这一点。

如果不满足，就会出现错误提示，如图 3-11 所示。

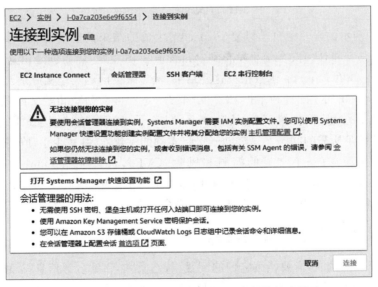

图 3-11 通过会话管理连接到 EC2 实例的故障提示

2. 使用 Patch Manager 自动化 EC2 实例的补丁管理

Patch Manager 可帮助自动管理 EC2 实例的安全补丁。可以定义补丁策略，选择补丁来源,并为实例指定补丁操作计划。Patch Manager 将根据配置自动检测和安装补丁,确保实例的操作系统和应用程序保持最新、安全的状态。

Systems Manager 可以与其他 AWS 服务配合使用,例如与 Amazon Inspector 等集成进行补丁管理。作为 AWS 构建的服务,Inspector 旨在交换数据并与其他核心 AWS 服务交互,这样不仅可以识别潜在的安全结果,还可以自动解决这些问题,如图 3-12 所示。将 Inspector 与 Lambda 配合使用可以自动执行某些安全任务。更好的是,可以使用 Lambda 调用 Systems Manager,从而对 EC2 实例执行操作以响应 Inspector 结果。这时可以根据 Inspector 发现的问题采取特定于实例的操作。通过组合这些功能,可以构建事件驱动的安全自动化,以便近乎实时且更好地保护 AWS 环境。

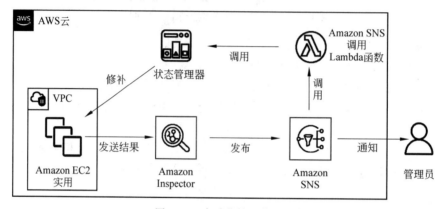

图 3-12　自动化补丁管理示例

图 3-12 中演示的是一个自动修复 Inspector 生成的结果的解决方案。要开始使用,首先必须运行评估并将任何安全结果发布到 Amazon SNS 主题,然后创建由这些通知调用的 Lambda 函数。最后 Lambda 函数检查这些结果,然后根据问题类型实施适当的修复。

State Manager 用于配置和维护 EC2 实例的状态。可以创建和定义配置文档,其中包含实例应该具备的状态和配置信息,然后 State Manager 会周期性地检查并应用这些配置,确保实例持续满足所需的状态。这有助于保持实例的一致性,并减少手动配置的工作量。

对于缺失更新,有一个常见的漏洞和风险(CVE),可以使用 Lambda 调用 Systems Manager 以通过 State Manager 更新实例,但这只是一个使用案例,底层逻辑可用于多种情况,例如软件和应用程序修补、内核版本更新、安全权限和角色更改及配置更改。

3.4.3　收集和监控实例信息

在管理 EC2 实例时,需要了解它们的配置、状态、性能和日志等信息,以便进行优化、故障排除和安全管理。AWS 提供了多种工具和服务,可以帮助收集和监控实例信息。

（1）使用清单(Inventory)功能来收集 EC2 实例的配置信息。

它可以定期地扫描 EC2 实例,并收集它们的元数据,例如应用程序、文件、网络配置、Windows 更新、服务等。可以使用 Inventory 来查看实例是否符合配置策略,以及是否需要进行更新或修复。如果要使用 Inventory,则需要先在 EC2 实例上安装 SSM Agent,并将实例注册到 Systems Manager 中,然后可以在 Systems Manager 控制台中创建补丁基准和修补计划,以定义要收集的配置类型和频率。还可以使用 Query Explorer 来查询 Inventory 数据,它可以使用 SQL 语句来查询 Inventory 数据,并以表格或图表的形式展示结果。

(2) 使用合规性(Compliance)功能来监控 EC2 实例的合规状态。

它可以显示 EC2 实例是否符合定义的补丁基准和状态管理器关联。补丁基准是一组规则和条件,用于定义哪些补丁应该被安装或拒绝。状态管理器关联是一种任务,用于定期将配置应用到实例上。合规性功能可以帮助了解哪些实例是合规的,哪些实例是不合规的,以及不合规的原因和严重性。

3.5 使用 Amazon Inspector 管理实例

在管理 AWS 资源时,需要了解它们是否存在潜在的安全漏洞或未经授权的网络访问,以便及时进行修复和防护。为了达到这一目的,可以使用一些专门的工具进行漏洞扫描,即自动检测目标资源中的软件漏洞和网络暴露,并提供相应的信息和建议。这类软件被称为"漏洞扫描软件"。

传统的漏洞扫描软件通常需要手动在本地或云端主机上进行安装和配置,然后指定要扫描的目标资源,例如网络、主机、端口、应用等。这些软件会根据预定义的规则和数据库来检测目标资源中的已知漏洞和缺失补丁,并生成一个评估报告,包含发现的问题及其相关信息,例如风险等级、影响范围、修复建议等。

然而,传统的漏洞扫描软件需要手动在本地或云端主机上进行安装和配置,这可能会增加管理和维护成本和难度。还需要确保漏洞扫描软件的版本和数据库是最新的,以及漏洞扫描软件本身没有安全漏洞或配置错误,因此,使用 Amazon Inspector 这种自动化的安全评估服务,可以提高在 AWS 环境中部署的应用程序的安全性和合规性。

3.5.1 Amazon Inspector 简介

Amazon Inspector 是 AWS 的一项安全服务,能够持续评估工作负载是否存在漏洞。它会自动扫描 EC2 实例、存储在 Amazon Elastic Container Registry(Amazon ECR)中的容器映像和存储库,以及 AWS 环境中的 Lambda 函数。在评估完成后,它会生成一个按严重级别组织的详细安全结果列表。

当 Inspector 发现软件漏洞或网络配置问题时会创建结果。这些结果描述了漏洞,识别了受影响的资源,评估了漏洞的严重性,并提供了补救指导。可以使用 Inspector 控制台来分析这些结果,或者通过其他 AWS 服务来查看和处理这些结果。

2015 年,AWS 首次推出了 Inspector,然后在 2021 年 11 月,AWS 又推出了全新设计的 Inspector。这个新版本能够自动进行漏洞管理,并提供近实时的结果,从而大大缩短了发现新漏洞所需的时间。新版本的主要优势包括以下几个。

（1）架构和设计：新版本进行了全面的重构和重新设计，提高了可扩展性和适应性。

（2）支持的工作负载：新版本不仅可以扫描 EC2 实例，还可以扫描存储在 ECR 中的容器镜像和 Lambda 函数，从而覆盖更多的云资源。

（3）集成和管理：新版本可以与 AWS Organizations 集成，支持多账户管理。可以委派一个管理员账户来配置和查看所有成员账户的扫描结果。只需单击一次，就可以在企业内启用该服务。新版本还可以与 Event Bridge 和 Security Hub 集成，实现自动化的响应和修复。

（4）代理和扫描：新版本不再需要在 EC2 实例上安装和维护单独的 Inspector 代理，而是利用广泛部署的 SSM。新版本还可以实现自动化和持续的扫描，根据不同的触发器，如新的 EC2 实例启动，新的容器镜像推送，新的软件包安装，新的补丁安装，或新的 CVE 发布，对资源实时地进行漏洞检测。

（5）风险评分和优先级：新版本的 Inspector 引入了一种高度依赖上下文的风险评分机制。该机制通过将 CVE 信息与环境因素（如网络可访问性和可利用性信息）进行相关性分析，帮助用户优先处理最紧急的漏洞。

虽然 AWS 允许用户在新旧版本之间进行切换，但新版本的功能更强大，使用和管理也更方便，因此推荐使用新版本。只有在现有的环境已经针对旧版本的 Inspector 进行了优化，或者技术团队已经熟悉了旧版本的使用方法的情况下，才会推荐使用旧版本。

所有新使用 Inspector 的账户都有资格获得 15 天的试用期，以评估该服务并估算其成本。在试用期间，将持续扫描所有符合条件的 EC2 实例、Lambda 函数及推送到 ECR 的容器映像。

Inspector 的定价主要基于以下 4 个维度：

（1）每月平均扫描的 EC2 实例数。

（2）每月最初推送到 Amazon ECR 时扫描的容器映像数量。

（3）每月对 Amazon ECR 中配置为连续扫描的容器映像进行自动重新扫描的次数。

（4）每月扫描的 Lambda 函数的平均数量。

3.5.2　Amazon Inspector 技术概念

Amazon Inspector 是一项漏洞管理服务，能够持续扫描 AWS 工作负载是否存在软件漏洞和意外的网络暴露。通过在 AWS 管理控制台中进行一些操作，可以在组织的所有账户中使用 Inspector。一旦启动，它会自动大规模地发现正在运行的 EC2 实例、ECR 中的容器映像及 Lambda 函数，并立即开始评估它们是否存在已知漏洞。

识别到漏洞后，它们会通过 Inspector 控制台、Security Hub 和 EventBridge 进行聚合并自动化到工作流程中。容器映像漏洞还会被发送到 ECR，供资源所有者根据需要进行修复。Inspector 会为 EventBridge 创建一个事件，用于记录新生成的结果、新聚合的结果及结果状态的更改。

当将 EventBridge 事件与 Inspector 结合使用时，可以自动执行任务，以响应 Inspector

调查结果所揭示的安全问题。要使用 Inspector 与 Security Hub 集成,必须先激活 Security Hub,然后可以使用 Inspector 与 Security Hub 集成,将结果从 Inspector 发送到 Security Hub。接着,Security Hub 可以将这些发现纳入对安全态势的分析中,如图 3-13 所示。

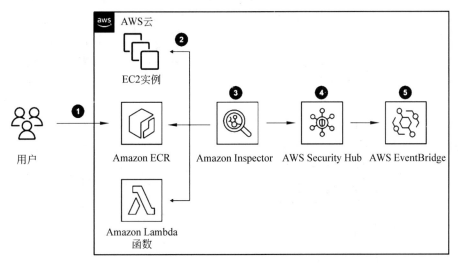

图 3-13　Amazon Inspector 的工作流程

(1) AWS 资源:在启用 Inspector 的区域中,配置 AWS 资源,如 EC2 实例、Amazon ECR 和 Lambda 函数。

(2) 启用:在所需的区域中启用 Inspector,并使用 AWS Organizations 进行多账户管理。

(3) Inspector:当 Inspector 发现软件漏洞或网络配置问题时会创建一个结果 (finding)。这个结果是关于影响资源之一的漏洞的详细报告。每当 Amazon Inspector 在 EC2 实例、ECR 存储库中的容器镜像或 Lambda 函数中检测到漏洞时都会生成一个结果。

(4) Security Hub:可以使用 Inspector 与 Security Hub 的集成,将 Inspector 的结果发送到 Security Hub。Security Hub 在 AWS 中提供了对安全状态的全面视图,并帮助根据安全行业标准和最佳实践检查环境。

(5) EventBridge:在 Inspector 中使用 EventBridge 事件时,可以自动化任务,帮助应对 Inspector 发现的安全问题。

可以通过 AWS 管理控制台中的 Inspector 控制面板来了解其组件和数据解释,共有以下 8 部分。

(1) 环境覆盖范围:这部分提供了有关 Inspector 扫描的资源的统计信息。可以查看 Inspector 扫描的 EC2 实例、ECR 映像和 Lambda 函数的计数和百分比,如图 3-14 所示。

(2) 严重结果:这部分提供了环境中的严重漏洞的计数及所有发现结果的总数,如图 3-15 所示。

图 3-14　环境覆盖范围（Environment Coverage）

图 3-15　严重结果（Critical Findings）

（3）基于风险的补救：这部分显示了影响环境中大部分资源的具有严重漏洞的前 5 个软件包。修复这些包可以显著地减少环境中的关键风险数量，如图 3-16 所示。

程序包名称	严重 ▼	所有 ▽
zstd	0	1
zlib	0	1
yajl	0	1
xxd	0	9
vim-minimal	0	9
查看所有漏洞		

图 3-16　基于风险的补救（Risk-based Remediations）

（4）具有最严重结果的 ECR 存储库：这部分显示了环境中具有最关键容器映像结果的前 5 个 ECR 存储库。此视图可帮助确定哪些存储库面临的风险最大，如图 3-17 所示。

图 3-17　具有最严重结果的 Amazon ECR 存储库（ECR Repositories with Most Critical Findings）

（5）具有最严重结果的 Amazon ECR 容器镜像：这部分显示了环境中具有最严重结果的前 5 个容器映像。此视图可帮助应用程序所有者识别哪些容器映像可能需要重建和重新启动，如图 3-18 所示。

（6）具有最严重结果的实例：这部分显示了具有最严重结果的前 5 个 EC2 实例。此视图可帮助基础设施所有者确定哪些实例可能需要修补，如图 3-19 所示。

图 3-18　具有最严重结果的 Amazon ECR 容器镜像（Container Images with Most Critical Findings）

实例 ID	AWS 账户	AMI ID	严重 ▼	所有 ▽
i-0492faf43b168f6d0	359895022048	ami-00e56b622...	0	104
i-0b7bddbd930c9d36f	359895022048	ami-0865c4232...	0	86

具有最严重结果的 Amazon EC2 实例
具有最严重结果的 Amazon EC2 实例。

查看所有包含结果的实例

图 3-19　具有最严重结果的实例（Instances with Most Critical Findings）

（7）具有最严重结果的 AMI：这部分显示了环境中具有最严重结果的前 5 个 AMI。此视图可帮助基础设施所有者确定哪些 AMI 可能需要重建，如图 3-20 所示。

严重结果最多的 Amazon Machine Image (AMI)
严重结果总数最多的 AMI 的实例

AMI	受影响... ▽	操作系统	严重 (... ▽	全部 (平均值) ▽
AmazonLinux2-20230713 (am...	1	Linux/UNIX	0	89
AmazonLinux2023-20230713...	1	Linux/UNIX	0	107

查看所有包含结果的实例

图 3-20　严重结果的最多的 AMI（AMI with Most Critical Findings）

（8）具有最严重结果的 AWS Lambda 函数：这部分显示了环境中具有最严重结果的前 5 个 Lambda 函数。此视图可帮助基础设施所有者确定哪些 Lambda 函数可能需要修复，如图 3-21 所示。

图 3-21　具有最严重结果的 AWS Lambda 函数（AWS Lambda Functions with Most Critical Findings）

提示：Inspector 控制面板的仪表板每 5min 自动刷新一次。如果需要手动刷新数据，则可以选择页面右上角的刷新图标。

Inspector 会存储活动发现结果，直到检测到这些结果已得到修复，如图 3-22 所示。它持续扫描计算环境并存储活动发现结果，直到检测到它们已得到修复。已修复的结果会自动检测并关闭，然后在 30 天后删除。结果被指定为以下状态之一。

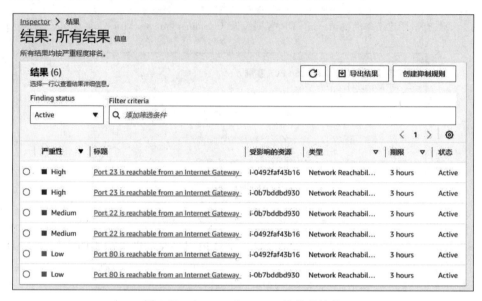

图 3-22　Amazon Inspector 的发现结果

（1）Active：Inspector 已识别该结果且尚未修复。如果处于 Active 状态的结果符合抑制规则束，则状态将被更改为"已抑制"。

（2）Suppressed：结果符合一项或多项抑制规则的一项或多项标准。禁止显示的结果在大多数视图中是隐藏的，除在"禁止显示的结果列表"之外。

（3）Closed：修复漏洞后，Inspector 会自动检测到该漏洞并将发现结果的状态更改为已关闭。如果没有其他更改，则已关闭的调查结果将在 30 天后删除。

3.5.3　Amazon Inspector 使用案例

Amazon Inspector 的典型使用场景主要有以下 4 个。

（1）近乎实时地管理漏洞。

Inspector 自动发现所有工作负载并持续扫描其中是否存在漏洞，从而近乎实时地向客户提供漏洞信息，而无须任何手动开销。借助 Inspector，无须手动安排或配置评估扫描。Inspector 使用自己的专用扫描引擎，监视资源是否存在软件漏洞或开放网络路径，这些漏洞或开放网络路径可能导致工作负载受损、恶意使用资源或未经授权访问数据。

（2）加快补丁管理。

Inspector 将最新的 CVE 信息与网络可访问性等因素关联起来，以创建有意义的风险评分,帮助优先处理易受攻击的资源。Inspector 通过自动重新扫描资源,在资源的整个生命周期中持续评估环境。这是为了响应可能引入新漏洞的更改,例如在发布影响资源的新 CVE 时安装补丁。

(3) 帮助提高合规性。

通过 Inspector 扫描支持 NIST 网络安全框架(CSF)、支付卡行业数据安全标准(PCI DSS)和其他法规的合规性要求和最佳实践。

(4) 自动分配漏洞票证(Vulnerability Ticket)。

Inspector 与 EventBridge、Security Hub 和 AWS 合作伙伴解决方案集成,可高效路由工作流程票证。Inspector 自动将结果作为事件发布到 EventBridge。这会将来自应用程序和其他 AWS 服务的实时数据流传送到 Lambda 函数、Amazon SNS 主题和 Amazon Kinesis Data Streams 等目标。Inspector 还与 Security Hub 集成,因此可以将结果从 Inspector 发送到 Security Hub。

提示:漏洞票证是在漏洞管理过程中使用的一个术语。可以将漏洞票证比作医院的病历。当患者生病去看医生时,医生会为其创建一份病历。这份病历上会记录患者的病情、症状、治疗方案及恢复进度等信息。同样,如果患者的病情有所改变或者有新的诊断结果,医生则会更新这份病历。当在系统或应用程序中发现安全漏洞时会创建一个漏洞票证来跟踪这个问题。这个票证通常包含漏洞的详细信息,例如漏洞的性质、影响的系统或应用程序、漏洞的严重程度等。此外,漏洞票证还用于记录解决漏洞的进度,包括已采取的措施、计划采取的措施及修复漏洞的状态等。

如果 AWS 环境有多个账户,则可以使用 AWS Organizations 通过单个账户集中管理环境。使用此方法,可以指定一个账户作为 Amazon Inspector 的委派管理员账户,如图 3-23 所示。

图 3-23 在 AWS Organization 的主账户中激活 Inspector

只需一个操作便可以为整个组织激活 Inspector。此外，可以在将来的成员加入组织时自动为他们激活该服务。Inspector 委派管理员账户可以管理组织成员的结果数据和某些设置。这包括查看所有成员账户的汇总结果详细信息、激活或停用成员账户的扫描及查看 AWS 组织中扫描的资源（图 3-24）。

图 3-24　在独立账户或 AWS Organization 的子账户中激活 Inspector

在激活 Inspector 之前，需要注意以下事项。

（1）区域服务：Inspector 是一项区域服务。

（2）灵活性：Inspector 可以灵活地激活 EC2 实例、ECR 容器映像和 Lambda 函数扫描。可以从 Inspector 控制台中的账户管理页面或使用 Inspector API 管理扫描类型。

（3）常见漏洞和暴露（CVE）：仅当安装并激活 Systems Manager 代理（SSM 代理）时，Inspector 才能为 EC2 实例提供 CVE 数据。此代理预安装在许多 EC2 实例上，但可能需要手动激活它。无论 SSM 代理状态如何，所有 EC2 实例都会扫描网络暴露问题。

（4）IAM 用户身份：AWS 账户中具有管理员权限的 IAM 用户身份可以启用 Inspector。出于数据保护的目的，AWS 建议保护凭证并使用 AWS IAM Identity Center（AWS Single Sign-On 的后续版本）或 IAM 设置个人用户。这样，每个用户仅获得管理 Inspector 所需的权限。

（5）激活：在任何区域首次激活 Inspector 时，它会为账户全局创建一个名为 AWSServiceRoleForAmazonInspector2 的服务相关角色。此角色包括允许 Inspector 收集软件包详细信息并分析 Amazon VPC 配置以生成漏洞结果的权限和信任策略，如图 3-25 所示。

（6）管理：当在独立账户中激活 Inspector 时，在默认情况下会激活所有扫描类型。可以从 Inspector 控制台中的账户管理页面或使用 Inspector API 管理激活的扫描类型。Inspector 激活后，它会自动地发现并开始扫描所有符合条件的资源。

（7）多账户环境：对于多账户环境，必须与要管理的所有账户位于同一组织中，并且有权访问 AWS Organizations 管理账户以委派组织中 Inspector 的管理员。委派管理员可能需要额外的权限。

图 3-25　AWS Inspector 服务相关角色

3.6　EC2 实例安全管理最佳实践

AWS Well-Architected Framework 是一个指导框架，它帮助在 AWS 上构建安全、高性能、弹性和高效的基础设施。该框架包含 6 大支柱：卓越操作、安全性、可靠性、性能效率、成本优化和可持续性。

在这 6 大支柱中，安全性支柱尤其重要，它专注于信息和系统的保护。安全性支柱的主要目标包括以下 4 方面的安全保障。

（1）身份和访问管理：确保只有合法用户和实体可以访问 AWS 资源，防止未经授权的访问或滥用。

（2）数据保护：在存储和传输过程中保护数据，防止数据泄露、篡改或丢失，确保数据的保密性、完整性和可用性。

（3）基础设施保护：保护 AWS 资源的物理和逻辑安全，防止网络攻击、恶意软件或其他威胁。

（4）检测和响应：及时发现和处理安全事件，降低安全风险和损失，提高安全恢复能力。

在本节中，将介绍一些 EC2 实例安全管理的最佳实践，这些实践将帮助实现安全性支柱的目标，提升云安全水平。

3.6.1　遵循最小权限原则

"权力越大，责任越大"。最小权限原则是一种安全设计原则，它要求为每个实体（例如用户、角色、进程等）分配最少的权限，以完成其所需的功能。这样可以减少潜在的攻击面，防止恶意或无意的行为造成过大的损害，提高系统的安全性和稳定性。例如，如果有一个 EC2 实例，则它只需执行一些简单的计算任务，那么就不应该给它分配访问数据库或存储桶的权限，因为这样会增加被攻击或滥用的风险。

在 AWS 中，可以使用 IAM 服务实现最小权限原则。IAM 可以创建和管理用户、组、角色和策略，以此来控制对 AWS 资源的访问。例如，可以创建一个 IAM 用户，只给它分配访问 EC2 实例的权限，而不给它分配访问其他资源的权限。还可以创建一个 IAM 角色，只给它分配执行某个特定任务的权限，而不给它分配其他的权限。还可以创建一个 IAM 策略，只给它定义最必要的操作和条件，而不给它定义多余的操作和条件。

【示例 3-2】 使用 IAM 实现最小权限原则的代码片段，代码如下：

```json
{
  "Version": "2012-10-17",
  "Statement": [
    {
      "Sid": "AllowEC2Access",
      "Effect": "Allow",
      "Action": [
        "ec2:DescribeInstances",
        "ec2:StartInstances",
        "ec2:StopInstances"
      ],
      "Resource": "*",
      "Condition": {
        "StringEquals": {
          "ec2:ResourceTag/Owner": "$ {aws:username}"
        }
      }
    }
  ]
}
```

这个 IAM 策略片段展示了如何使用 IAM 实现最小权限原则的一个示例。该策略只允许用户对自己的 EC2 实例执行 DescribeInstances、StartInstances 和 StopInstances 操作，并且只有在实例具有标签 Owner 并且标签值与 IAM 用户名称匹配时才允许此操作。

这种方法的优点是，它确保了用户只拥有完成其工作所需的最小权限，从而减少了潜在的安全风险。同时，这种方法也更加容易管理和维护，因为可以按用户或按标签分组来管理资源和权限。

注意：这个 IAM 策略只适用于 EC2 实例，并且假定用户已被授予相应的 IAM 权限来执行相关的操作。如果想在其他 AWS 服务中实现最小权限原则，则需要创建相应的 IAM 策略并将其与相应的资源一起使用。

在使用 IAM 实现最小权限原则时，需要注意以下事项和常见错误。

（1）注意事项：应该定期审计和更新 IAM 用户、组、角色和策略，以确保它们符合最小权限原则，没有过期或失效的权限。还应该使用多因素认证（MFA）来增强 IAM 用户的安全性，防止密码泄露或盗用。

（2）常见错误：不应该使用根用户访问 AWS 资源，因为根用户拥有对所有 AWS 资源的完全访问权限，一旦被泄露或滥用，可能会造成灾难性的后果。也不应该使用通配符（＊）来授予过多的权限，因为这样会增加潜在的风险和损失，违背了最小权限原则。

为了更好地使用 IAM 实现最小权限原则，可以使用 AWS IAM Access Analyzer 来分析 IAM 用户、组、角色和策略，发现和修复不符合最小权限原则的权限。还可以使用 AWS IAM Policy Simulator 来测试 IAM 策略，检查它们是否按照预期工作。

3.6.2 定期更新和轮换密钥对

"钥匙丢失，家门就可能被打开"。在信息安全领域，密钥对就像这把钥匙。密钥对是一种用于加密和解密数据的技术，由一对匹配的密钥组成：公钥和私钥。公钥可以公开分享，用于加密数据或验证签名；私钥则必须保密，用于解密数据或生成签名。在 AWS 中，密钥对被用于访问 EC2 实例，例如通过 SSH 或 RDP。可以在 AWS 控制台或命令行界面上创建和管理密钥对，也可以导入自己的密钥对。

轮换（rotate）密钥对指的是周期性地用新密钥替换旧密钥，并且确保所有使用旧密钥的实体都能够平稳地过渡到新密钥。这是一种 EC2 安全管理的最佳实践，可以帮助保护 EC2 实例不被未经授权的用户访问或篡改。轮换密钥对的意义和重要性如下。

（1）提高安全性：如果密钥对被泄露、盗用或损坏，则 EC2 实例就会面临被攻击或滥用的风险。轮换密钥对可以减少这种风险，因为可及时废弃旧的密钥对，使用新的密钥对，从而阻止不合法的访问或操作。

（2）遵循合规性：如果 EC2 实例涉及敏感的数据或业务，则可能需要遵循一些安全合规性的要求，例如 PCI DSS、HIPAA 等。这些要求可能会规定必须定期轮换密钥对，以保证数据和系统的安全性和完整性。

（3）优化性能：如果密钥对使用了过时或弱的加密算法，则 EC2 实例的性能可能会受到影响，因为加密和解密的过程会消耗更多的资源和时间。轮换密钥对可以使用最新的和强的加密算法，以提高 EC2 实例的性能和效率。

在 EC2 实例上轮换密钥对的方法有以下 3 种。

（1）使用 AWS Systems Manager 的 Session Manager：这是一种无须使用密钥对的方法，可以通过 AWS 控制台或命令行界面安全地访问 EC2 实例。只需在 EC2 实例上安装和配置 SSM Agent（AWS 官方的 AMI 默认安装），就可以使用 Session Manager 来启动一个交互式的 Shell 会话，无须打开任何入站端口或存储任何密钥对。还可以使用 Session Manager 来运行命令或脚本，或者传输文件。

（2）使用 AWS Key Management Service（KMS）：这是一种使用 AWS 管理的密钥对的方法，可以通过 AWS 控制台或命令行界面轻松地创建和管理密钥对。可以使用 KMS 来加密和解密 EC2 实例的数据，或者签名和验证 EC2 实例的消息。还可以使用 KMS 来自动或手动轮换密钥对，或者禁用或删除密钥对。

（3）使用 AWS Secrets Manager：这是一种使用自己的密钥对的方法，可以通过 AWS

控制台或命令行界面,安全地存储和管理密钥对。可以使用 Secrets Manager 来存储密钥对作为机密,或者导入自己的密钥对作为外部机密。还可以使用 Secrets Manager 来自动或手动轮换密钥对,或者检索或恢复密钥对。

在轮换密钥对时,需要注意以下事项和常见错误。

(1) 注意事项:应定期检查密钥对的状态和使用情况,以确保它们没有过期或失效,也没有被过度使用或滥用。还应使用不同的密钥对访问不同的 EC2 实例,以避免单点故障或影响范围过大。

(2) 常见错误:不应使用同一个密钥对访问多个 AWS 账户或区域,因为这样会增加被泄露或盗用的风险,也会增加管理的复杂度。也不应在公共的地方或不安全的方式存储或分享密钥对,因为这样会增加被窃取或篡改的风险,也会违反安全合规性的要求。

提示:可以使用 AWS CloudTrail 来监控和记录密钥对的使用情况,以便发现和分析任何异常或可疑的活动。还可以使用 AWS Config 来评估和审核密钥对的配置和合规性,以便发现和修复任何不符合最佳实践的设置。

3.6.3　定期更新并修复操作系统和应用程序漏洞

"防患于未然"。操作系统和应用程序构成了 EC2 实例的核心组件,负责执行业务逻辑和处理数据,然而,它们可能存在漏洞或缺陷,可能导致安全性、可靠性或性能问题。为了解决这些问题,开发者或供应商会发布更新或补丁,修复已知的漏洞或缺陷,或增加新的功能或特性。

定期更新并修复操作系统和应用程序漏洞是一种安全管理的最佳实践,可以保护 EC2 实例不被攻击或破坏,其意义和重要性如下。

(1) 提高安全性:如果操作系统和应用程序存在未修复的漏洞或缺陷,EC2 实例就会面临被攻击或破坏的风险。攻击者可以利用这些漏洞或缺陷获取 EC2 实例的访问权限,或执行恶意操作,例如删除或修改数据,或植入后门或木马。定期更新和打补丁可以减少这种风险,以及时修复已知的漏洞或缺陷,阻止攻击者的入侵或破坏。

(2) 遵循合规性:如果 EC2 实例涉及敏感数据或业务,则可能需要遵循一些安全合规性要求,例如 PCI DSS、HIPAA 等。这些要求可能规定必须定期更新和打补丁操作系统和应用程序,以保证数据和系统的安全性和完整性。

(3) 优化性能:如果操作系统和应用程序使用过时或低效的技术或方法,EC2 实例的性能则可能受影响,因为它们会消耗更多的资源和时间。定期更新和打补丁可以提高 EC2 实例的性能和效率,使用最新和优化的技术或方法,提高 EC2 实例的运行速度和响应能力。

在 EC2 实例上更新和打补丁操作系统和应用程序的方法有以下 3 种。

(1) 使用 AWS Systems Manager 的 Patch Manager:这是一种自动化的方法,可以通过 AWS 控制台或命令行界面为 EC2 实例安装和应用操作系统和应用程序的更新或补丁。只需在 EC2 实例上安装和配置 SSM Agent,就可以使用 Patch Manager 来定义和执行更新或补丁策略,无须手动操作或干预。还可以使用 Patch Manager 来监控和报告更新或补丁状态和结果。

（2）使用 AWS Systems Manager 的 Run Command：这是一种半自动化的方法，可以通过 AWS 控制台或命令行界面为 EC2 实例执行预定义或自定义的命令或脚本，安装和应用操作系统和应用程序的更新或补丁。只需在 EC2 实例上安装和配置 SSM Agent，无须登录或连接 EC2 实例，就可以使用 Run Command 来选择或创建想要执行的命令或脚本。还可以使用 Run Command 来监控和报告命令或脚本的状态和结果。

（3）使用手动方法：这是一种基本的方法，可以先通过 SSH 或 RDP 直接登录或连接 EC2 实例，然后使用操作系统或应用程序自带的工具或命令，安装和应用操作系统和应用程序的更新或补丁。这种方法需要有足够的技术知识和经验，以及足够的时间和精力，以此来手动操作或干预 EC2 实例。

在更新和打补丁操作系统和应用程序时，需要注意以下事项和常见错误。

（1）注意事项：应定期检查操作系统和应用程序的版本和状态，确保它们没有过期或失效，也没有被破坏或感染。还应在更新或打补丁操作系统和应用程序之前，备份数据和配置，以防止更新或打补丁失败或出错，导致数据或配置的丢失或损坏。

（2）常见错误：不应忽略或延迟更新或打补丁操作系统和应用程序，因为这样会增加被攻击或破坏的风险，也会影响 EC2 实例的性能和稳定性，但也不应随意或盲目地更新或打补丁操作系统和应用程序，因为这样可能会引入新的漏洞或缺陷，或导致兼容性或依赖性问题。在实施之前，要充分做好测试并制定紧急响应预案。

提示：可以使用 AWS Systems Manager 的 Inventory 功能来收集和查看 EC2 实例的操作系统和应用程序的版本和状态，发现和分析任何过期或失效的组件。还可以使用 AWS Systems Manager 的 State Manager 功能来配置和维护 EC2 实例的操作系统和应用程序的状态，确保它们符合期望和要求。还可以使用 AWS Inspector 定期检查 AWS 资源的安全状况，然后根据 AWS Inspector 的检查结果，使用 Patch Manager 对发现的安全漏洞进行修补。

3.6.4 利用加密技术保护数据

"信息就是财富，保护信息就是保护财富"。在云计算环境中，数据是核心资产，也是攻击者的主要目标，因此，利用加密技术保护数据的重要性不言而喻。加密技术能在数据存储和传输过程中保护数据，防止数据泄露、篡改或丢失，确保数据的保密性、完整性和可用性。

磁盘加密是一种保护磁盘上数据的技术。在 AWS 中，可以利用 EBS 加密功能来保护 EC2 实例。EBS 加密使用 KMS 提供的密钥进行加密，有效防止数据在存储过程中被泄露。

TLS 是一种保护网络传输数据的技术。在 AWS 中，可以利用 ELB 或 CloudFront 等服务提供的 TLS 功能来加密 EC2 实例与其他服务之间的通信数据。

在使用加密技术时，需要注意以下 3 点：

（1）选择适合的加密算法和密钥长度。加密算法和密钥长度的选择会直接影响加密的安全性和性能。

（2）妥善保管密钥。密钥是解密数据的唯一凭证，如果密钥丢失或被盗，则加密的数据也将无法恢复，因此，需要使用安全的方式来存储和管理密钥，例如使用 AWS KMS 或 CloudHSM 等服务。

（3）定期更新和轮换密钥。与密码一样，密钥也需要定期更新和轮换，以防止密钥被破解或滥用。

3.7　容器安全

容器是一种轻量级的虚拟化技术，可以在单个操作系统上运行多个隔离的应用程序。容器的优点包括可快速部署、资源利用率高、可移植性强和可扩展性好，然而，容器也带来了一些安全挑战。

（1）容器之间的隔离程度不如虚拟机，可能存在资源竞争、信息泄露或恶意攻击的风险。

（2）容器的生命周期很短，创建、启动、停止和销毁都需要在几秒甚至几毫秒内完成，这给容器的安全管理带来了困难。

（3）容器的数量众多，规模和复杂度都远超过传统的虚拟机，这给容器的安全监控和审计带来了挑战。

（4）容器涉及的组件众多，包括容器映像、容器运行时、容器编排、容器网络、容器存储等，这增加了容器的安全配置和加固的复杂性。

为了应对这些安全挑战，需要在容器的整个生命周期中实施安全最佳实践，包括以下几点。

（1）容器映像安全：容器映像是容器的基础，包含容器运行所需的操作系统、库和应用程序。需要确保容器映像的来源可信、内容无漏洞、存储加密、访问控制和定期扫描。

（2）容器运行时安全：容器运行时是容器的核心，负责管理容器的创建、启动、停止和销毁。需要确保容器运行时的配置合理、权限最小化、隔离强化、实时监控和日志记录。

（3）容器编排安全：容器编排是容器的灵魂，负责管理容器的调度、扩缩容、服务发现和负载均衡。需要确保容器编排的身份认证、访问控制、通信加密、策略执行和事件响应。

（4）容器网络安全：容器网络是容器的血脉，负责连接容器之间、容器和其他服务、容器和外部网络的通信。需要确保容器网络的隔离分层、流量控制、数据加密和威胁检测。

（5）容器存储安全：容器存储是容器的器官，负责存储容器的数据和状态。需要确保容器存储的持久化、备份、恢复、加密和访问控制。

在本章中，只介绍容器的"映像安全""运行时安全""编排安全"这 3 个层面的内容，容器的"网络安全"和"存储安全"将放到第 4 章和第 5 章介绍。

3.7.1　AWS 容器服务简介

AWS 提供了一系列容器服务，包括 ECS（弹性容器服务）、EKS（弹性 Kubernetes 服务）

和 ECR(弹性容器注册表),它们各自具有独特的功能和优势。

(1) ECS:ECS 是 AWS 的原生容器服务,支持在 EC2 或 Fargate 无服务器架构上运行 Docker 容器。ECS 提供了高度可扩展、高性能的容器管理服务,可以轻松地运行和扩展容器化应用程序。

(2) EKS:EKS 是 AWS 支持的 Kubernetes 服务,让用户可以在 AWS 上运行 Kubernetes 集群,管理容器化的应用程序。EKS 完全兼容开源 Kubernetes,可以无缝地迁移任何标准的 Kubernetes 应用程序。

(3) ECR:ECR 是 AWS 托管的 Docker 容器注册表,让用户可以存储、管理和部署 Docker 容器映像。ECR 集成了 IAM,可以控制谁可以推送和拉取映像。

提示:Amazon ECS 中的任务概念与 Amazon EKS 中的 Pod 非常相似,指的都是一个容器或一组容器副本。尽可能地使用了任务和 Pod 这两个术语,但除非特别指出,否则本书中的任务和 Pod 是可以互换的。

本书的第 1 章介绍了 AWS 的责任共担模型。在容器服务中,AWS 负责运行容器的基础设施的安全,而客户则负责控制对用户和容器应用程序的访问。这种模型在确保安全性的同时,也保留了足够的灵活性,可以根据自己的业务需求进行配置。具体来讲:

(1) AWS 负责保护 AWS 的基础设施,包括运行和维护容器服务的物理设备、网络和防火墙等,以及提供容器服务的安全特性和工具,例如 IAM、VPC、KMS、ECR 扫描等。

(2) 客户负责保护客户的数据和应用程序,包括选择和配置合适的容器服务和运行模式,以及使用容器服务提供的安全特性和工具来实施容器安全的最佳实践,例如使用 ECR 存储和扫描容器映像,使用 IAM 和 VPC 控制容器运行时的访问和网络,使用 EKS 和 AWS Fargate 编排和调度容器,使用 VPC CNI 和 AWS App Mesh 配置和监控容器网络,使用 EBS 和 EFS 存储和加密容器数据等。

从责任共担模型的角度来看,AWS Fargate 和 EC2 实例上的 ECS 和 EKS 有一些区别,它们各自具有以下优势。

1. AWS Fargate

(1) 无服务器:Fargate 是无服务器容器服务,只需将应用程序打包到容器中,指定 CPU 和内存要求,定义联网和 IAM 策略,然后启动应用程序。在这种情况下,责任主要集中在应用程序的安全性和数据保护上,如图 3-26 所示。

(2) 隔离性:每个 Fargate 任务都有自己的隔离边界,不与其他任务共享底层内核、CPU 资源、内存资源或弹性网络接口。这种隔离性有助于更好地控制和保护应用程序。

(3) 易于管理:使用 Fargate,无须预配置、配置或扩展虚拟机集群即可运行容器。这意味着可以将更多的精力放在应用程序的开发和维护上,而不是基础设施的管理上。

2. EC2 实例的 ECS 和 EKS

(1) 灵活性:EC2 启动类型让用户可以对运行容器应用程序的基础设施实施服务器级更精细的控制。

(2) 可扩展性:ECS 高度可扩展,能将 Docker 容器运行在 AWS EC2 或 Fargate 管理

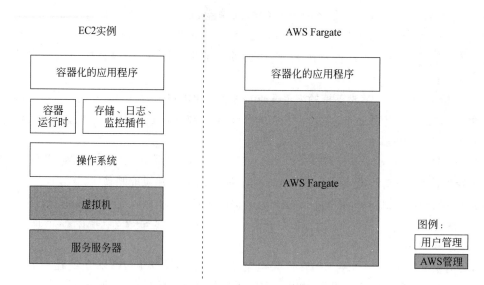

图 3-26　AWS Fargate 减轻了管理团队的操作负担

的无服务器架构上。这种可扩展性使用户能够根据业务需求灵活地调整资源。

（3）兼容性：EKS 是 AWS 的 Kubernetes 托管服务，可以将容器运行在 EKS 上，这对于需要使用 Kubernetes 的应用程序非常有用。这种兼容性使用户能够更好地管理和保护 Kubernetes 环境。

服务的选择取决于具体需求。如果更希望专注于应用程序本身，而非基础设施的管理，并希望减轻安全管理的负担，则 Fargate 可能是理想选择，然而，如果需要对基础设施有更精细的控制，则 EC2 实例的 ECS 和 EKS 可能会更符合需求。

3.7.2　AWS 容器映像安全

容器映像是容器的基础，包含容器运行所需的操作系统、库和应用程序。容器映像的安全性会直接影响容器的安全性，因此，应将容器映像视为第一道防线，在容器的整个生命周期中，对容器映像进行安全管理和维护。容器映像的安全管理和维护主要包括以下 5 方面。

（1）容器映像的来源：确保容器映像的来源可信，只使用经过验证和授权的容器映像，避免使用来历不明或来源不安全的容器映像，以防止引入恶意代码或漏洞。曾经某公司使用了一个未经验证的容器镜像，结果该镜像中包含了恶意软件，导致了数据泄露。

（2）容器映像的内容：确保容器映像的内容无漏洞，只包含必要的组件，遵循最小化的原则，删除不必要的软件包、文件和服务，以减少攻击面和资源占用。

（3）容器映像的存储：确保容器映像的存储加密，使用强大的加密算法和密钥来保护容器映像的数据安全，防止容器映像被窃取或篡改。

（4）容器映像的访问：确保容器映像的访问控制，使用合适的身份和权限管理机制来限制对容器映像的访问,只允许授权的用户或实例可以推送和拉取容器映像,以防止容器映像被滥用或泄露。

(5)容器映像的扫描:确保定期地扫描容器映像,使用有效的扫描工具和方法来检测容器映像中的漏洞,以及时修复和更新容器映像,以防止容器映像被利用或攻击。

为了实现容器映像的安全管理和维护,可以使用 AWS 提供的弹性容器注册表(ECR)服务。ECR 是 AWS 托管的容器映像注册表服务,它安全、可扩展且可靠。ECR 提供了以下几个安全特性和工具:

(1)ECR 使用 AWS KMS 加密容器映像,保护容器映像的数据安全。可以选择使用 AWS 管理的默认密钥,或者使用自己创建的客户管理的密钥,以此来加密容器映像。

(2)ECR 使用 IAM 策略控制对容器映像的访问,基于资源的权限,指定用户或 Amazon EC2 实例可以访问容器存储库和映像。可以使用 IAM 角色和策略来授予或拒绝对容器存储库和映像的操作权限,例如创建、删除、推送和拉取等。

(3)ECR 使用 ECR 扫描功能检测容器映像中的漏洞,以及时修复和更新容器映像。可以在推送容器映像时,或者按照计划或需求,对容器映像进行扫描,查看扫描结果和漏洞详情,以便采取相应的修复措施。

对于存储在 ECR 上的映像,不仅可以利用 Inspector 扫描,还可以通过 EventBridge 通知并采取相应行动,如删除或重建存在安全隐患的映像。具体过程可参见图 3-27。

图 3-27 与 Amazon Inspector 结合,在发现问题时发送通知

最后,还可以启用 ECR 标签不可变性特性(ECR Tag Immutability Feature)。威胁行为者也可能尝试将一个被破坏的容器映像版本推送到 Amazon ECR 仓库,并使用相同的标签。解决这个问题的一种方法是为映像的每个新版本强制使用一个新标签。可以通过为 ECR 仓库启用映像标签可变性特性实现这一点。可以在 Amazon ECR 控制台的创建仓库页面的常规设置下找到标签不可变性设置,如图 3-28 所示。

3.7.3 AWS 容器和任务的安全

在 AWS 中,容器的运行时安全是非常重要的。运行时安全主要关注的是容器在运行过程中的安全问题,包括但不限于网络隔离、资源限制、访问控制等。为了实现这些安全措施,可以使用 AWS 提供的一些服务和工具。

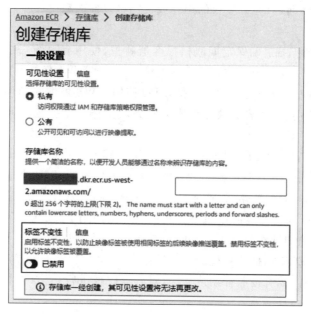

图 3-28　创建新存储时需要设置的属性

（1）网络隔离：为了防止容器之间的互相影响或攻击，每个容器都应该在自己的网络环境中运行，与其他容器隔离。AWS 的 VPC、子网和安全组等网络服务可以帮助实现容器的网络隔离。

（2）资源限制：为了防止容器占用过多的资源，影响其他容器或系统的正常运行，应该对容器的资源进行限制，包括 CPU、内存、磁盘和网络等资源。Kubernetes 的资源配额和限制功能，或者 Docker 的资源限制功能可以帮助实现容器的资源限制。

（3）访问控制：为了防止容器被滥用或泄露，应该对容器的访问进行控制，只有授权的用户或实例才能访问和操作容器。IAM 策略和 RBAC 等访问控制机制可以帮助实现容器的访问控制。

（4）容器审计：为了发现和处理安全问题，应该对容器的操作进行审计，以及记录和分析容器的操作日志。CloudTrail 和 CloudWatch 等服务可以帮助实现容器的审计。

（5）容器监控：为了及时发现和处理容器的异常，应该对容器的运行状态进行监控。CloudWatch 和 X-Ray 等服务可以帮助实现容器的监控。

另外，还要坚持最小权限原则。

（1）定义在容器内使用的 USER 参数：容器默认以 root 用户运行，这并不符合最小权限原则，可能会被滥用。AWS 建议通过在 Dockerfile 中指定 USER 指令以非 root 用户身份运行容器。当使用 CI/CD 管道时，可以配置管道，以便在 USER 指令缺失时使构建失败。

（2）不要以特权模式运行容器：需要确保不要以特权模式运行容器，因为这可能是一个潜在的漏洞，允许未经授权的用户在容器内运行命令。可以使用 AWS Security Hub 来检测正在以特权模式运行的容器，也可以使用 Lambda 来扫描任务定义中是否使用了特权参数。

3.8　本章小结

本章详细地讨论了 AWS 计算安全管理的各方面。首先介绍了 IAM、SSH、RDP、安全组和 NACL 在管理 EC2 实例的安全访问中的应用。接着，探讨了密钥对的管理，包括基本使用、保护和备份，以及轮换和重置方法。

此外，本章也涵盖了 AMI 的管理，包括 AMI 的安全性与合规性，以及如何构建自定义的 AMI。同时，介绍了 AWS Systems Manager 和 Amazon Inspector 在实例管理中的运用。

在后半部分，提供了一些 EC2 实例安全管理的最佳实践，例如遵循最小权限原则、定期更新并轮换密钥对、定期更新并修复操作系统和应用程序漏洞，以及使用加密技术保护数据等。

最后，本章还简单地讨论了容器安全，包括 AWS 容器服务的简介，以及如何管理 AWS 容器映像和任务的安全。

第 4 章

网络安全管理

在云计算环境中,网络安全管理是保护数据和应用程序的关键。随着网络攻击的不断增加,建立强大的网络安全体系变得至关重要。网络安全管理涉及保护网络环境和网络流量的安全,防止网络攻击和数据泄露,以及监控和分析网络流量的活动。它的目标是实现网络的可用性、可靠性、完整性、机密性和可追溯性。在本章中,将深入探讨 AWS 的网络安全管理,包括基础设施和安全服务等多方面内容,以帮助读者更好地理解和构建安全的网络环境。

本章要点:

(1) AWS VPC 基础。

(2) 互联网网关。

(3) NAT 设备。

(4) 安全组。

(5) 网络访问控制列表。

(6) 负载均衡器。

(7) VPC 对等连接、终端节点和私有链接。

(8) VPC 流量镜像。

(9) AWS VPN 服务。

(10) AWS Route 53 服务。

(11) AWS Network Firewall 服务。

(12) AWS Firewall Manager 服务。

4.1 采用纵深防御策略进行网络安全管理

纵深防御(Defense in Depth)是一种网络安全策略,通过在多个安全层面实施控制措施,以提高系统的安全性。这种"多重保险"方法能够提高整个系统的安全性,因为攻击者在成功入侵一个层面后,仍需面对其他层面的防御。

可以用保卫城堡来类比纵深防御。在这个类比中,城堡代表计算机、数据或其他重要资产。为了保护这些资产,采用纵深防御,如图 4-1 所示。这既可以阻止较弱的对手,又可以增加对手破坏资产的难度。纵深防御可以增加对手破坏资产的难度,因为他们必须突破多层保护才能破坏资产。安全层还提供了检测攻击并做出相应响应所需的时间。

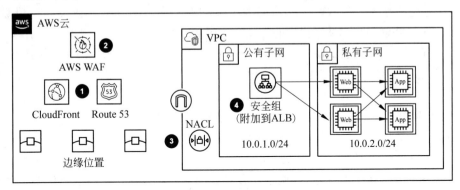

图 4-1 纵深防御示意图

(1) 护城河:敌人首先会遇到最外层的防线,也就是护城河。这可以代表环境边界之外的保护,例如 Amazon CloudFront 的地理位置限制。

(2) 外墙:如果敌人通过了护城河,他们则会遇到围绕城堡的外墙。这可以代表边缘或周边的保护,例如 AWS WAF。

(3) 内墙:如果敌人穿过了外墙,他们则会遇到非常高的内墙。这可以代表边缘或周边的保护,例如网络访问控制列表(Network ACL,NACL)。

(4) 城堡守卫:如果敌人穿过了内墙,他们则会遇到另一道防线,也就是城堡守卫。这可以代表与负载均衡器相关联的安全组,该负载均衡器服务于面向互联网的 Web 应用。当然,还需要通过安全组保护 Web 和 App 的 EC2 实例。

采用纵深防御,可以确保所有互联系统只能通过以下两种方式进行通信:

(1) 仅通过批准的流量策略进行通信。

(2) 只能通过基于配置管理策略中定义的功能、端口、协议和服务的基本功能进行通信。

4.2 AWS VPC 基础

VPC 是一种软件定义的虚拟专用网络。可以利用这种服务在 AWS 中创建安全的私有网络,以托管应用程序和数据。此外,还可以将 VPC 连接到本地,从而创建混合环境。在 VPC 中,可以设置子网、路由表和网络访问控制列表等,实现对网络流量的精细控制。这样,可以确保只有经过授权的流量才能进入或离开应用程序,从而实现网络的隔离、控制和安全。

4.2.1 VPC 概述

VPC 是一个区域性服务。每个子网的 IP 地址范围必须是唯一的，并且不能与其他子网的 IP 地址范围重叠。在 AWS 中，有两类 VPC，即默认 VPC 和非默认 VPC。默认 VPC 是在创建 AWS 账户时由 AWS 创建的，AWS 会设置各项配置。每个区域只能有一个默认 VPC。所有默认 VPC 的配置都相同，被配置为使用 B 类子网。默认的 VPC 在每个可用区中都有一个公有子网、一个互联网网关及用于启用 DNS 解析的设置，因此，可以立即在默认的 VPC 中创建 EC2 实例。默认 VPC 适用于快速入门和创建公有实例（如博客或简单的网站）。可以按需修改默认 VPC 的组件和配置，例如添加新的子网。

然而，如果需要更复杂的网络环境，例如需要更精细地控制网络，或者需要创建私有网络环境，则创建自定义 VPC 可能是更好的选择。

在 AWS 的安全策略设计中，强调了一种重要的原则：将具有共同敏感度要求的资源、组件分成若干层或组，以尽量缩小未经授权访问的潜在影响范围。这种分层或分组的策略可以有效地提高系统的安全性。在实际操作中，可以利用 VPC 的子网作为一种实现分层或分组的手段。通过合理地划分和配置子网，可以进一步提高系统的安全性和稳定性。

子网是一个 VPC 内的一个 IP 地址段，它必须位于一个可用区内，不能跨越多个可用区。一个 VPC 可以有多个子网，每个子网可以有不同的网络大小和安全设置。可以在子网内部署 AWS 资源，例如 EC2 实例、RDS 数据库等。使用子网可以根据安全和运营需要对实例和 AWS 资源进行分层、分组。根据子网与互联网的联通性，可以将子网分为以下几种。

（1）公有子网：通过公有 IP 地址进行外部通信。

（2）私有子网：间接访问互联网。

（3）受保护子网：没有互联网访问权限的受管制的工作负载。

公有子网是指子网的关联路由表中存在一条将 0.0.0.0/0 的流量发送到互联网网关（Internet Gateway，IGW）的路由。这条路由将子网中的互联网范围的流量引导到 IGW。IGW 是一种可横向扩展、冗余且高度可用的 VPC 组件，它提供源网络地址转换（SNAT）和目标网络地址转换（DNAT）服务，以支持 VPC 和互联网之间的通信。公有子网中的实例要访问互联网，需要确保其具有全局唯一 IP 地址（公有 IPv4 地址、弹性 IP 地址或 IPv6 地址）。公有子网中的实例可以接收来自互联网的入站连接，因此通常用于部署面向公众的服务，例如 Web 应用程序。

为了提高安全性和可扩展性，可以将 EC2 实例部署在私有子网，由负载均衡器接收来自 IGW 的请求，然后将请求分配到位于私有子网中的实例，如图 4-2 所示。私有子网是指子网的关联路由表中没有将 0.0.0.0/0 的流量发送到 IGW 的路由。这意味着私有子网中的实例无法直接访问互联网，但这并不意味着私有子网中的实例无法与互联网进行通信。可以通过设置 NAT 网关或 NAT 实例，使私有子网中的实例能够与互联网进行通信。私有子网中的实例也可以访问 VPC 内其他子网的资源。私有子网通常用于部署需要保持高度安

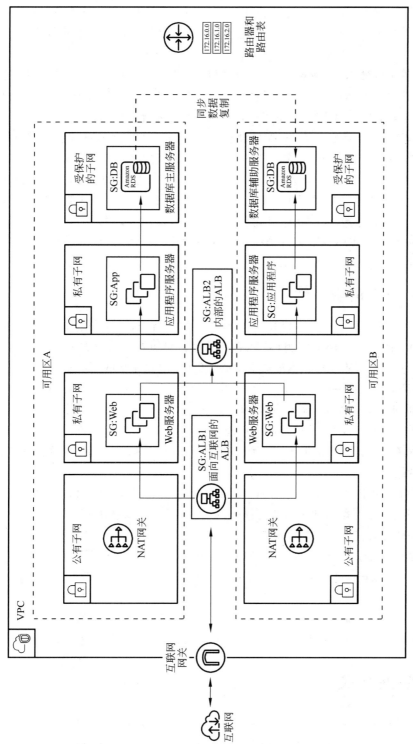

图4-2 典型Web应用程序架构

全性的应用程序，例如，数据库服务器位于私有子网之内，只能接收来自 Web 服务器的请求，而不能直接接收来自互联网的请求。这样可以有效地保护数据库服务器，防止未经授权的访问。

AWS 提供了两种 NAT 服务：NAT 网关和 NAT 实例。NAT 网关是 AWS 托管的服务，无须进行任何维护，而 NAT 实例，则需要自行管理，例如需要对实例安装软件更新或操作系统补丁。考虑到 NAT 网关提供了更好的可用性和带宽，推荐使用 NAT 网关。

对于数据库服务器等核心业务，如果没有访问互联网的需求，则建议将它们放置到受保护的子网。受保护子网是指子网的关联路由表中既没有将 0.0.0.0/0 的流量发送到 IGW 的路由，也没有将 0.0.0.0/0 的流量发送到 NAT 网关或 NAT 实例的路由，可以只包含将作为本地路由的默认路由。受保护子网中的实例可以接收来自 VPC 内其他子网的入站连接。图 4-2 中的数据库服务器，还需要通过安全组进行保护，不允许直接从负载均衡器访问数据库。只有业务逻辑或 Web 服务器才能直接访问数据库。这样可以有效地保护数据库服务器，防止未经授权的访问。

4.2.2　VPC 的安全性

在 AWS 中，有多种方式可以提高 VPC 的安全性。首先，可以利用路由表、互联网网关（IGW）和 NAT 网关（或 NAT 实例）来管理 VPC 的网络流量。路由表定义了网络流量从子网到其他网络（包括 AWS 服务、本地数据中心、其他子网和互联网）的路由。互联网网关则允许 VPC 与互联网之间的双向通信。NAT 网关（或 NAT 实例）用于启用私有子网中的实例连接到互联网或其他 AWS 服务，同时阻止互联网发起与这些实例的连接。

在本书的 3.1 节 EC2 实例安全访问管理中，介绍了将安全组和 NACL 组合使用的方法。安全组作为第 1 层防御，控制了实例级别的访问，而 NACL 则在子网级别提供了一层额外的安全。

此外，还可以使用 VPC 流日志来捕获有关网络接口的 IP 流量信息，这对于理解、优化和调试网络行为非常有用。如果需要更深入的可见性，则可以使用 VPC Traffic Mirroring 来捕获和检查网络流量。

AWS PrivateLink 提供了一种安全的方法，可以在 VPC 中访问 AWS 服务、VPC 端点服务和 AWS Marketplace 服务，而无须通过公共互联网。这大大降低了数据暴露于公共互联网的风险。

还可以使用 AWS Shield 和 AWS WAF 来保护应用程序免受 DDoS 攻击。AWS Shield 提供了基础的 DDoS 保护，而 AWS WAF 则提供了更高级的 Web 应用程序防火墙功能。

4.3　互联网网关

AWS 的互联网网关（Internet Gateway，IGW）是一种横向扩展、冗余且高度可用的 VPC 组件，主要用于支持 VPC 和互联网之间的通信。对于使用 IPv4 的通信，IGW 提供了源网络地址转换(SNAT)和目标网络地址转换(DNAT)功能。

(1) DNAT：当互联网用户访问 VPC 公共子网中的 EC2 实例时,IGW 会将公网 IP 地址转换为私有 IP 地址,使互联网用户可以通过公网 IP 地址访问 VPC 中的资源。

(2) SNAT：当 VPC 公共子网的 EC2 实例访问互联网时,IGW 会将私有 IP 地址转换为公网 IP 地址,使 VPC 中的资源可以通过公网 IP 地址访问互联网。

IGW 以逻辑方式为实例提供一对一 NAT,不会保存过去的请求或响应信息。每个通过 IGW 的数据包都是独立的,不依赖于之前或之后的数据包,所以它是一种"无状态"的网关。这种设计使 IGW 可以高效地处理大量的并发连接,不会对网络流量造成可用性风险或带宽限制,同时也简化了其内部的管理复杂性。

在图 4-3 中,VPC 中有 1 个公有子网和 1 个私有子网。公有子网的路由表具有将所有互联网绑定 IPv4 流量发送到互联网网关的路由,见表 4-1。公有子网中的实例必须具有公有 IP 地址或弹性 IP 地址,这样才能通过互联网网关与互联网进行通信。私有子网的路由表没有通往互联网网关的路由,所以私有子网中的实例无法通过互联网网关与互联网进行通信,即使它们具有公有 IP 地址也是如此,见表 4-2。

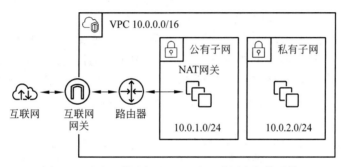

图 4-3　通过互联网实现 VPC 和互联网之间的通信

表 4-1　公有子网的路由表

目的地(Destination)	目标(Target)
10.0.0.0/16	local
0.0.0.0/0	igw-id

表 4-2　私有子网的路由表

目的地(Destination)	目标(Target)
10.0.0.0/16	local

提示：AWS 的 IGW 并不是在所有场景下都是必需的。它主要用于为 VPC 中的实例提供与互联网的连接。如果应用场景不需要与互联网通信,例如只有内部应用,则可以选择不配置 IGW。

AWS 的 IGW 支持 IPv4 和 IPv6 流量。对于使用 IPv6 的通信,不需要 NAT,因为 IPv6 地址是公有的。

AWS 的 IGW 本身不提供访问控制功能,然而,可以通过其他 AWS 服务(例如安全组和 ACL)实现访问控制。

注意：不要将 AWS 的 IGW(Internet Gateway)与仅出口互联网网关(Egress-only

Internet Gateway）相混淆。仅出口互联网关是一个可扩展、支持冗余且高度可用的 VPC 组件。它能够实现从 VPC 中的实例通过 IPv6 到互联网的出站通信，并阻止互联网通过 IPv6 连接到实例。

4.4 NAT 设备

网络地址转换（Network Address Translation，NAT）的基本原理是在内部网络和外部网络之间进行 IP 地址的转换。在 AWS 云中，可以使用 NAT 设备将私有子网中的资源（例如 EC2 实例）连接到互联网、其他 VPC 或本地网络。这些资源可以与 VPC 外部的服务进行通信，但它们无法接收未经请求的连接请求。

AWS 的 NAT 设备将资源的源 IPv4 地址替换为 NAT 设备的地址。当向资源发送响应流量时，NAT 设备会将地址转换回原始源 IPv4 地址。

AWS 提供了两种 NAT 设备：NAT 网关和 NAT 实例。NAT 网关是一种托管式网络服务，相比于 NAT 实例，它更加易于使用和管理，可以自动扩展以应对流量峰值，而且不需要维护 NAT 服务的安全性和可用性。NAT 实例则是一台运行 NAT 服务的 EC2 实例，用户需要自己部署和管理 NAT 实例。这意味着，除了配置网络地址转换规则外，还需要关心实例的安全性、可用性及各种更新和补丁。如果需要更高的性能或更大的流量处理能力，则需要手动进行扩展，例如增加更多的实例或提高实例的规格，因此，建议使用 NAT 网关。

在创建 NAT 网关时，需要指定连接类型，如图 4-4 所示。

图 4-4 创建 NAT 网关

4.4.1 公有连接类型的 NAT 网关

公有连接类型是默认的连接类型。在这种模式下,私有子网中的实例可以通过公共 NAT 网关连接到互联网,但互联网上的主机不能发起到这些实例的连接,如图 4-5 所示。在公有子网中创建公有 NAT 网关,在创建时必须将弹性 IP 地址与 NAT 网关相关联。可以将流量从 NAT 网关路由到 VPC 的 IGW。或者,可以使用公有 NAT 网关连接到其他 VPC 或本地部署网络。在这种情况下,可以借助中转网关或虚拟私有网关路由来自 NAT 网关的流量。

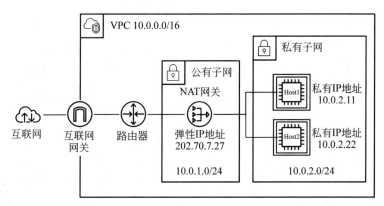

图 4-5 具有公有和私有子网、NAT 网关和互联网网关的 VPC

可以使用公有 NAT 网关,允许私有子网中的实例将出站流量发送到互联网,同时防止互联网与这些实例建立连接。在图 4-5 中,VPC 中有两个子网。每个子网的路由表都决定了流量的路由方式。公有子网中的实例可以通过到互联网网关的路由访问互联网,而私有子网中的实例没有到互联网的路由。公有子网包含一个 NAT 网关,私有子网中的实例可以通过到公有子网中的 NAT 网关的路由访问互联网。需要注意,如果私有子网内的实例需要访问互联网,则需要创建从该子网到 NAT 网关的路由。

与公有子网关联的路由表,见表 4-3。第 1 个条目是本地路由,它使子网中的实例能够使用私有 IP 地址与 VPC 中的其他实例进行通信。第 2 个条目可将所有其他流量发送到互联网网关,从而使子网中的实例能够访问互联网。

与私有子网关联的路由表,见表 4-4。第 1 个条目是本地路由,它使子网中的实例能够使用私有 IP 地址与 VPC 中的其他实例进行通信。第 2 个条目将所有其他流量发送到 NAT 网关。

表 4-3 公有子网的路由表

目的地(Destination)	目标(Target)
10.0.0.0/16	local
0.0.0.0/0	igw-id

表 4-4 私有子网的路由表

目的地(Destination)	目标(Target)
10.0.0.0/16	local
0.0.0.0/0	nat-gateway-id

提示：可以在包含需要访问互联网资源的每个可用区创建1个NAT网关来提高故障恢复能力，如图4-2所示。

4.4.2　私有连接类型的NAT网关

私有连接类型的NAT网关的一个典型应用场景是实现重叠网络之间的通信。例如，由于规划设计瑕疵或历史原因，可能存在两个VPC的CIDR范围有重叠的区域，如图4-6所示。在这种情况下，需要实现这两个VPC之间的通信。

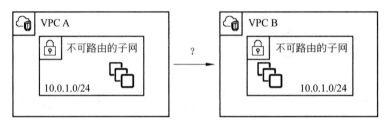

图 4-6　两个 VPC 的 CIDR 范围有重叠

在这种场景中，私有NAT网关可以将源、目的网段地址转换为中转IP，通过中转IP实现VPC内的实例与其他VPC、本地数据中心互访，如图4-7所示。这种配置提供了一种安全、高效的方式，使在不同VPC中的服务可以相互通信，同时避免了不必要的互联网暴露风险。

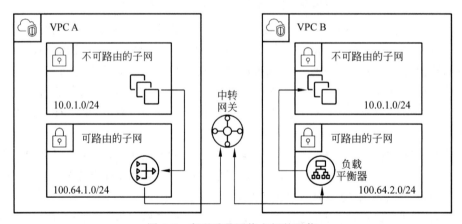

图 4-7　实现重叠网络之间的通信

首先，需要确定哪些地址范围是重叠的（不可路由的地址范围，如图4-7所示的10.0.1.0/24），哪些地址范围是不重叠的（可路由的地址范围，例如100.64.1.0/24、100.64.2.0/24）。

每个VPC都有其原始IP地址范围（不可路由）及分配给它的可路由IP地址范围。VPC A有一个来自可路由范围的子网和一个私有NAT网关。私有NAT网关从其子网获取其IP地址。VPC B有一个来自可路由范围的子网和一个应用程序负载均衡器。应用程序负载均衡器从其子网获取IP地址。

来自 VPC A 的不可路由子网中的实例的流量（将发往 VPC B 的不可路由子网中的实例）通过私有 NAT 网关发送,然后路由到中转网关。中转网关将流量发送到应用程序负载均衡器,后者将流量路由到 VPC B 的不可路由子网中的其中一个目标实例。从中转网关到应用程序负载均衡器的流量具有私有 NAT 网关的源 IP 地址,因此,来自负载均衡器的响应流量使用私有 NAT 网关的地址作为其目的。响应流量将被发送到中转网关,然后路由到私有 NAT 网关,该网关会将目标转换为 VPC A 的不可路由子网中的实例。

4.4.3　NAT 网关的安全性

NAT 本身就具有一定的安全性,因为它隐藏了内部网络的结构,并阻止了外部直接访问内部网络。这为网络提供了一层保护,防止未经授权的访问。

与 IGW 类似,在安全性方面,NAT 网关不能为其关联安全组。可以将安全组与实例相关联,以控制入站和出站流量。同时,还可以使用 NACL 控制进出 NAT 网关所在子网的流量。

如果私有子网的实例需要通过 NAT 设备仅仅是为了访问 AWS 的一些服务（例如 S3、DynamoDB）,则推荐使用 VPC 终端节点（VPC Endpoint）来替换 NAT 解决方案。VPC 终端节点允许在 VPC 内部私有连接到支持的 AWS 服务和 VPC 终端服务。通过 VPC 终端节点,可以确保数据在 AWS 网络内部传输,而不需要通过公共互联网。

4.5　网络访问控制列表

AWS 有许多内置的机制,可以帮助保护基础设施。AWS VPC 的网络访问控制列表（Network Access Control List,NACL）是一种可选的安全层,它在子网级别允许或拒绝特定的入站或出站流量。

4.5.1　NACL 概述

NACL 具有入站规则和出站规则,每条规则都可以接受或拒绝流量。NACL 是无状态的,这意味着不会保存有关先前发送或接收的流量的信息。例如,如果创建了 NACL 规则,允许流向子网的特定入站流量,则不会自动允许对该流量作出响应。相反,安全组是有状态的,这意味着会保存有关先前发送或接收的流量的信息。例如,如果安全组允许流向 EC2 实例的入站流量,则将自动允许响应,不受任何出站安全组规则的影响。

VPC 自动带有可修改的默认 NACL。在默认情况下,它允许所有入站和出站 IPv4 流量及 IPv6 流量（如果适用）,如图 4-8 所示。每个 NACL 还包含一条以星号为规则编号的规则。此规则确保在数据包不匹配任何其他编号规则时拒绝该数据包。

可以创建自定义 NACL 并将其与子网相关联,以允许或拒绝子网级别的特定入站或出站流量。NACL 规则的评估流程和次序是按照规则的数字顺序进行的。以下是详细的流程。

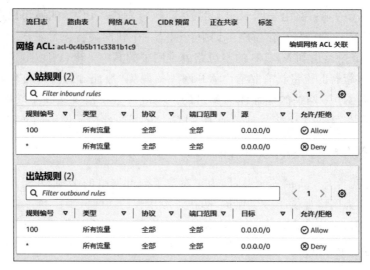

图 4-8　默认的 NACL

（1）规则编号：在 NACL 中，规则的编号越小，它的优先级就越高。这意味着 NACL 会从编号最小的规则开始评估。

（2）规则匹配：当有流量到达 NACL 时，NACL 规则开始评估流量。如果流量匹配了某条规则，则 NACL 就会根据该规则执行相应的放行或拒绝操作。

（3）规则执行：一旦有规则匹配，NACL 就不会再继续向后匹配其他规则。例如，如果有入站流量匹配到了编号最小的规则，则 NACL 就会根据该规则放行或拒绝此入站流量，而不会再继续向后评估其他规则。

VPC 中的每个子网都必须与一个 NACL 相关联。如果没有明确地将子网与 NACL 相关联，则子网将自动与默认 NACL 关联。一个子网一次只能与一个 NACL 关联，但是，一个 NACL 可以与多个子网关联。这意味着多个子网可以共享一个 NACL。在 NACL 中添加或删除规则时，更改也会被自动应用到与其相关联的子网。

虽然 NACL 是一种可选的安全层，但推荐将其与安全组相结合，构建纵深防御体系。首先，需要了解它们之间存在一些基本的差异，见表 4-5。

表 4-5　安全组和 NACL 之间的基本差异

安　全　组	NACL
关联到 ENI 并在虚拟机管理程序中实施	关联到子网并在网络中实施
仅支持允许规则	支持允许规则和拒绝规则
有状态	无状态
评估所有规则后决定是否允许流量	按顺序处理所有规则后决定是否允许流量
需要手动分配给实例	将实例添加到子网时自动应用
需要配置以允许通信	在默认情况下允许通信

然后就可以将 NACL 与安全组组合使用,如图 4-9 所示。

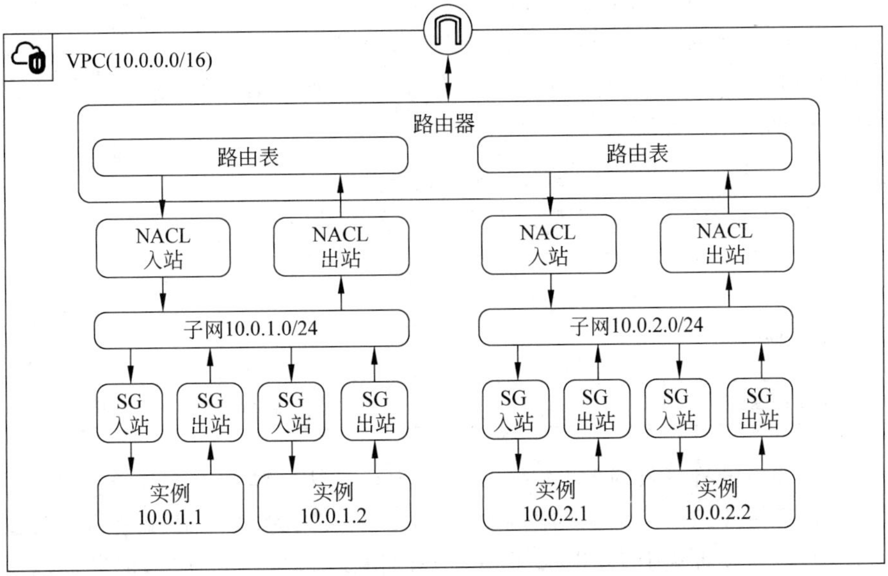

图 4-9 NACL 和安全组组合使用

(1)子网级别的防御:NACL 作为第一道防线,可以在子网级别控制入站和出站流量。它是无状态的,这意味着它分别处理进入和离开子网的每个数据包。

(2)实例级别的防御:安全组作为第二道防线,可以在实例级别控制入站和出站流量。它是有状态的,这意味着如果允许了一个请求进入,则响应自动被允许离开。

(3)拒绝特定流量:如果需要拒绝某个特定来源的 IP 对实例的访问,这个需求通过安全组是做不到的,则需要使用 NACL。例如,可以在 NACL 中添加一条规则,拒绝某个特定来源的 IP 的流量。

通过这种方式,可以在不同层级实施不同的访问控制策略,形成纵深防御。如果一个安全层出现故障,则使用剩余层提供保护。这种策略可以有效地防止未经授权的访问,并提高整体的网络安全性。同时,这也提供了更大的灵活性,从而能够根据需要调整安全设置。

4.5.2 NACL 排错案例

接下来,将通过两个涉及 NACL 配置错误的案例学习 NACL 的操作方式和规则的构造方式。

1.入站 NACL

(1)网络情况。

- VPC 子网 A:10.0.0.0/17。
- VPC 子网 B:10.0.128.0/17。
- 本地网络:192.0.2.0/28。

（2）目标：允许业务流量的入站。

（3）要求：来源于本地网络 192.0.2.0/28 的 DNS 查询、HTTPS 和 SMTP 流量应被允许到达 VPC 中的子网 A。所有其他入站流量应被拒绝。

（4）问题：现有的 NACL 配置见表 4-6，但是，收到通知后会发现 VPC 中的子网 A 只接收来自本地网络的 DNS 流量。

表 4-6　现有的入站 NACL

Rule #	Type	Protocol	Port Range	Source	Allow/Deny
10	UDP	DNS	53	192.0.2.0/28	ALLOW
20	TCP	HTTPS	443	10.0.0.0/17	ALLOW
30	TCP	SMTP	25	10.0.0.0/17	ALLOW
*	All IPv4 Traffic	ALL	ALL	0.0.0.0/0	DENY

首先，需要找出没有接收到 HTTPS 和 SMTP 的原因。考虑 NACL 的入站流量源（来自本地网络，目标是 VPC）。在这个案例中，NACL 是入站的，意味着流量的源头在子网之外。通过仔细观察，发现规则 20 和 30 具有正确的协议、端口号和动作，但它们的源网络被错误地设置为 10.0.0.0/17。这是入站到子网的流量的目的地，而正确的源头应该是本地网络的 192.0.2.0/28。

接下来，修改 NACL 以排除错误，见表 4-7。

表 4-7　修正后的入站 NACL

Rule #	Type	Protocol	Port Range	Source	Allow/Deny
10	UDP	DNS	53	192.0.2.0/28	ALLOW
20	TCP	HTTPS	443	**192.0.2.0/28**	ALLOW
30	TCP	SMTP	25	**192.0.2.0/28**	ALLOW
*	All IPv4 Traffic	ALL	ALL	0.0.0.0/0	DENY

2. 出站 NACL

（1）网络情况。

- VPC 子网 A：10.0.0.0/17。
- VPC 子网 B：10.0.128.0/17。
- 本地网络：192.0.2.0/28。

（2）目标：拒绝网络管理流量的出站。

（3）要求：必须拒绝来自 VPC 的 SSH 和 RDP 流量流向本地网络 192.0.2.0/24。应允许来自 VPC 的所有其他流量通过。

（4）问题：现在的 NACL 配置，见表 4-8，但是，收到通知后会发现本地网络仍然可以从 AWS VPC 中的子网 A 和 B 接收 SSH 和 RDP 流量。

表 4-8　现有出站 NACL

Rule #	Type	Protocol	Port Range	Destination	Allow/Deny
10	All IPv4 Traffic	ALL	ALL	192.0.2.0/28	ALLOW
20	TCP	RDP	3389	192.0.2.0/28	DENY
30	TCP	SSH	22	192.0.2.0/28	DENY
*	All IPv4 Traffic	ALL	ALL	0.0.0.0/0	DENY

在现有的 NACL 中,第 1 条规则(10)允许所有端口和协议上的所有流量从 VPC 出站到本地网络。所有流量(包括 RDP 和 SSH)都将匹配此处的第 1 条规则,因此规则 20 和 30 将不会被处理,所以没有任何效果。

首先需要拒绝希望阻止其到达本地网络的特定流量类型,然后允许所有其他流量。修正后的 NACL,见表 4-9。

表 4-9　修正后的出站 NACL

Rule #	Type	Protocol	Port Range	Destination	Allow/Deny
10	~~All IPv4 Traffic~~	~~ALL~~	~~ALL~~	~~192.0.2.0/28~~	~~ALLOW~~
20	TCP	RDP	3389	192.0.2.0/28	DENY
30	TCP	SSH	22	192.0.2.0/28	DENY
40	ALL IPv4 Traffic	ALL	ALL	192.0.2.0/28	ALLOW
*	All IPv4 Traffic	ALL	ALL	0.0.0.0/0	DENY

注:带删除线的路由条目表示被删除的条目。

在使用 NACL 时,建议采用以下最佳实践:

(1)VPC 默认附带的 NACL 允许所有入站和出站规则。对于自定义的 NACL,入站和出站规则默认均被拒绝。如果未创建自定义 NACL,则 VPC 中的任何资源都将与默认的 NACL 关联。这将允许所有流量进出网络,这通常过于宽松。

(2)旨在拒绝配置错误或无效流量的规则可能会无意中导致对 VPC 的过度宽松访问,因此,需要注意 NACL 中拒绝规则的顺序,因为它们是按顺序评估的。

(3)由于 NACL 是按顺序处理规则的,从编号最低的规则开始,因此,建议使用跳跃的规则编号(例如 10、20、30),而不是使用连续的编号(例如 1、2、3)。这样,在添加新规则时,可以更加简单地将其插入现有规则之间,无须对现有规则进行重新编号。

4.6　负载均衡器

无论在本地数据中心还是云环境中,负载均衡器都被广泛地作为 Web 和应用程序服务器的一道重要防线。它们不仅能有效地分发网络流量,提高服务的可用性和稳定性,而且还能提供额外的安全保护,防止潜在的网络攻击,因此,无论在哪种环境中,负载均衡器都是构建和维护健壮、高效和安全的 IT 基础设施的关键组件。

4.6.1 负载均衡器概述

AWS 的弹性负载均衡(Elastic Load Balancing,ELB)是一种流量分发控制服务,能够根据转发策略将访问流量分发到后端的多个目标(例如 EC2 实例、容器和 IP 地址)。ELB 可以在单个可用区或跨多个可用区处理不同的应用程序流量负载,既能扩展应用系统的服务能力,又能提高应用程序的容错能力。

在负载均衡器中,可以根据需求的变化自动或手动添加和删除实例,而不会中断应用程序的整体请求流。通过指定一个或多个侦听器,可以将负载均衡器配置为接受传入流量。侦听器是检查连接请求的进程。随着应用程序的传入流量随时间的推移而发生更改,ELB 会扩展负载均衡设备,并可自动扩展以处理大部分工作负载。

可以配置运行状况检查来监控注册实例的运行状况,这样负载均衡设备就只会将请求发送到正常运行的实例。当负载均衡器检测到目标运行不正常时,它会停止向该目标路由流量,直到检测到目标恢复正常运行后,才会继续向其路由流量。这样可以确保应用程序的稳定运行,提高用户体验。

4.6.2 ELB 的安全优势

AWS ELB 不仅继承了传统本地负载均衡器的所有优势,还提供了多种独特的安全优势,具体包括以下几点。

(1) 单一接触点:ELB 为客户端提供单一接触点,这不仅可以提高应用程序的可用性,还可以作为防御网络攻击的第一道防线。这种设计可以有效地隔离后端服务器,保护它们免受直接的网络攻击。同时,通过提供单一接触点,ELB 也可以简化网络架构,使网络管理更加高效。

(2) SSL/TLS 解密:ELB 可以接管 EC2 实例的数据加密和解密任务,并在负载均衡器上进行集中管理。ELB 支持使用 TLS 对使用 HTTPS 连接的网络进行端到端流量加密。处理 TLS 需要消耗 Web 服务器的额外 CPU 和内存资源。对于需要处理大量 TLS 会话的 Web 服务器来讲,这可能构成相当大的负担,然而,当使用 ELB 设备执行这些任务时,对服务器的影响会大大减小,因为所有的 TLS 连接都会在 ELB 设备上终止,后端服务器不再需要处理这些任务。

(3) 集成的证书管理:ELB 通过集成的证书管理,可以简化 SSL/TLS 证书的管理工作,包括证书的请求和导入、证书管理等操作,从而保护应用程序安全。

(4) 用户身份验证:ELB 支持用户身份验证(仅应用负载均衡器支持),可以有效地防止未经授权的访问。支持身份提供者(IdP)验证、IAM 和联合身份验证。

(5) 安全组:ELB 支持创建和管理与 ELB 关联的安全组,以提供其他联网和安全选项。

（6）AWS WAF集成：ELB可以与AWS WAF（Web Application Firewall，Web应用程序防火墙）集成，提供Web应用程序防火墙，进一步增强应用程序的安全性。

（7）删除保护：ELB支持删除保护，可以防止误删除。如果已启用删除保护，则无法删除负载均衡器。这可以防止因误操作而导致的负载均衡器被删除（在删除它之前，必须先禁用删除保护），从而避免可能对应用程序造成的影响。这种设计可以有效地防止因误操作而导致的服务中断，从而保证应用程序的稳定运行。

4.6.3 ELB的应用场景

在AWS中，可以将ELB设置为面向互联网的负载均衡器或内部负载均衡器，如图4-10所示。

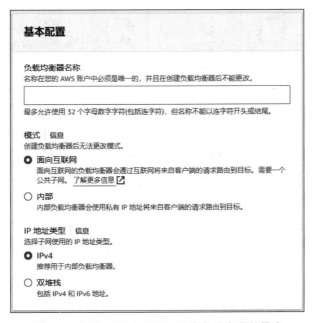

图4-10 创建ELB时需要设置负载均衡器的模式

（1）面向互联网的ELB：这种类型的ELB可以接收来自互联网的流量，并将流量路由到后端目标组。通常用于处理来自互联网的客户端请求。

（2）内部ELB：这种类型的ELB用于在VPC内部路由流量，通常用于处理来自VPC内部或者通过VPN或Direct Connect连接的客户端请求。内部ELB可以通过定期域名解析的方式获取ELB的所有内网。

如果应用程序具有多个层（例如，Web服务器必须连接到互联网，而数据库服务器只连接到Web服务器），则可以设计一个同时使用面向互联网的负载均衡器和内部负载均衡器的架构，如图4-11所示。Web服务器接收来自面向互联网的负载均衡器的请求，并将数据库服务器的请求发送到内部负载均衡器。如果提供面向互联网服务的资源位于ELB设备之后，则它们不需要位于公有子网中。

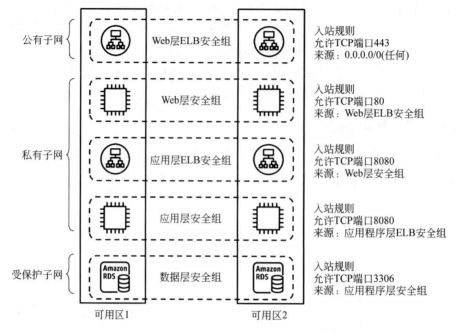

图 4-11　多层 Web 应用架构

ELB 在公有子网和私有子网之间传输流量，起到了中介的作用。需要注意，无论是面向互联网的负载均衡器还是内部负载均衡器都使用私有 IP 地址将请求路由到目标，因此，目标无须使用公有 IP 地址从内部负载均衡器或面向互联网的负载均衡器接受请求。在每层中设置严格的安全组，这种配置可以为资源提供出色的安全级别。

4.6.4　ELB 的选型

AWS 提供 4 种负载均衡器：应用程序负载均衡器（Application Load Balancer，ALB）、网络负载均衡器（Network Load Balancer，NLB）、网关负载均衡器（Gateway Load Balancer，GLB）和经典负载均衡器（Classic Load Balancer，CLB）。它们各自适用于不同的场景。不同类型的负载均衡设备的功能区域，见表 4-10。

表 4-10　负载均衡设备的功能对照表

项　目	经　典	应用程序	网　络	网　关
协议	TCP、SSL/TLS、HTTP、HTTPS	HTTP、HTTPS	TCP、TLS	IP
网络层	L4～L7	L7	L4	L3 网关、L4 负载均衡
IP 地址作为目标	否	是	是	是

续表

项　目	经　典	应用程序	网　络	网　关
Lambda 函数作为目标	否	是	否	否
服务器名称指示(SNI)	否	是	否	否
保留源 IP 地址	否	否	是	是
静态 IP	否	否	是	否
用户认证	否	是	否	否

第 4 层的负载均衡器在网络协议级别运行,不理解或读取网络数据包,不知道 HTTP 和 HTTPS 的细节,但效率高。第 7 层的负载均衡器会检查数据包,可以访问 HTTP 和 HTTPS 头,并且可以更智能地将负载分配给目标。

可以根据应用程序按需选择合适的负载均衡器。如果需要灵活地管理应用程序,则建议使用 ALB。如果应用程序需要实现极致性能和静态 IP,则建议使用 NLB。如果现有应用程序构建于 EC2-Classic 网络内,则应使用 CLB。如果需要支持 GENEVE 的第三方虚拟设备,则需要选用 GLB。

ALB 支持 HTTP 和 HTTPS,这是 AWS 中唯一一款能够执行基于路径和基于主机的路由的负载均衡器。对于需要根据请求中的 URL 进行请求转发的侦听器,可以为其配置规则,从而将应用程序构建为微服务,并根据 URL 内容将请求正确地路由到相应的服务。对于需要根据 HTTP 头部中的主机字段进行请求转发的侦听器,也可以为其配置规则。这样,就能够使用单个负载均衡器将请求路由到多个域。负载均衡器默认会将每个请求单独路由到负载最小的应用程序实例。此外,ALB 还可以在用户访问应用程序时安全地进行身份验证,从而免去开发人员编写支持身份验证的代码的需求,并减轻后端对身份验证的责任。这样,就可以更有效地管理和优化应用程序的运行。

NLB 最适合对 TCP 流量进行负载均衡。这种类型的负载均衡器能够处理不稳定的工作负载,并可以扩展到每秒处理数百万个请求。NLB 支持静态 IP 地址,还可以针对为负载均衡器启用的每个子网分配一个弹性 IP 地址。NLB 支持在跨不同 AWS 区域的对等 VPC 中从客户端连接到基于 IP 的目标。也可以对区域间对等 VPC 中部署的基于 IP 的目标进行负载均衡。通过 NLB 可以使用在均衡器节点处终止的 TLS 连接来构建安全的 Web 应用程序。这让后端服务器摆脱了对所有流量进行加密和解密的计算密集型工作,同时还提供了许多其他功能和优势。

CLB 是存续的旧的负载均衡服务,适用于客户早期在 AWS 云中的 EC2-Classic 网络内构建的应用程序(目前已经无法创建新的 EC2-Classic 网络)。CLB 同时运行于请求级别和连接级别,可在多个 EC2 实例之间提供基本的负载均衡。

GLB 可以使部署、扩展和管理第三方虚拟设备(如防火墙、入侵检测和防御系统、云中的深度数据包检测系统)的可用性变得简单、经济、高效。例如 GLB 允许部署和管理支持

GENEVE 协议的虚拟设备群。GLB 可以在一组虚拟设备之间实现流量负载均衡，从而弹性扩展其虚拟设备。GLB 使用 Gateway Load Balancer 终端节点作为路由表中的下一次跳跃。

4.7　VPC 对等连接、终端节点和私有链接

AWS 于 2009 年推出 VPC，使可以在 AWS 云中配置逻辑隔离的部分，然而，当需要从一个 VPC 访问另一个 VPC 的资源时，原先的做法是先通过互联网，再到达目标 VPC，这种"绕一圈"的方式存在诸多问题，如安全性问题、带宽瓶颈和费用等。此外，从 VPC 访问 AWS 的公共服务（如 S3、DB、SQS 等）也需要经过互联网。为了解决这些问题，AWS 后续推出了 VPC 对等连接（Peering Connection）和终端节点（VPC Endpoint）等服务。这些服务提供了一种在 AWS 环境中安全、可靠地共享资源和数据的方式，同时规避了公共互联网的许多安全风险。对于需要在多个 VPC 或 AWS 账户之间共享资源的组织来讲，这无疑是非常有价值的。

4.7.1　VPC 对等连接

在当前的大型应用程序中，它们实际上是由多个相互关联的应用程序所组成的复杂系统。这些应用程序通过协同工作，利用一个或多个精心设计的业务功能高效地实现业务目标。这些大型分布式应用程序采用一种松散的数据共享机制，确保各个功能之间能够灵活地交换信息，从而顺利地推进相关业务流程并实现业务目标。

VPC 是一种服务，它允许在自定义的逻辑隔离的虚拟网络中启动 AWS 资源。多 VPC 架构可以用于在 AWS 云中的应用程序之间建立连接。VPC 之间是分离和隔离的，可以选择通过专用连接进行链接。多个 VPC 为应用程序提供了更大的开发灵活性、增强的安全性和更强大的分析视图。

例如，假设一家公司正在开发一个新的销售应用程序，并计划将其部署到一个专用的 VPC 中。这个销售应用程序需要与公司的其他部门进行协作，因此它需要连接到一个由另一个团队在另一个 VPC 中维护的共享客户数据库。同时，公司的 SecOps 团队也有自己的 VPC，用于托管各种监控和安全工具，以保护公司的业务数据和流程。在这种情况下，需要有效地实施各种服务，链接这些 VPC，并允许公司的各个应用程序和系统之间进行流量传输。这对于确保公司的业务流程的顺利进行至关重要。

VPC 对等连接是一种网络连接方式，它可以将两个 VPC 链接在一起，并支持使用私有 IP 地址在这两个隔离的 VPC 之间进行直接通信。这两个 VPC 中的实例可以彼此通信，就好像它们位于同一网络中一样。可以在自己的 VPC 之间创建 VPC 对等连接，或者在自己的 VPC 与其他 AWS 账户中的 VPC 之间创建连接。VPC 对等连接并非网关或 VPN 连接，并且不依赖于任何单独的物理硬件，因此不会发生单点通信故障或带宽瓶颈。所有通过 VPC 对等连接进行的数据传输都会在 AWS 全球基础设施上进行，并且永远不会遍历公共

互联网,从而减少了威胁向量,例如常见的攻击和 DDoS 攻击。

VPC 对等连接适用于多种场景,例如在单个 VPC 中运行并可由其他 VPC 访问的共享服务,需要连接 VPC 以访问应用程序(或进行反向访问)的供应商或伙伴系统,用于提供访问 VPC 的所需权限的安全审核,以及将应用程序划分到多个隔离的 VPC 中的要求,以限制可能发生的中断或应用程序故障的情况。

要在两个对等 VPC 中的实例之间启用私有 IPv4 流量,需要向与这两个实例的子网关联的路由表中添加路由。路由的目的地是对等 VPC 的 CIDR 块(或 CIDR 块的一部分),目标是 VPC 对等连接的 ID,如图 4-12 所示。路由表允许两个对等 VPC(VPC1 和 VPC2)中的实例之间进行通信。每个路由表都包含一个本地路由,以及一个将对等 VPC 的流量发送到 VPC 对等连接的路由。此外,如果 VPC 对等连接中的 VPC 具有关联的 IPv6 CIDR 块,则可以添加路由,以便通过 IPv6 实现与对等 VPC 的通信。

VPC 对等连接是一种网络连接方式,它可以将两个 VPC 链接在一起,然而,这种设计并不可扩展,因为 VPC 对等连接不支持传递的对等关系。也就是说,不能通过一个中间的 VPC 将流量从一个 VPC 路由到另一个 VPC,因此,如果有多个 VPC 并希望它们之间全部互通,就需要为每一对 VPC 创建一个对等连接。例如,如果有 3 个 VPC:VPC1、VPC2 和 VPC3,就需要创建 3 个对等连接:VPC1 到 VPC2、VPC2 到 VPC3 和 VPC1 到 VPC3,以实现它们之间的全互通。

此外,采用 VPC 对等连接还有成本优势,所有通过 VPC 对等连接在可用区范围内进行的数据传输目前均免费,而所有通过 VPC 对等连接跨可用区进行的数据传输将按照标准的区域内数据传输费率收费。

4.7.2　VPC 的网关终端节点

VPC 终端节点是 VPC 与其他无须访问互联网的 AWS 服务之间的私有连接,其目标与 VPC 对等连接相似,即都是为了在 AWS 环境中提供一种安全、可靠的资源和数据共享方式,同时规避了公共互联网的许多安全风险,如图 4-13 所示。

在图 4-13 左侧的架构中,私有子网包含多个 EC2 实例。这些实例通过 NAT 和互联网网关与 Amazon CloudWatch 公有终端节点通信。所有来自这些实例的指标数据都必须通过互联网才能到达 CloudWatch 终端节点。如果有合规性或安全性的要求,则这些数据不应该经由互联网,此时可以创建 VPC 终端节点,如图 4-13 右侧所示。此实例通过 VPC 终端节点访问 CloudWatch,无须离开 AWS 网络。

VPC 终端节点使 VPC 能够与支持的 AWS 服务和 VPC 终端节点服务(由 PrivateLink 提供支持)进行私有连接,无须互联网网关、NAT 设备、VPN 连接或 AWS Direct Connect 连接。VPC 中的实例无须公有 IP 地址就可以与服务中的资源通信。VPC 和其他服务之间的流量不会离开 AWS 网络。

VPC 终端节点是虚拟设备。它们是水平扩展、冗余且高度可用的 VPC 组件,支持在 VPC 和服务中的实例之间进行通信,而不会为网络流量带来可用性风险或带宽限制。

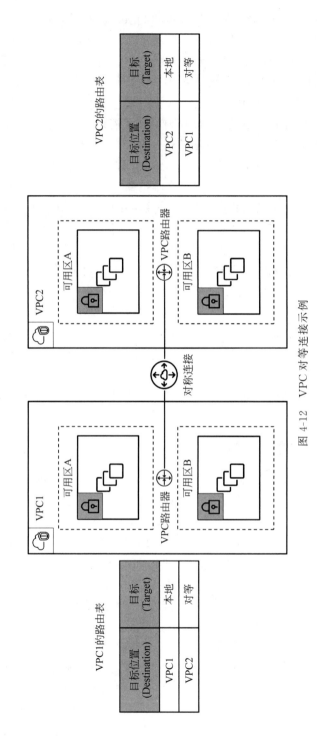

图 4-12 VPC 对等连接示例

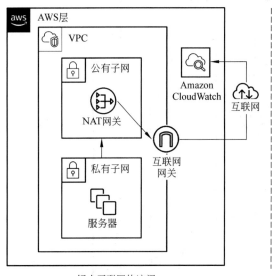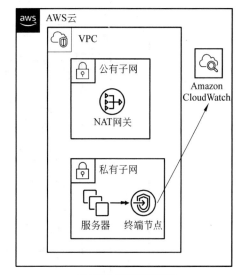

经由互联网的访问　　　　　　　　在AWS网络内部的访问

图 4-13　对比访问 AWS 服务的两种方法

VPC 终端节点有以下 3 种类型。

（1）网关终端节点（Gateway Endpoint）：这种类型的终端节点在路由表中作为指向服务的流量路由目标。它主要用于与 Amazon S3 和 DynamoDB 等服务进行连接。

（2）接口终端节点（Interface Endpoint）：接口终端节点由 AWS PrivateLink 提供支持，使用弹性网络接口（ENI）作为指向服务的流量入口点。接口终端节点通常通过与服务关联的公有或私有 DNS 名称进行访问。

（3）网关负载均衡器终端节点（Gateway Load Balancer Endpoint）：网关负载均衡器终端节点与接口终端节点类似，也使用 AWS PrivateLink 和 ENI。它们允许 VPC 与网关负载均衡器建立私有连接，由这些负载均衡器将流量分发到后端的 AWS 服务。

本节将首先介绍网关终端节点。

网关 VPC 终端节点可以为 VPC 提供与 Amazon S3 和 DynamoDB 的可靠连接，而无须提供互联网网关或 NAT 设备。与其他类型的 VPC 终端节点不同，网关终端节点不使用 AWS PrivateLink。

图 4-14 显示了实例如何通过其公有服务器端点访问 Amazon S3 和 DynamoDB。从公有子网中的实例流向 Amazon S3 或 DynamoDB 的流量路由到 VPC 的互联网网关，然后路由到服务。私有子网中的实例无法向 Amazon S3 或 DynamoDB 发送流量，因为根据定义，私有子网没有通往互联网网关的路由。若要使私有子网中的实例能够向 Amazon S3 或 DynamoDB 发送流量，则需要向公有子网添加 NAT 设备并将私有子网中的流量路由到 NAT 设备。当流向 Amazon S3 或 DynamoDB 的流量遍历互联网网关时，它不会离开 AWS 网络。

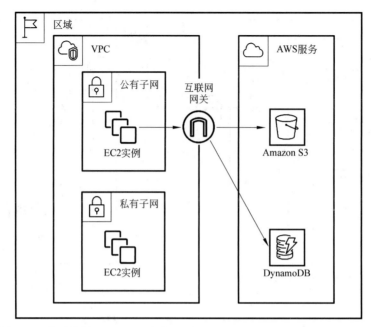

图 4-14　在默认情况下，VPC 流向 S3 或 DynamoDB 的流量通过互联网网关

　　图 4-15 显示了实例如何通过网关终端节点访问 Amazon S3 和 DynamoDB。从 VPC 流向 Amazon S3 或 DynamoDB 的流量将被路由到网关终端节点。使用网关终端节点不会产生任何额外费用。

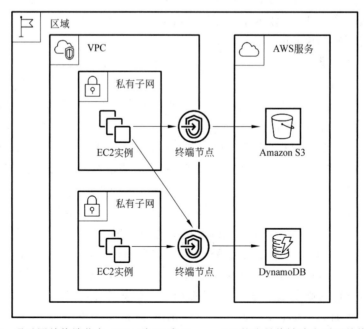

图 4-15　通过网关终端节点，VPC 到 S3 或 DynamoDB 的流量将被路由到网关终端节点

网关终端节点是一个网关,它是路由表中指定路由的目标,用于发往受支持的 AWS 服务(如 Amazon S3 或 Amazon DynamoDB)的流量。该路由使用服务的前缀列表将以服务为目的地的流量发送到网关终端节点,见表 4-11。

表 4-11 用于指定网关终端节点的路由条目

目标位置(Destination)	目标(Target)
prefix_list_id	gateway_endpoint_id

要创建和设置网关终端节点,首先必须指定要连接的 VPC 和服务,然后将终端节点策略附加到终端节点,该策略允许对要连接的部分或全部服务进行访问。接下来,可以指定一个或多个路由表来控制 VPC 与其他服务之间流量的路由。使用这些路由表的子网可以访问终端节点,从这些子网中的实例到服务的流量将通过终端节点进行路由。

在单个 VPC 中可以创建多个终端节点(例如,针对多项服务),也可以为单项服务创建多个终端节点,并使用不同的路由表针对从不同子网到同一服务的流量强制执行不同的访问策略。

创建终端节点后,可以修改已附加到终端节点的终端节点策略,并添加或删除终端节点使用的路由表。如果在创建终端节点时不附加策略,则会自动附加一个默认策略来允许对服务进行完全访问。终端节点策略不会覆盖或取代 IAM 用户策略或特定于服务的策略(如 S3 存储桶策略)。它是一个单独策略,采用的是 JSON 格式,用于控制从终端节点对指定服务进行访问。默认的访问策略为"完全访问",代码如下:

```
{
    "Version": "2008-10-17",
    "Statement": [
        {
            "Effect": "Allow",
            "Principal": "*",
            "Action": "*",
            "Resource": "*"
        }
    ]
}
```

仅在同一区域内支持终端节点。无法在 VPC 和其他区域内的服务之间创建终端节点。此外,与接口终端节点不同,无法将网关终端节点连接扩展到 VPC 之外。VPC 中 VPN 连接、VPC 对等连接、中转网关、AWS Direct 连接另一端的资源,不能使用终端节点来与终端节点服务中的资源通信。这些都是在设计和实施 AWS 网络安全策略时需要考虑的重要因素。

【示例 4-1】 网关终端节点策略,允许所有用户访问指定的 S3 存储桶。

这个策略允许所有的主体(由于 Principal 被设置为"*")对名为 my_secure_bucket 的

S3 存储桶执行 GetObject 和 PutObject 操作，代码如下：

```
{
  "Statement": [
    {
      "Sid": "Access-to-specific-bucket-only",
      "Principal": "*",
      "Action": [
        "s3:GetObject",
        "s3:PutObject"
      ],
      "Effect": "Allow",
      "Resource": [
        "arn:aws:s3:::my_secure_bucket",
        "arn:aws:s3:::my_secure_bucket/*"]
    }]
}
```

【示例 4-2】 通过基于资源的策略获得终端节点访问权限。

在这个示例中展示了如何使用存储桶策略来控制从特定 VPC 终端节点或特定 VPC 对存储桶的访问。需要注意的是，对于通过 VPC 终端节点向 S3 发出的请求，不能在存储桶策略中使用 aws:SourceIp 条件，因为此条件无法匹配任何指定的 IP 地址或 IP 地址范围，可能不会达到预期的效果，因此，需要调整存储桶策略，以限制对特定 VPC 或特定 VPC 终端节点的访问。

这个示例策略允许从终端节点 vpce-1a2b3c4d 访问特定的存储桶 my_secure_bucket。如果请求没有使用指定的终端节点，则该策略将拒绝对存储桶的所有访问。值得注意的是，aws:sourceVpce 条件并不需要 VPC 终端节点资源的 ARN，而只需终端节点 ID，代码如下：

```
{
  "Statement": [
    {
      "Sid": "Access-to-specific-VPCe-only",
      "Principal": "*",
      "Action": "s3:*",
      "Effect": "Deny",
      "Resource": [
        "arn:aws:s3:::my_secure_bucket",
        "arn:aws:s3:::my_secure_bucket/*"
      ],
      "Condition": {
        "StringNotEquals": {
          "aws:sourceVpce": "vpce-1a2b3c4d"
        }
      }
    }
  ]
}
```

　　在 AWS 管理控制台中创建新的 VPC 时，可以创建一个支持 S3 的网关终端节点，如图 4-16 所示。这样，在创建 VPC 的同时，新 VPC 的路由表会添加相应的路由条目，并创建一个完全访问策略。随后，可以根据需要随时修改此策略。

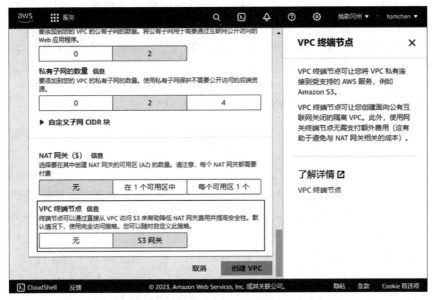

图 4-16　创建新 VPC 的时候同时创建访问 S3 的网关终端节点

　　当手动创建访问 S3 的终端节点时会发现除了网关类型终端节点之外，S3 还支持接口类型终端节点，如图 4-17 所示。它们都可用于从 VPC 访问 S3，但它们的工作方式和适用场景有所不同。

图 4-17　Amazon S3 同时支持网关终端节点和接口终端节点

　　（1）网关终端节点：网关终端节点是在路由表中指定的网关，用于通过 AWS 网络从 VPC 访问 S3。这种类型的终端节点适合于需要通过 AWS 网络访问 S3 的场景。

　　（2）接口终端节点：接口终端节点通过私有 IP 地址将请求从 VPC 内部、本地或其他 AWS 区域中的 VPC 使用 VPC 对等连接或 Amazon Transit Gateway 路由到 S3，从而扩展网关终端节点的功能。接口终端节点由 AWS PrivateLink 提供支持,使用该技术能够通过私有 IP 地址私下访问服务。这种类型的终端节点适合于需要从 VPC 内部、本地或其他 AWS 区域中的 VPC 访问 S3 的场景。

选择哪种类型的终端节点取决于具体需求和应用场景。如果需要从 VPC 内部访问 S3,并且希望所有网络流量都被保留在 AWS 网络内,则接口终端节点可能是一个好选择。如果只需通过 AWS 网络从 VPC 访问 S3,则网关终端节点可能更适合,而且是免费的。

提示:AWS 于 2015 年推出网关终端节点,于 2021 年 2 月推出接口终端节点。

4.7.3　VPC 的接口终端节点与私有链接

网关终端节点在 2015 年发布。在 VPC 内配置一个网关类型的终端节点并在路由表中增加一条路由,内部子网可通过本路由条目访问 S3 或 DynamoDB 的终端节点,并且还可保持本子网没有其他外网访问策略。这种方式的局限性是只能对 VPC 内的服务有效,如果要访问 S3 的客户端位于另外一个 AWS Region 的 VPC 内,或者位于私有 IDC,当时是无法实现直接访问的,则需要在配置了网关终端节点的 VPC 内部署代理,并通过此代理访问 S3。由此带来了架构的复杂性。

在 2021 年 2 月,AWS 引入了对 S3 接口终端节点模式的支持。在这种模式下,S3 的访问节点可以被映射为 VPC 内部的一个弹性网络接口(ENI)。这意味着用户可以直接在其他 AWS 区域的 VPC 内或者 IDC 内调用此地址,从而实现对 S3 的访问。这种创新的设计大大地简化了架构设计的复杂性。值得一提的是,除了 S3 之外,AWS 的许多其他原生服务也支持终端节点模式,这进一步增强了 AWS 的灵活性和易用性。

网关终端节点和接口终端节点的主要区别在于工作方式和适用场景,如图 4-18 所示。

(1) 网关终端节点:网关终端节点是一个网关,作为在路由表中指定的路由的目标,用于发往受支持的 AWS 服务的流量。网关终端节点支持 Amazon S3、DynamoDB 等服务。这种类型的端点适合于需要通过 AWS 网络访问 S3 的场景。

(2) 接口终端节点:接口终端节点是一个弹性网络接口,具有来自子网 IP 地址范围的私有 IP 地址,用作发送到受支持的服务的通信的入口点。接口终端节点由 AWS PrivateLink 提供支持,该技术可以通过私有 IP 地址私下访问服务。这种类型的端点适合于需要从 VPC 内部、本地或其他 AWS 区域中的 VPC 访问 S3 的场景。

AWS PrivateLink 是一项高度可用的可扩展技术,可用于将 VPC 私密地连接到服务,如同这些服务就在 VPC 中一样。无须使用互联网网关、NAT 设备、公有 IP 地址、AWS Direct Connect 连接或 AWS Site-to-Site VPN 连接来允许与私有子网中的服务进行通信,因此,可以控制可从 VPC 访问的特定 API 端点、站点和服务,如图 4-19 所示。

图 4-19 的左侧的 VPC 拥有位于一个私有子网中的多个 EC2 实例和 3 个接口终端节点(表现为 ENI)。顶层的终端节点被连接到一项 AWS 服务。中间的终端节点被连接到由其他 AWS 账户托管的服务(VPC 端点服务)。底层的终端节点被连接到 AWS Marketplace 合作伙伴服务。

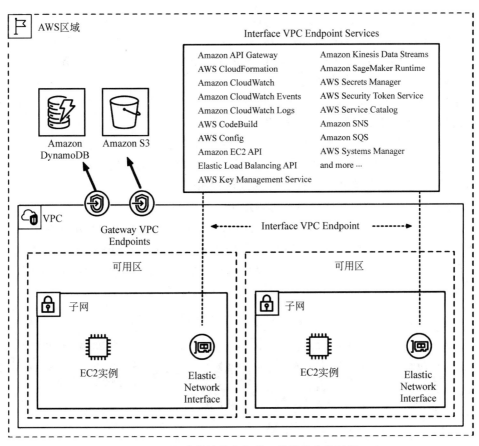

图 4-18　网关终端节点与接口终端节点的区别

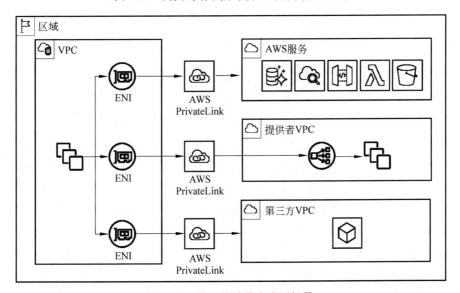

图 4-19　接口终端节点应用场景

　　接口终端节点是一种具有私有 IP 地址的弹性网络接口，如果流量要发往由 AWS PrivateLink 提供技术支持的服务，则会从这里进入。这些服务包括一些 AWS 服务、由其他 AWS 客户和合作伙伴在其自己的 VPC 中托管的服务（称为终端节点服务），以及受支持的 AWS Marketplace 合作伙伴服务。

　　由于接口终端节点是网络接口，所以可以指定要与终端节点关联的安全组。如果未指定安全组，则 AWS 将关联 VPC 的默认安全组。

　　在创建终端节点时，可以为其附加终端节点策略，以便控制对连接服务的访问。如果在创建终端节点时未附加策略，AWS 则会默认附加一个策略，允许对服务进行全面访问。值得注意的是，终端节点策略并不会覆盖或替换 IAM 用户策略或基于资源的策略，它是一个独立的策略，专门用于控制从终端节点对特定服务的访问。每个终端节点只能附加一个策略，但可以随时修改这个策略。如果修改了策略，则所做的更改可能需要几分钟才能生效。

　　下面是一个 CloudWatch Logs 的终端节点策略示例。这个策略允许 IAM 用户 Tom 通过 VPC 连接到 CloudWatch Logs，以创建日志流并将日志发送到 CloudWatch Logs，同时防止他执行其他 CloudWatch Logs 操作，代码如下：

```
{
  "Statement": [
    {
      "Sid": "PutOnly",
      "Principal": {
        "AWS": "arn:aws:iam::123456789012:user/tom"
      },
      "Action": [
        "logs:CreateLogStream",
        "logs:PutLogEvents"
      ],
      "Effect": "Allow",
      "Resource": "*"
    }]
}
```

　　提示：并非所有服务都支持终端节点策略。

　　AWS 接口终端节点为软件即服务（SaaS）提供商在 AWS 上构建高度可扩展且安全的服务提供了支持。这使 SaaS 提供商能够提供如同直接托管在私有网络上一样的服务。SaaS 提供商可以使用 NLB 找到 VPC 中可以代表其终端节点服务的实例，然后 AWS 的客户可以获得终端节点服务的访问权限，并在自己与该终端节点服务关联的 VPC 中创建接口 VPC 终端节点。这样，客户就可以在自己的 VPC 内私下访问 SaaS 提供商的服务。

　　随着客户在 AWS 上部署工作负载，工作负载之间往往会出现常见的服务依赖关系。这些共享服务包括安全服务、日志记录、监控、开发运营工具和身份验证等。客户可以将这些常见的服务抽象成独立的 VPC，并在独立 VPC 的工作负载中进行共享，包含和共享常见服务的 VPC,通常称为共享服务 VPC。按照传统做法,VPC 内部的工作负载会使用 VPC 对等连接访问共享服务 VPC 中的常见服务。

接口终端节点提供了一种安全且具有高度可扩展性的机制,这种机制可以将共享服务 VPC 中的常见服务设定为终端节点服务,并供独立 VPC 中的工作负载使用。这些终端节点服务的提供者被称为服务提供商。值得一提的是,接口终端节点服务具有很高的可扩展性,可以供数千个 VPC 使用。

在混合云解决方案中,本地应用程序可以通过 Direct Connect 或 AWS VPN 与 VPC 中的接口终端节点建立连接。接口终端节点通过 PrivateLink 将流量安全地传输到 AWS 服务,同时确保网络流量始终在 AWS 网络内部。对于在某一区域内托管服务的客户和 SaaS 提供商,他们可以通过区域间 VPC 对等连接将服务扩展到其他区域。区域间 VPC 对等的流量通过亚马逊的私有光纤网络进行传输,这确保了服务可以私密地与远程区域中的 AWS PrivateLink 终端节点服务进行通信,因此,服务使用者可以使用本地的接口 VPC 终端节点,连接到远程区域中的 VPC 中的终端节点服务。

接口终端节点的计费方式与免费的网关终端节点有所不同,它按照 3 个不同的维度进行计费:每个区域的每个终端节点、部署终端节点的每个可用区及处理的数据量(包括入站和出站)。值得注意的是,每部分的 VPC 终端节点小时都会按照完整的小时进行计费。

4.7.4　VPC 的网关负载均衡器终端节点

网关负载均衡器终端节点与接口终端节点类似,它们都由 AWS PrivateLink 提供支持,并使用弹性网络接口(ENI)作为指向服务的流量入口点。与接口终端节点不同的是,进出网关负载均衡器端点的流量是使用路由表配置的,这与网关终端节点类似。

网关负载均衡器终端节点是一个 VPC 终端节点,它在服务提供商 VPC 中的虚拟设备与服务使用者 VPC 中的应用程序服务器之间提供私有连接。它的工作原理是,将流量引导到一个或多个网关负载均衡器,这些负载均衡器再将流量分发到后端的 AWS 服务。这种方式可以有效地处理大量的并发连接,并且可以自动处理故障转移,以确保服务的连续可用性,如图 4-20 所示。

图 4-20 右边的这些安全虚拟设备是一组安装相关软件的 EC2 实例,它们可用于安全检查、合规性、策略控制和其他网络服务。网关负载均衡器被部署在与虚拟设备相同的 VPC 中。向网关负载均衡器的目标组注册这些虚拟设备。进出网关负载均衡器端点的流量是使用路由表配置的。流量通过网关负载均衡器端点从服务使用者 VPC(左边)流向服务提供商 VPC(右边)中的网关负载均衡器,然后返回服务使用者 VPC。必须在不同的子网中创建网关负载均衡器端点和应用程序服务器。

从互联网到应用程序服务器的流量(从图 4-20 的顶部开始):

(1)流量通过互联网网关进入服务使用者 VPC。

(2)根据路由表配置,将流量发送到网关负载均衡器端点。

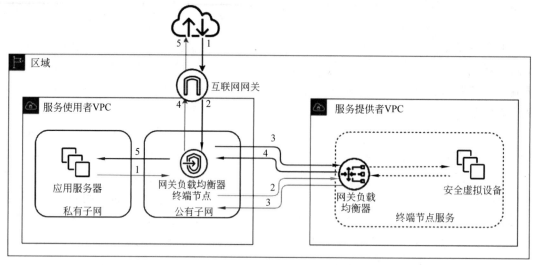

图 4-20 网关负载均衡器终端节点示例

（3）将流量发送到网关负载均衡器，然后分配给安全设备以进行检查。

（4）检查完成后，将流量发送回网关负载均衡器端点。

（5）根据路由表配置，将流量发送到应用程序服务器。

从应用程序服务器到互联网的流量（从图 4-20 的左边开始）：

（1）根据路由表配置，将流量发送到网关负载均衡器端点。

（2）将流量发送到网关负载均衡器，然后分配给安全设备以进行检查。

（3）检查完成后，将流量发送回网关负载均衡器端点。

（4）根据路由表配置，将流量发送到互联网网关。

（5）流量被路由回互联网。

网关负载均衡器终端节点的应用场景主要包括以下几种。

（1）流量分发：将高访问量的业务通过负载均衡分发到多台后端服务器上。

（2）消除单点故障：当其中一部分后端服务器不可用时，负载均衡可自动屏蔽故障的实例，保障应用系统正常工作。

（3）提供伸缩性（扩展性）：通过添加或减少服务器数量实现。

（4）安全防护：在负载均衡设备上做一些过滤，以及黑白名单等的处理。

此外，网关负载均衡器终端节点还支持对流量进行深度包检查和过滤，这对于防止恶意流量和维护网络安全至关重要。通过网关负载均衡器终端节点，可以在不牺牲性能的情况下，实现对网络流量的细粒度控制。

无论是网关终端节点、接口终端节点，还是网关负载均衡器终端节点都提供了一种安全、高效的方式，在 AWS 环境中共享资源和数据。在选择使用哪种类型的 VPC 终端节点时，需要根据具体的应用场景和需求进行决定。

4.8　VPC 流量镜像

在 AWS 的世界里,有多种工具和服务可以用来监控 VPC 中的网络流量和访问情况。例如,可以使用流量镜像(Traffic Mirroring)、CloudTrail 日志及 VPC 流日志(VPC Flow Log)等工具。在本章节中,将重点学习如何使用流量镜像来监控网络流量。至于 CloudTrail 日志和 VPC 流日志等其他工具的使用方法,将在第 8 章监控、日志收集和审计中进行详细学习和讨论。

4.8.1　网络流量监控和分析概述

在运行复杂网络时,需要监视网络入侵、受损实例或其他异常的异常流量模式。物理和虚拟路由上的交换机、路由器和网关的复杂设计可能会导致网络拥塞。

在传统的本地网络中,数据包检查通常是通过在物理交换机或集线器上的端口镜像完成的,例如配置交换端口分析器(Switched Port Analyzer,SPAN)或安装测试接入点(Test Access Point,TAP),然而,正如 AWS 责任共担模型中所述,AWS 不向客户提供对任何物理网络组件的直接访问。

为了解决这个问题,AWS 提供了一种称为 VPC 流量镜像的功能,它在概念上与传统网络端口镜像类似。VPC 流量镜像可以将 EC2 实例上的弹性网络接口(ENI)发送或接收的每个 IP 数据包复制到流量镜像目标。流量镜像目标可以是带外安全设备、监控设备或网络负载均衡器。

这种功能能够大规模地捕获和检查网络流量,并提供用于故障排除和入侵检测及其他类型的威胁监控和内容检查的数据。这将有助于以下方面:

(1)通过从 VPC 中的任何工作负载中提取感兴趣的流量并将其路由到选择的检测工具,以此来检测网络和安全异常。与传统的基于日志的工具相比,可以更快地检测和响应攻击。

(2)获得运营洞察并提供网络可见性和控制,从而能够做出更明智的安全决策。

(3)实施合规性和安全控制,以满足强制监控、日志记录等的法规和合规性要求。

(4)解决问题并在内部镜像应用程序流量以进行测试和故障排除。

VPC 流量镜像可以直接访问流经 VPC 的网络数据包,以帮助分析网络流量并将其与 VPC 流日志进行比较,以确保为给定的操作任务选择正确的技术。可以选择捕获所有流量,或者可以使用过滤器捕获特别感兴趣的数据包,并可以选择限制每个数据包捕获的字节数。

在多账户 AWS 环境中,可以使用 VPC 流量镜像捕获来自分布在多个 AWS 账户的 VPC 的流量,然后将其路由到中央 VPC 进行检查。

可以使用 Suricata 和 Zeek 等开源工具来监控来自 EC2 实例的网络流量。这些开源工具支持 VXLAN 解封装,并且可以大规模地使用它们来监控 VPC 流量。

4.8.2 VPC 流量镜像概述

VPC 流量镜像是一种在与 EC2 实例关联的 VPC 网络接口上创建流量副本的功能,用于捕获入站和出站网络流量,而不会导致任何延迟或改动基础设施。

1.流量镜像源

流量镜像源是 EC2 实例的网络接口,AWS 从中复制网络流量。VPC 流镜像支持使用弹性网络接口(ENI)作为镜像源。

2.流量镜像目标

流量镜像目标是镜像流量的目的地。流量镜像目标可以是网络接口、网络负载均衡器或网关负载均衡器终端节点,分别如图 4-21、图 4-22 和图 4-23 所示。可以将复制的流量流式传输到任何网络数据包收集器或分析工具,而无须安装特定于供应商的代理。

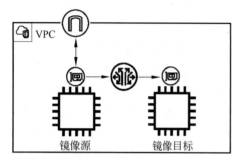

图 4-21　流量镜像目标是网络接口

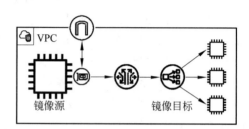

图 4-22　流量镜像目标是网络负载均衡器

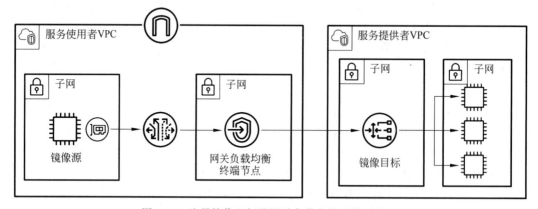

图 4-23　流量镜像目标是网关负载均衡器终端节点

3.流量镜像过滤器

选择源和目标后,需要配置适当的过滤器。流量镜像过滤器是一组规则,用于定义在流量镜像会话中复制的流量。在默认情况下,不镜像任何流量。如果要镜像流量,则需要将流量镜像规则添加到过滤器。过滤器可以指定协议、源端口和目标端口的范围及源端口和目标端口的 CIDR 块。规则在特定镜像会话的范围内按顺序编号和处理。

4. 流量镜像会话

流量镜像会话通过流量镜像过滤器在流量镜像源和流量镜像目标之间建立关系。创建流量镜像会话后,所有符合筛选规则的流量均会被封装在一个 VXLAN 标头内并发送到相关目标。确保在与流量镜像目标关联的安全组中,允许来自流量镜像源的 VXLAN 流量(UDP 端口 4789)。

每个特定的数据包只会被镜像一次,尽管可以在同一源上设置多个流量镜像会话。这在希望将流量镜像源的子集镜像到不同的工具时非常有用。

例如,可以设置一个优先级较高的流量镜像会话,过滤出 HTTP 流量并将其发送到特定的监控设备。同时,可以设置一个优先级较低的流量镜像会话,过滤出所有其他 TCP 流量,并将其发送到另一个监控设备。

流量镜像会话是根据在创建会话时定义的升序会话编号进行评估的。第 1 个匹配(接受或拒绝)的规则将决定数据包的去向。这意味着,如果一个数据包符合多个会话的过滤条件,则编号较小的会话将优先处理该数据包。

镜像网络流量受连接性考虑因素的影响。源和目标可以共享一个 VPC,也可以存在于具有区域内 VPC 对等连接或中转网关的不同 VPC 中。流量目标不必与源共享 AWS 账户,因此,用户在实施 VPC 流量镜像之前必须了解管理路由的 AWS 规则。使用源 VPC 路由表将镜像流量发送到流量镜像目标。在配置流镜像之前,要确保流镜像源可以被路由到流镜像目标。

4.8.3 VPC 流量镜像的应用场景

流量镜像主要有以下几个应用场景:

(1)性能监控和网络可见性:可以利用流量镜像来分析特定的流量模式,以便识别应用程序层或 EC2 实例之间可能存在的任何易受攻击的盲点或阻塞点。

(2)故障排除:通过从 VPC 中的任何工作负载中提取感兴趣的流量,并将其发送到合适的工具,可以更快地检测和响应那些传统的以日志为中心的工具可能会错过的攻击。分析实际的数据包可以帮助进行性能问题的根本原因分析,并协助诊断网络问题。这提供了超出 VPC 流日志所能提供的可见性。

(3)安全监控:可以利用数据包检查、签名分析、异常检测和基于机器学习的技术进行安全监控,为网络流量提供进一步的保护、威胁预防和网络取证。例如,VPC 流量镜像可以提供对精细网络流量的访问,从而检测来自内部威胁、严重的错误配置和新型勒索软件的攻击。

(4)缩短响应时间:可以使用合适的工具来检测、提取和响应来自 VPC 中任何工作负载的感兴趣流量,从而缩短响应时间,而传统的以日志为中心的工具可能会错过这一点。

流量镜像的主要优势包括以下几点。

(1)简化操作:可以镜像任意范围的 VPC 流量,而无须管理 EC2 实例上的数据包转发代理。

（2）增强安全性：数据包在弹性网络接口处被捕获，无法从用户空间禁用或篡改。

（3）增加监控选项：可以将镜像流量发送到任何安全设备。

提示：AWS Marketplace 现已上线了许多专业安全厂商的分析工具。用户可以直接订阅这些工具，并将它们设置为流量镜像的目标，以便对捕获的流量深入地进行检测和分析。

4.9 AWS VPN 服务

在典型的混合云环境中，部分数据、应用程序和资源位于云中，而其余部分则保留在本地。客户端可以直接连接到云，员工也可以从公司数据中心访问云。为确保混合环境在 AWS 上的安全性和防护能力，可以利用多项服务来为 Web 应用程序和数据提供保护和高可用性。在构建 AWS 混合云架构时，通常会利用 AWS Site-to-Site VPN、AWS Storage Gateway、AWS Direct Connect 和 AWS Transit Gateway 等功能和服务，将本地数据中心与 AWS 云相连接。

在本节中，将重点探讨如何利用 AWS 提供的 VPN 服务来构建混合云架构，如图 4-24 所示。

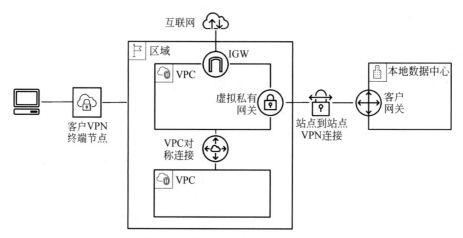

图 4-24　通过 VPN 构建混合云架构

4.9.1　AWS 站点到站点 VPN

站点到站点 VPN（Site-to-Site VPN）能够在两个或多个网络之间通过公共网络（如互联网）建立安全的、私密的连接。这种连接就像一条隧道，可以保护通过它传输的数据不被外部网络访问或窃取。通常情况下，除非有特殊的合规性要求，建议使用 AWS 托管的站点到站点 VPN 解决方案。

AWS 托管的站点到站点 VPN 连接利用 IPsec 协议在本地数据中心内网与 AWS 之间通过互联网建立加密网络连接。如果对带宽的要求不高（目前 AWS 每条 VPN 隧道最高支持 1.25Gb/s 的吞吐量），并且可以接受互联网连接固有的易变性，则 VPN 连接是一个不错的解决方案，然而，如果希望网络带宽更为可靠、一致，则私有连接（不涉及互联网的连接，例如 AWS Direct Connect）可能是更好的选择。为了进一步保护 VPN 连接的安全，可以使用仅限 VPN 连接的子网，方式是修改子网路由表以限制 VPN 用户对资源的访问，如图 4-24 所示。借助 AWS 托管的 VPN 连接，还可以获得几个优势，包括 CloudWatch 指标、客户网关的可重用 IP 地址及其他加密选项，如 AES 256 位加密和 SHA-2 哈希及可配置的隧道选项。

VPN 连接由两个终端节点组成：

（1）虚拟私有网关（Virtual Private Gateway，VGW）是站点到站点 VPN 连接的 AWS端的 VPN 连接器。它是一种逻辑网络设备，允许创建从 VPC 到本地数据中心的 IPsec VPN 隧道。

（2）客户网关（Customer Gateway，CGW）是 VPN 连接的远程网络端上的硬件设备或软件应用程序。如果要创建 VPN 连接，则必须在 AWS 中创建一个客户网关资源，用以向 AWS 提供有关远程网络网关设备的信息。

当创建 VPN 连接时，AWS 会提供所需的配置信息，网络管理员通常会在客户网关上执行此配置。当流量从 VPN 连接的远程网络端生成时，VPN 隧道将出现。虚拟私有网关不是启动程序；客户网关必须启动隧道。如果 VPN 连接经历一段空闲时间（通常为 10s，具体取决于配置），隧道就会关闭。为了防止发生这种情况，可以使用网络监控工具（如使用 Cisco 网络设备的 IP SLA 功能）来生成保持连接 Ping 信号。

需要注意的是，对于 AWS 托管的 VPN，除了每 VPN 隧道支持最高 1.25Gb/s 的吞吐量上限之外，它不支持出口数据路径的等价多路径（ECMP）（在多个 AWS 托管的 VPN 隧道终止于同一 VGW 的情况下）。

4.9.2　AWS 客户端 VPN

AWS 客户端 VPN 是一项完全托管的服务，允许客户通过基于 OpenVPN 的客户端，从任何位置安全地访问 AWS 资源，包括 VPC 子网、对等 VPC、服务终端节点等。这种高度可用、可扩展且按实际使用量付费的服务，对于远程最终用户连接到 AWS 非常有帮助。

AWS 客户端 VPN 可以无缝地扩展至多个用户，无须获取或管理任何许可证或其他基础设施。这对于高峰工作负载（例如全天员工连接流）至关重要。

配置 AWS 客户端 VPN 解决方案的第 1 步是创建一个客户端 VPN 终端节点（该终端节点是一个区域性构造），并将其与一个 VPC 子网关联，如图 4-24 所示。可以将多个 VPC子网关联到同一终端节点，但每个子网都需要来自同一 VPC 且驻留在不同的可用区中。已关联 VPC 子网的路由将被自动添加到客户端 VPN 路由表。客户端使用此终端节点配置其 OpenVPN 应用程序进行连接。

接下来，需要输入信息进行身份验证。如果身份验证成功，则客户端将会连接到客户端 VPN 终端节点并建立 VPN 会话。AWS 客户端 VPN 支持通过证书的相互身份验证和通过与 AWS Directory Service 集成的基于 Active Directory 的身份验证。

对于授权，客户端 VPN 支持两种类型的授权：安全组和基于网络的授权（使用授权规则）。当将子网与客户端 VPN 终端节点关联时，AWS 会自动应用 VPC 的默认安全组。

可以添加规则以允许来自应用于关联的安全组的流量，从而使客户端 VPN 用户能够在 VPC 中访问应用程序。使用授权规则实施基于网络的授权。对于每个要启用访问权限的网络，必须配置授权规则来限制具有访问权限的用户。如果已存在路由且授权规则允许，则客户端还可以访问位于对等 VPC 中的其他资源。

4.10 AWS Route 53 服务

面向互联网的 DNS 服务需要具备高安全性、高可用性及抵御 DDoS 攻击的能力。可以选择在 EC2 实例上构建自己的 DNS 服务，如使用开源的 BIND，或者使用 AWS 提供的名为 Route 53 的 DNS 托管服务。

Route 53 是一种高度可用且可扩展的 DNS、域名注册和运行状况检查 Web 服务。它的目标是为开发人员和企业提供一种极其可靠且经济高效的方式，将最终用户路由到互联网应用程序，这是通过将域名解析成 IP 地址实现的。

此外，还可以通过 Route 53 购买和管理域名，并自动为域配置 DNS 设置。Route 53 能够有效地将用户请求连接到 AWS 中运行的基础设施，同时也支持将用户路由到 AWS 外部的基础设施。

4.10.1 AWS 域名解析概述

默认的 VPC 或者通过管理控制台新创建的 VPC 都包含两个 DNS 属性，如图 4-25 所示。

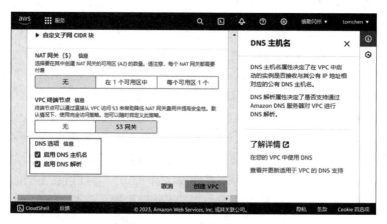

图 4-25　VPC 的 DNS 选项

（1）DNS 主机名：决定在 VPC 中创建的实例是否接收与其公有 IP 地址相对应的公有

DNS 主机名。

（2）DNS 解析：决定是否支持通过 Amazon DNS 服务器对 VPC 进行 DNS 解析。大多数客户选择让 AWS 提供其 DNS 解析。

此外，VPC 中设置的默认动态主机配置协议（DHCP）有两个选项，如图 4-26 所示。

图 4-26　VPC 的 DHCP 选项集

（1）domain-name-servers＝AmazonProvidedDNS。

AmazonProvidedDNS 是一个特殊的 DNS 服务器，由 AWS 提供，用于在 VPC 内部解析 DNS 查询。AmazonProvidedDNS 也被称为 Route 53 Resolver，内置于 AWS 区域内的每个可用区中。它位于 169.254.169.253（IPv4）、fd00:ec2::253（IPv6）及预置到"VPC＋2"的私有 IPv4 地址（例如 10.0.0.2）。当在 VPC 中创建实例时，AWS 会为该实例提供一个私有 DNS 主机名。如果该实例配置了一个公有 IPv4 地址并且启用了 VPC DNS 属性，AWS 则还会提供一个公有 DNS 主机名。

（2）domain-name＝domain-name-for-your-region。

这个选项表示客户端在使用域名系统（DNS）解析主机名时应使用的域名。例如，对于运行在美国东部（us-east-1）的 EC2 实例，公共（外部）DNS 主机名的形式为 ec2-public-ipv4-address.compute-1.amazonaws.com，对于其他区域，形式为 ec2-public-ipv4-address.region.compute.amazonaws.com。

根据 VPC 的 DNS 主机名设置，VPC 中的任何 EC2 实例都可以分配两个 DNS 名称。一种是内部的，这意味着它解析为实例的私有 IP 地址。另一种是解析为公共 IP 地址的外部 DNS 名称（假设实例配置为接收公共 IP 地址）。这些解析由 Route 53 服务处理，因此无须设置或管理 DNS 服务器，如图 4-27 所示。

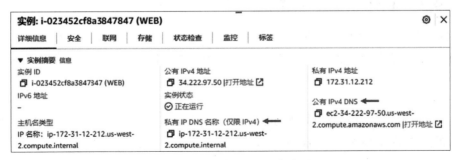

图 4-27　实例的 DNS 名称

4.10.2 AWS Route 53 的托管区域

在 AWS 中，可以使用私有或公共 DNS 主机名来引用资源，例如 ip-172-31-12-34.us-west-2.compute.internal、ec2-34-123-45-67.us-west-2.compute.amazonaws.com，然而，这些对于用户来讲并不是特别友好。此外，许多组织希望使用自己的域名，无论是用于内部使用还是用于面向互联网的资源。在这种情况下，可以使用托管区域将自定义域名关联到 VPC。托管区域有以下两种类型。

（1）公共托管区域：公共托管区域是一个"容器"，其中包含的信息说明希望如何路由特定域（如 example.com）及其子域（如 aaa.example.com 和 bbb.example.com）的互联网流量。创建托管区域后，需要创建资源记录以指定如何路由该域及其子域的流量。只能为有权管理的域创建托管区域。

（2）私有托管区域：私有托管区域也是一个"容器"。在其中创建资源记录，用于确定 Route 53 如何响应 VPC 中的域及子域的 DNS 查询。例如，假设有一个数据库服务器，该服务器在与私有托管区关联的 VPC 中的 EC2 实例上运行。创建 A 或 AAAA 记录（如 db.example.com），并指定数据库服务器的 IP 地址。

选择公共托管区域或私有托管区域，需要考虑以下因素：

（1）如果既要允许来自互联网的流量找到 AWS 资源，但又不想自己管理 DNS 服务器，则可以使用公共托管区域。

（2）如果只需在各个 VPC 内使用 DNS 名称来引用资源（不需要互联网访问这些 DNS 名称），就可以使用私有托管区域。

（3）如果要在私有托管区域中使用自定义 DNS 名称，则 enableDnsHostnames 和 enableDnsSupport 属性必须被设置为 true。

（4）在创建私有托管区域时，必须将 VPC 与托管区域关联，并且指定的 VPC 必须是使用用于创建托管区域的同一账户创建的。

（5）创建托管区域后，可以将其他 VPC 与其关联，包括使用不同 AWS 账户创建的 VPC。

4.10.3 AWS Route 53 的安全

DNS 作为互联网的核心服务之一，经常成为攻击者的目标。DNSSec 和 Route 53 解析器 DNS 防火墙，它们可以帮助提高 DNS 的安全性，防止 DNS 缓存中毒、DNS 欺骗等常见的网络攻击。

1. DNSSec

DNS 承载着域名和 IP 地址之间的映射关系，然而，恶意攻击者可能会利用 DNS 的这一特性，通过伪造 DNS 响应或 DNS 记录，导致计算机被引导到错误的服务器，其中，DNS 缓存中毒和 DNS 欺骗是最常见的攻击手段。

（1）DNS 缓存中毒（Cache Poisoning）：攻击者通过向 DNS 服务器发送伪造的 DNS 响应，使其存储错误的 IP 地址。当查询特定网站的 IP 地址时，DNS 服务器会返回错误的 IP

地址,从而导致连接到攻击者的服务器。

(2) DNS 欺骗(DNS Spoofing):攻击者通过伪造 DNS 记录,使在查询特定网站的 IP 地址时,得到错误的 IP 地址,从而连接到攻击者的服务器。

这两种攻击手段都会导致被引导到错误的服务器,因此,需要采取一些措施来防止这种攻击,例如使用 DNSSEC 等技术。

域名系统安全扩展(Domain Name System Security Extensions,DNSSEC)是 DNS 的一项功能,它通过数字签名(基于公钥加密)提供身份验证来增强协议的安全性。Route 53 支持公共托管区域的 DNSSEC 签名,支持 Route 53 解析器的 DNSSEC 验证。这有助于防止 DNS 缓存中毒和 DNS 欺骗等攻击。

2. Route 53 解析器 DNS 防火墙

在默认情况下,VPC 中发出的查询将被定向到 Route 53 Resolver 服务以处理解析,该解析具有 VPC CIDR 地址+2。此 VPC CIDR 地址+2 充当共享解析程序服务的网关终端节点。发出 DNS 查询时,其解析的主要流程如下:

(1) Route 53 Resolver 检查私有托管区域关联,并确定查询是否发往私有 DNS。

(2) Route 53 Resolver 检查查询是否发往涵盖 AWS 资源的 AWS 内部域名,例如 EC2 实例名称、VPC 终端节点等。

(3) 如果上述各项均不匹配且不存在 Route 53 转发规则,则查询将被发送到公有 DNS 权威机构。

需要注意,Route 53 Resolver 不使用附加到 VPC 的互联网网关(IGW),这意味着,即使 VPC 没有连接互联网网关或到互联网路由,DNS 查询也会被解析。同时也不受安全组或 NACL 的限制。

为了提高安全性,2021 年 AWS 推出了 Route 53 解析器 DNS 防火墙(Route 53 Resolver DNS Firewall,DNS 防火墙)服务,如图 4-28 所示。这项服务能够抵御 DNS 外泄等 DNS 级的威胁。

DNS 防火墙是一项由客户部署和配置但由 AWS 管理的服务。使用 DNS 防火墙,可以筛选和管理 VPC 的出站 DNS 流量。可以通过构建规则、指定要筛选的域列表及配置查询列出的条目时要执行的每个规则的操作来防止数据外泄尝试。将这些规则组合在一起,称为规则组。将规则组关联到 VPC,然后监控 DNS 防火墙日志和指标中的活动。根据活动,可以相应地调整 DNS 防火墙的行为。

使用 DNS 防火墙,还可以监控和控制应用程序可以查询的域。可以拒绝对已知不良域的访问,并允许所有其他查询通过。或者,可以拒绝对除明确信任的域之外的所有域的访问。

还可以使用 DNS 防火墙阻止在私有托管区域(共享或本地)中对资源(包括 VPC 终端节点名称)的解析请求。它还可以阻止对公有或私有 Amazon EC2 实例名称的请求。

提示:DNS 防火墙仅筛选域名,它不会将该名称解析为要阻止的 IP 地址。此外,DNS 防火墙筛选 DNS/UDP 流量,但不筛选其他应用层协议,如 HTTPS、SSH、TLS、FTP 等。

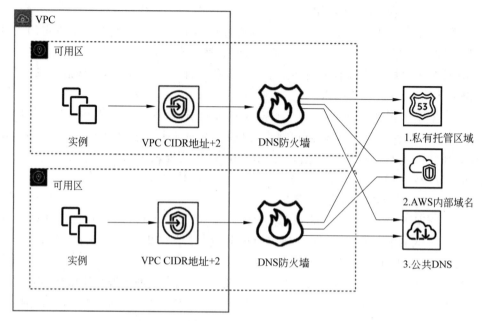

图 4-28　Route 53 解析器 DNS 防火墙

4.11　AWS CloudFront 服务

在网络安全管理的纵深防御体系中，Amazon CloudFront 扮演着至关重要的角色。作为防御体系的最前线，CloudFront 不仅可以高效地分发内容，还提供了强大的安全防护。它能有效地对抗各种网络攻击，尤其是 DDoS 攻击。

4.11.1　AWS CloudFront 服务概述

Amazon CloudFront 是一种全球内容分发网络（Content Delivery Network，CDN）服务，能安全地以低延迟和高传输速度向浏览器分发数据、视频、应用程序和 API。CloudFront 通过直接连接到 AWS 全球基础设施的物理站点（称为"边缘站点"）实现这一目标。

边缘站点通过扩展网络多样性来隔离攻击并提高服务和应用程序的恢复能力，即使一条路径被堵塞，其他剩余路径仍然可供服务使用。这些边缘站点位于 AWS 全球网络的边缘，通过全球数据中心网络传输内容。当用户请求 CloudFront 提供的内容时，请求被路由到提供最低延迟的边缘站点，从而以尽可能最佳的性能传送内容。

CloudFront 可与 AWS Shield 无缝集成以提供第 3 和第 4 层 DDoS 缓解，并可与 AWS WAF 集成以提供第 7 层防护。此外，CloudFront 还可使用最高强度的安全密码协商 TLS 连接，并使用签名的 URL 对查看器进行身份验证。还可以使用字段级加密高级功能，保护企业的大部分敏感数据，确保信息只能由应用程序堆栈中的特定组件和服务查看。这样，就能确保信息的安全性。

在用户请求使用 CloudFront 提供的内容时，请求会被路由到提供最低延迟的边缘站点。如果该内容已经在延迟最短的边缘站点上，则 CloudFront 将直接提供它。如果内容不在边缘站点中，则 CloudFront 将从已定义的源服务器检索内容，如图 4-29 所示。

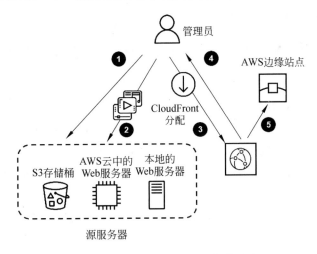

图 4-29　配置 CloudFront 以提供内容

配置 CloudFront 以提供内容的过程包括以下 5 个步骤。

（1）选择源服务器：源服务器可以是已确定为内容最终版本的来源的 S3 存储桶、MediaPackage 通道或 Web 服务器。CloudFront 将从该服务器获取文件，这些文件随后将从全世界的 CloudFront 边缘站点分配。源服务器将存储对象的原始最终版本。

（2）上传文件：将文件上传至源服务器。这些也被称为对象，通常包括网页、图像和媒体文件，即可通过 HTTP 提供的任何内容。如果将 S3 存储桶用作源服务器，则可以将存储桶中的对象设为公开可读，这样知道这些对象的 CloudFront URL 的任何人都可以访问它们。还可以选择将对象设为私有，并控制哪些人可以访问它们。

（3）创建 CloudFront 分配（distribution）：可以创建 CloudFront 分配，以告知 CloudFront 希望内容从何处传输，并告知有关如何跟踪和管理内容传输的详细信息，然后当有人想查看或使用内容时，CloudFront 使用靠近客户端的计算机（边缘服务器）快速传输内容。同时，还需指定一些详细信息，如是否希望 CloudFront 记录所有请求及是否希望此项分配创建后便立即启用。

（4）新域名的指定：CloudFront 为新分配指定一个域名，可以在 CloudFront 控制台中查看该域名。如果愿意，则可以添加要改用的备选域名。

（5）内容的分发：CloudFront 将 distribution 的配置（而不是对象的内容）发送到其所有边缘站点或节点，这些都是位于地理位置分散的数据中心内的服务器的集合。在开发网站或应用程序时，需要使用 CloudFront 作为提供的新域名。例如，如果 CloudFront 返回 d123456abcdef8.cloudfront.net 作为新域名，则 S3 存储桶中的 logo.jpg 的 URL 将为

https://d123456abcdef8.cloudfront.net/logo.jpg。或者，可以在设置 CloudFront 时，使用自己的域名。在这种情况下，URL 可能是 https://www.example.com/logo.jpg。

在配置源服务器时，可以向文件添加标头，以表示希望文件在 CloudFront 边缘站点的缓存中保留的时长。在默认情况下，每个文件在边缘站点中保留 24h 后即会过期。最短过期时间为 0s；没有最长过期时间。

4.11.2 限制 AWS CloudFront 源服务器与边缘站点的访问

在使用 CloudFront 时，可以通过限制源服务器和边缘站点的访问来安全地提供内容。以下是一些可能的场景和需求。

（1）内容保护：可以通过限制源服务器的访问，防止未经授权的用户直接访问源服务器获取内容。这对于需要保护的内容（例如付费视频或文档）非常有用。

（2）数据隐私：在处理敏感数据（例如个人信息或信用卡信息）时，可以通过限制访问来保护数据的隐私。

（3）合规性：为了遵守特定地区数据处理法规，可以通过限制源服务器和边缘站点的访问来确保合规。

（4）防止 DDoS 攻击：通过限制边缘站点的访问，可以防止恶意用户利用边缘站点进行 DDoS 攻击。这对于维护网站的正常运行至关重要。

以 S3 存储桶为例，为了控制对源文件的访问，CloudFront 可以创建一个或多个源访问身份，并将这些身份与分配（Distribution）相关联。当某个源访问身份与某个 CloudFront 分配相关联后，分配将使用该身份来检索来自 S3 的数据元。可以使用 S3 的 ACL 功能，此功能会限制对源访问身份的访问，因此数据元的原始文件不是公共可读的。AWS 建议用户使用 CloudFront URL 而不是 S3 URL 访问 S3 的内容。CloudFront URL 不是必需的，但建议使用，以防止用户绕过在签名 URL 或签名 Cookie 中指定的限制。

如果将 CloudFront 与 VPC 内部的源（如 EC2 实例）配合使用，则应使用 AWS Lambda 函数自动更新安全组规则，以便只允许来自 CloudFront 的流量。这可以确保无法绕过 CloudFront 和 AWS WAF，从而提高源的安全性。

在 CloudFront 边缘站点，可以要求用户使用特殊的 CloudFront 签名 URL 或签名 Cookie 访问内容。签名 URL 包括额外的信息（例如到期日期和时间），从而可以更好地控制对内容的访问。Web 应用程序会评估某个用户是否具有访问内容的权限，如果有，则将签名 URL 发送给用户，以便下载或流式传输内容。CloudFront 签名 Cookie 可以在不希望更改当前 URL 或希望提供对多个受限文件的访问权限时，控制能够访问内容的人员。如果同时使用签名 URL 和签名 Cookie 来控制对同一对象的访问，并且客户端使用签名 URL 来请求对象，则 CloudFront 将仅基于签名 URL 确定是否向客户端返回对象。这样，就可以更好地控制对内容的访问，同时也可以防止用户绕过设置的限制。

4.11.3 AWS CloudFront 访问日志

CloudFront 的日志记录对于理解和优化系统的运行至关重要，它们可用于安全和访问审计、性能监控和优化、故障排查、用户行为分析和合规性验证等多种应用场景。CloudFront 提供了标准日志和实时日志两种方法来记录到达分配的请求。

1. 标准日志（访问日志）

CloudFront 标准日志提供了有关向分配发出的每个请求的详细记录。CloudFront 会将标准日志传送到指定的 S3 存储桶。针对标准日志，CloudFront 不收取费用，但存储和访问日志文件将产生 Amazon S3 费用。在创建分配时可以启用标准日志功能，如图 4-30 所示。

2. 实时日志

CloudFront 实时日志可以实时提供有关向分配发出的请求的信息（日志记录在收到请求后的几秒内传输）。可以选择实时日志的采样率，即希望接收实时日志记录的请求的百分比。还可以选择希望在日志记录中接收的特定字段。在创建分配时可以启用实时日志功能，如图 4-31 所示。CloudFront 实时日志将被传送到 Amazon Kinesis Data Streams 中选择的数据流。CloudFront 除了收取因使用 Kinesis Data Streams 产生的费用外，还针对实时日志进行收费。

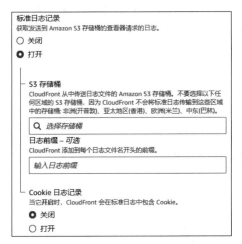

图 4-30　创建分配的时候启用标准日志功能　　图 4-31　创建分配的时候启用实时日志功能

在配置 CloudFront 标准日志文件的时候，如果使用 S3 作为源，则建议不要对日志文件使用同一存储桶。使用单独的存储桶可简化维护工作。可以将多个分配的日志文件存储在同一存储桶中，如图 4-32 所示。

（1）图 4-32 中有 A 和 B 两个网站和两个对应的 CloudFront 分配。用户使用与分配相关联的 URL 来请求对象。

（2）CloudFront 会将每个请求路由到适当的边缘站点。

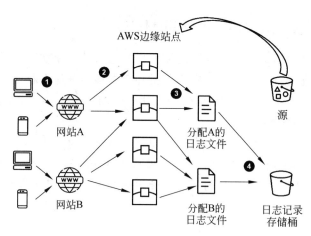

图 4-32　CloudFront 标准日志功能

（3）CloudFront 将每个请求的数据写入分配特定的日志文件。在这个示例中，与分配 A 有关的请求信息将被写入分配 A 的日志文件，与分配 B 有关的请求信息将被写入分配 B 的日志文件。

（4）CloudFront 会定期将日志文件保存在启用日志记录时指定的 Amazon S3 存储桶。

标准日志文件中的每个条目分别提供有关单个请求的详细信息。如果在给定时间内无用户访问内容，则在该时间内不会接收任何日志文件。AWS 建议使用标准日志来了解内容的请求性质，而不是作为所有请求的完整描述。CloudFront 将尽力提供访问日志。特定请求的日志条目可能会在实际处理该请求之后很久才进行传输，而且在极少数情况下，可能根本不会传输日志条目。

利用 CloudFront 实时日志，可以实时获取有关向分配发出的请求的信息（日志在收到请求后的几秒内传输）。可以使用实时日志进行监控和分析，并根据内容交付性能采取相应措施。

CloudFront 实时日志是可配置的，可以进行以下配置。

（1）实时日志的采样率：即希望接收实时日志记录的请求的百分比。

（2）希望在日志记录中接收的特定字段。

（3）要接收实时日志的特定缓存行为（路径模式）。

CloudFront 实时日志将传送到 Amazon Kinesis Data Streams 中选择的数据流。可以构建自己的 Kinesis 数据流消费程序，或使用 Kinesis Data Firehose 将日志数据发送到 S3、Redshift、OpenSearch Service 或第三方日志处理服务。

CloudFront 除了收取因使用 Kinesis Data Streams 产生的费用外，还针对实时日志进行收费。这样，就可以更好地控制对内容的访问，同时也可以防止用户绕过设置的限制。

4.11.4　AWS CloudFront 安全解决方案

CloudFront 在保护传输内容方面提供了多种解决方案，包括以下几种。

（1）配置 HTTPS 连接。

（2）阻止特定地理位置的用户访问内容。

（3）为特定的内容字段设置字段级加密。

（4）与 AWS WAF 结合控制对内容的访问。

（5）要求用户使用 CloudFront 签名 URL 或签名 Cookie 访问内容。

接下来，将详细介绍其中的两个方案。

1. 阻止特定地理位置的用户访问

如果存在版权或许可限制、合规性要求或定向内容分发的需求，则可以利用 CloudFront 的地理限制功能。这个功能可以帮助控制特定地理位置的用户是否可以访问通过 CloudFront 分发的内容。

具体来讲，可以选择以下两种方式之一实现地理限制。

（1）允许列表：只有当用户位于允许列表中的某个已批准的国家/地区时，才允许他们访问内容，如图 4-33 所示。

图 4-33 阻止特定地理位置的用户访问

（2）阻止列表：当用户位于阻止列表中被禁止的国家/地区之一时，阻止他们访问内容。

需要注意的是，CloudFront 使用第三方数据库确定用户的位置，IP 地址和国家/地区之间的映射准确性因区域而异。如果 CloudFront 无法确定用户的位置，则会提供用户已请求的内容，因此，虽然地理限制功能可以提供一定程度的访问控制，但不能保证 100% 的精确性。

此外，如果需要对部分内容应用一个限制，而对另一部分内容应用不同的限制（或无限制），则必须创建单独的 CloudFront 分配。

2. 采用字段级加密以保护敏感数据

借助 CloudFront，可以使用 HTTPS/TLS 来强制执行与源服务器的端到端安全连接。字段级加密又增加了一个额外的安全保护层，可以在整个系统处理过程中保护特定的数据，以便只有某些应用程序可以查看它。

借助字段级加密，用户可以安全地向 Web 服务器上传敏感信息。用户提供的敏感信息在靠近用户的一侧进行加密，并在整个应用程序堆栈中保持加密状态。此加密确保只有需要数据的应用程序（并且具有用于解密的凭证）能够访问这些数据。

以 Web 应用程序从用户处收集信用卡号等敏感数据为例。源可能有多个微服务，它们根据用户的输入执行关键操作，然而，通常这些微服务中仅有一小部分需要访问敏感信息，而大多数组件并不需要直接访问这些数据。使用字段级加密，CloudFront 的边缘站点可以对该信用卡数据进行加密。此后，只有拥有私钥的应用程序才能解密敏感字段。例如，订单履行服务只能查看加密后的信用卡号，但付款服务可以解密信用卡数据。流程如图 4-34 所示。

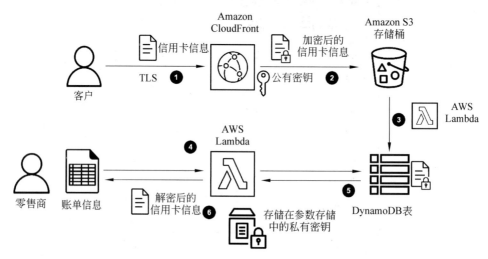

图 4-34 使用字段级加密以保护敏感数据

（1）客户提交包含敏感数据的 HTML 表单页面，为 CloudFront 生成 HTTPS POST。

（2）字段级加密可拦截表单 POST 并使用公有密钥加密敏感数据，并使用加密后的密文替换表单中的字段，然后将表单 POST 密文发送到源服务器，即使以后恶意用户侵入并获得数据的访问权限，他们也只会获得加密后的数据。

（3）其他的业务组件（例如 Lambda 函数）将数据存储在 DynamoDB 表，以供进一步分析。这期间，敏感数据仍然保持安全的静态加密状态。

（4）如果某授权的零售商需要查看敏感数据，就可以使用业务组件（例如另一个 Lambda 函数）。

（5）业务组件从 DynamoDB 表中获得数据，其中敏感数据仍然处于加密状态。

（6）零售商使用存储在 AWS Systems Manager Parameter Store 中的私有密钥来解密敏感数据。

字段级加密以 HTTPS 表单 POST 加密数据，因此只有源基础设施中的某些组件和服务才能查看信息。如果将带有字段级加密的 HTTPS 请求转发到源，并且请求路由经过整个源应用程序或子系统，则由于敏感数据仍然被加密，从而降低敏感数据泄露或意外丢失的风险。出于业务原因需要访问敏感数据的组件（例如需要访问信用卡号码的支付处理系统）可以使用适当的私有密钥来解密和访问数据。

4.12 AWS Network Firewall 服务

85min

在 4.5 节网络访问控制列表中，已经介绍了安全组和 NACL。这两种工具都是 AWS 提供的网络安全工具，但它们在功能和使用场景上有所不同。安全组是针对主机的，作用于实例（如 EC2），因此每个实例都可以配置不同的安全组。安全组是有状态的，会保存有关先前发送或接收的流量的信息。NACL 是针对子网的，类似于传统三层交换机的"访问控制列表"（Access Control Lists，ACL）功能，子网内的所有资源都会被 NACL 保护。NACL 是无状态的。

然而，AWS Network Firewall 服务提供了更高级的网络防火墙和入侵检测和防御服务。它在 VPC 外围筛选网络流量，既可以定义无状态规则组来检查隔离中的每个网络数据包，也可以定义有状态的规则组，以便在数据包的流量上下文中检查数据包。

4.12.1 AWS Network Firewall 的工作原理

AWS Network Firewall 是一种托管网络防火墙，同时也是入侵检测和防御服务。通过 Network Firewall，可以过滤进入或离开 VPC 的流量，包括过滤进出 IGW、NAT 网关，或通过 VPN 或 AWS Direct Connect 的流量。Network Firewall 使用开源入侵防御系统（IPS）Suricata 进行状态检查，并支持 Suricata 兼容规则。

为了使用 Network Firewall，需要在 VPC 中创建一个专用子网，这个子网被称为防火墙子网。在这个专用子网中只能有一个用于连接 Network Firewall 服务的终端节点（Endpoint），请勿将防火墙子网用于 Network Firewall 以外的任何用途。

下面，通过一个简单的应用来了解 Network Firewall 的架构。

假设有一个具有单个客户子网的简单 VPC 配置，如图 4-35 所示。VPC 具有用于访问互联网的 IGW。所有传入和传出流量都通过 IGW 进行路由。

在图 4-35 中，有两个路由表。

（1）IGW 路由表：将发往客户子网（10.0.2.0/24）的流量路由至 local。

（2）客户子网路由表：将发往 VPC（10.0.0.0/16）内任何位置的流量路由到本地地址。将发往其他任何地方（0.0.0.0/0）的流量路由到 IGW（igw-1234）。

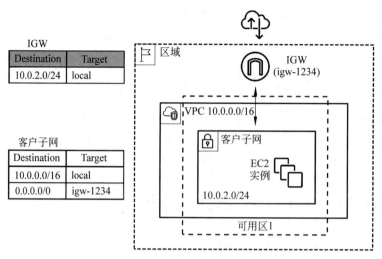

IGW

Destination	Target
10.0.2.0/24	local

客户子网

Destination	Target
10.0.0.0/16	local
0.0.0.0/0	igw-1234

图 4-35　具有 IGW 的单可用区架构

在 VPC 中引入 Network Firewall 后,需要修改路由表,使 VPC 的所有传入和传出流量都通过防火墙路由,如图 4-36 所示。

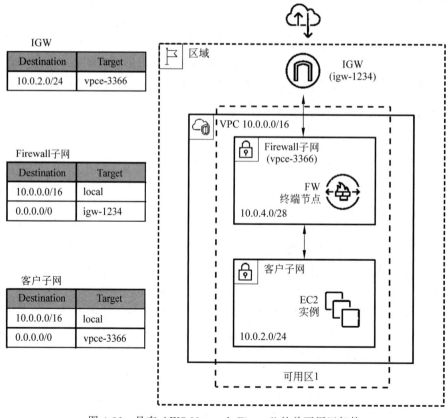

IGW

Destination	Target
10.0.2.0/24	vpce-3366

Firewall子网

Destination	Target
10.0.0.0/16	local
0.0.0.0/0	igw-1234

客户子网

Destination	Target
10.0.0.0/16	local
0.0.0.0/0	vpce-3366

图 4-36　具有 AWS Network Firewall 的单可用区架构

在图 4-36 中，路由表的配置如下。

（1）IGW 路由表：将发往客户子网（10.0.2.0/24）的流量路由到防火墙子网。图中的 vpce-3366 是 Network Firewall 终端节点，它与 Network Firewall 服务相连。防火墙子网除此终端节点之外，没有其他任何资源。

（2）防火墙子网路由表：将发往 VPC（10.0.0.0/16）内任何位置的流量路由到本地地址。将发往其他任何地方（0.0.0.0/0）的流量路由到 IGW（igw-1234）。

（3）客户子网路由表：将发往 VPC（10.0.0.0/16）内任何位置的流量路由到本地地址。将发往其他任何地方（0.0.0.0/0）的流量路由到防火墙子网（vpce-3366）。

在这个示例中，VPC 中的路由表引导流量通过防火墙进行过滤，如图 4-37 所示。

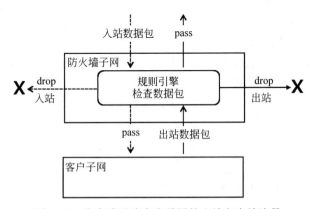

图 4-37　防火墙过滤客户子网的入站和出站流量

可以通过多种方式使用 Network Firewall 来监控和保护 VPC 流量，包括以下几种方式。

（1）仅允许已知的 AWS 服务域或 IP 地址端点（如 Amazon S3）的流量通过。

（2）使用自定义列表，该列表包含已知的恶意域名，以限制应用程序可以访问的域名类型。

（3）对进入或离开 VPC 的流量执行深度数据包检查。

（4）使用有状态协议检查来过滤 HTTPS 等协议。

与安全组和 NACL 的免费服务不同，Network Firewall 是一项付费服务。除了使用 Network Firewall 服务的基本成本之外，一些配置可能会产生额外的费用。例如，如果在一个可用区中使用防火墙端点来过滤来自另一区域的流量，则可能会产生跨区域流量费用。此外，如果启用日志记录，根据使用的日志记录目标和选择记录的流量等因素，则可能会产生额外的费用。

4.12.2　AWS Network Firewall 架构

Network Firewall 防火墙运行无状态和有状态两种流量检查规则引擎。引擎使用在防火墙策略内配置的规则和其他设置。Network Firewall 包括以下几个核心组件。

（1）规则组：保存可重用的标准集合，用于检查流量及处理与检查标准匹配的数据包和流量。例如，可以根据检查标准选择丢弃(drop)或传递(pass)流量中的一个数据包或所有数据包。有些规则组完全定义了行为，有些则使用提供更多详细信息的较低级别规则。规则组可以是无状态的，也可以是有状态的。

- 无状态规则：用于检查单个网络流量数据包的标准，无须流量中其他数据包的上下文、流量方向或数据包本身未提供的任何其他信息。
- 有状态规则：在流量上下文中检查网络流量数据包的标准。

（2）防火墙策略：定义一组可重用的无状态和有状态规则组，以及一些策略级行为设置。防火墙策略为防火墙提供网络流量过滤行为。可以在多个防火墙中使用单个防火墙策略。

（3）防火墙：将防火墙策略中的检查规则连接到规则保护的 VPC。每个防火墙都需要一个防火墙策略。防火墙还定义了一些设置，例如如何记录有关网络流量的信息及防火墙的状态流量过滤。

Network Firewall 使用两个规则引擎来检查数据包。引擎根据在防火墙策略中提供的规则检查数据包，如图 4-38 所示。

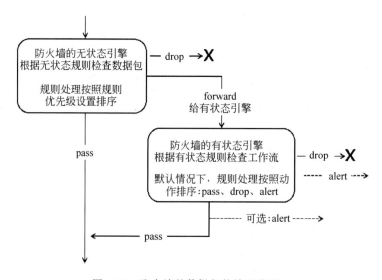

图 4-38　防火墙的数据包的处理流程

首先，无状态引擎根据配置的无状态规则检查数据包。根据数据包设置、无状态检查标准和防火墙策略设置，无状态引擎可能会丢弃数据包，将其传递到目的地或将其转发到有状态规则引擎。

有状态引擎使用配置的有状态规则在其流量流的上下文中检查数据包。有状态引擎要么丢弃数据包，要么将它们传递到目的地。如果配置了日志记录，状态引擎活动则会将流和警报日志发送到防火墙日志。有状态引擎既可以针对丢弃的数据包发送警报，也可以选择针对通过的数据包发送警报。

无状态和有状态规则检查引擎以不同的方式运行：

（1）无状态规则引擎：独立检查每个数据包，不考虑流量方向等因素，也不考虑数据包是否是现有的经批准的连接的一部分。该引擎优先考虑评估速度。它采用具有标准网络连接属性的规则。引擎按照确定规则的优先顺序处理规则，并在找到匹配项时停止处理。无状态规则的行为和用途与 VPC 网络访问控制列表（ACL）类似。

（2）有状态规则引擎：在流量上下文中检查数据包，允许使用更复杂的规则，并允许记录网络流量并记录有关流量的 Network Firewall 警报。状态规则考虑流量方向。有状态规则引擎可能会延迟数据包传送，以便对数据包进行分组以进行检查。在默认情况下，有状态规则引擎按照操作设置的顺序处理规则，首先处理 pass 规则，然后是 drop，最后是 alert。引擎在找到匹配项时停止处理。

有状态引擎采用与开源入侵防御系统（IPS）Suricata 兼容的规则。Suricata 提供了一种基于规则的标准语言，用于状态网络流量检查。网络防火墙状态规则的行为和用途与 Amazon VPC 安全组类似。在默认情况下，状态规则引擎允许流量通过，而安全组默认拒绝流量。

仅使用一个引擎还是组合使用要取决于具体业务需求。

4.12.3　AWS Network Firewall 应用案例

1. 具有 IGW 的多可用区架构

关键业务通常采用多可用区架构，这就需要在跨多个可用区的 VPC 中配置 Network Firewall。在这种情况下，每个可用区都需要有一个防火墙子网。所有传入流量都会路由到与目标子网位于同一可用区中的防火墙，所有传出流量都经过防火墙，如图 4-39 所示。

每个可用区都有自己的 Network Firewall，为该区域的子网提供监控和保护。可以将此配置扩展到 VPC 中的任意数量的可用区。

与单可用区架构的 Network Firewall 配置相比，主要区别在于 IGW 分割传入流量，以适应两个不同的子网。

（1）IGW 路由表：将发往每个子网（10.0.2.0/24 或 10.0.3.0/24）的流量路由到同一可用区中的防火墙子网（分别为 vpce-3366 或 vpce-5588）。

（2）防火墙子网路由表：将发往 VPC（10.0.0.0/16）内任何位置的流量路由到本地地址。将发往其他任何地方（0.0.0.0/0）的流量路由到 IGW（igw-1234）。这些与单个可用区中防火墙子网的路由表相同。

（3）客户子网路由表：将发往 VPC（10.0.0.0/16）内任何位置的流量路由到本地地址。将发往其他任何位置（0.0.0.0/0）的流量路由到同一可用区中的防火墙子网（vpce-2266 对于可用区 1 和 vpce-5588 对于可用区 2）。

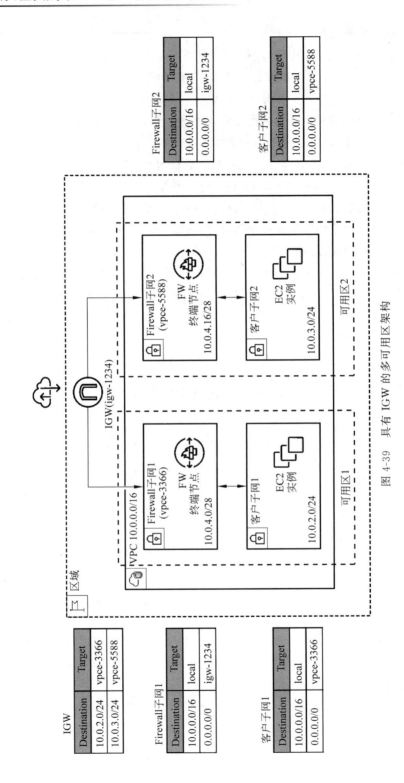

Firewall子网2

Destination	Target
10.0.0.0/16	local
0.0.0.0/0	igw-1234

客户子网2

Destination	Target
10.0.0.0/16	local
0.0.0.0/0	vpce-5588

IGW

Destination	Target
10.0.2.0/24	vpce-3366
10.0.3.0/24	vpce-5588

Firewall子网1

Destination	Target
10.0.0.0/16	local
0.0.0.0/0	igw-1234

客户子网1

Destination	Target
10.0.0.0/16	local
0.0.0.0/0	vpce-3366

图 4-39 具有 IGW 的多可用区架构

2. 具有 IGW 和 NAT 网关的架构

AWS 的 NAT 网关是一个独立的服务,可以独立于其他云服务进行配置和管理。这意味着,可以在架构中只在需要 NAT 功能的地方使用 NAT 网关,而不是在整个架构中都使用它。这种分离的设计可以减少负载和负载成本。

可以将 NAT 网关添加到 AWS Network Firewall,适用于需要 NAT 功能的 VPC 区域,如图 4-40 所示。

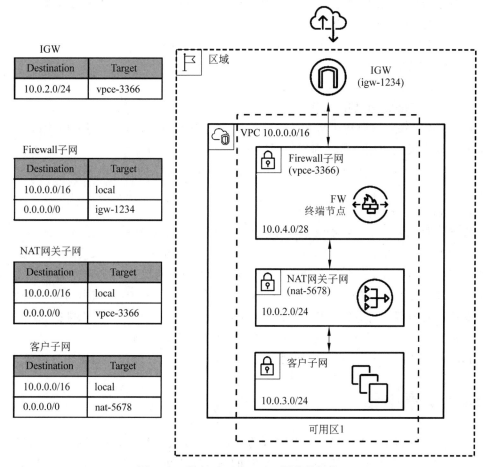

图 4-40　具有 IGW 和 NAT 网关的架构

这种架构具有以下优势:

(1) 实现 VPC 与互联网之间的双向通信,同时保护私有子网中的实例免受互联网的主动连接。

(2) 利用 NAT 网关的高可用性和自动伸缩能力,提高网络的性能和可靠性。

(3) 利用路由表来控制不同子网的网络流量,实现分层管理和访问控制。

(4) 利用 Network Firewall 服务提供的高级的网络防火墙和入侵检测和防御服务。

4.13　AWS Firewall Manager 服务

AWS Firewall Manager 是一项安全管理服务,可以简化在多个账户和资源上的管理和维护任务以实现各种保护。在创建新应用程序时,可以借助 Firewall Manager 实施一套通用的安全规则,轻松地让新应用程序和资源从一开始就达到合规要求。现在,可以使用单一服务来构建防火墙规则、创建安全策略,并在整个基础设施中从一个集中的管理员账户以一致、分层的方式执行这些规则和策略。

Firewall Manager 可以集中管理以下 AWS 服务和资源:

(1) VPC 的安全组规则。

(2) Route 53 Resolver DNS Firewall。

(3) AWS Network Firewall。

(4) AWS WAF：AWS WAF 是一种网络应用防火墙,可以监控转发到 Amazon CloudFront 分发或应用负载均衡器的网络请求。

(5) AWS Shield Advanced：AWS Shield Advanced 是一种提供扩展 DDoS 攻击保护的服务。

(6) AWS Marketplace 中的第三方防火墙。

提示：第 6 章应用安全管理会详细介绍 AWS WAF 和 AWS Shield Advanced。

使用 Firewall Manager,可以轻松地管理多账户的网络安全。可以按账户、资源类型和标签对资源进行分组,安全团队可以为特定组或组织中的账户内的所有资源创建策略。Firewall Manager 与 AWS Organizations 集成,将自动获取 AWS 组织中的账户列表,以便可以跨账户对资源进行分组。Firewall Manager 允许以分层的方式应用保护策略,因此可以委派创建特定于应用的规则,同时保留中心执行某些规则的能力。

Firewall Manager 是一种收费的服务,会根据保护策略针对每个区域按月收费。

4.14　本章小结

本章深入探讨了 AWS 网络安全管理的各方面。首先介绍了采用纵深防御策略进行网络安全管理的重要性,然后详细讲解了 VPC 的基础安全知识,包括互联网网关、NAT 设备、网络访问控制列表等内容。

还详细介绍了负载均衡器的工作原理和应用,以及 VPC 对等连接、终端节点和私有链接的使用方法。此外,还讲解了 VPC 流量镜像的概念和应用场景,以及 AWS VPN 服务和 Route 53 服务的功能和使用方法。

在本章的后半部分,重点介绍了 CloudFront 服务、Network Firewall 服务和 AWS Firewall Manager。详细解释了这些服务的工作原理,以及如何在实际环境中使用这些服务来管理网络安全。

第 5 章

数据安全管理

本章将深入探讨如何在 AWS 环境中保护数据的安全。数据是任何应用的核心,无论是用户的个人信息,还是企业的重要数据都需要采取有效的措施来保护。在 AWS 中,有多种工具和服务可以帮助实现这一目标。

本章要点:

(1) Amazon S3 的保护。

(2) 数据库的保护(包括 RDS 和 DynamoDB)。

(3) EBS 卷的保护。

(4) 数据备份和恢复。

(5) Amazon Macie 服务。

5.1　Amazon S3 的保护

Amazon S3 是一种对象存储服务,可以随时随地存储和检索任意数量和大小的数据。为了保护 S3 中的数据,Amazon 提供了数据加密、访问控制和备份恢复等安全功能。这些功能确保了数据的保密性、防止未经授权的访问,并提供了数据持久性和可用性的保障。

5.1.1　加密过程概述

加密是确保数据隐私的基本要求之一,特别是对于跨网络传输的数据,需要进行端到端的保护。S3 提供了两种加密方法:传输加密和静态加密。通过客户端的 SSL/TLS 及存储桶级别的策略,可以实现 S3 的传输加密。静态加密可以进一步分为客户端加密和服务器端加密。在客户端加密中,数据在发送到 S3 存储桶之前会被加密,而在服务器端加密中,数据在发送到 S3 存储桶之后和存储到 S3 存储桶之前都会被加密。

简单回顾一下数据加密的基本流程。首先,需要一个由软件或硬件生成的对称式数据密钥。在加密大量数据或较长文件流时,对称式密钥的效率要优于非对称式密钥。对称数据密钥应用于要加密的数据,并通过加密算法(如 AES)进行处理。处理后的结果是密文,这与随机数据几乎无异,然后将加密后的数据存储在某个位置,无论是在 AWS 上还是在本地。

如果想要解密数据,就必须使用数据密钥。那么,如何将此密钥提供给有权访问和解密数据的人呢?需要将这个对称数据密钥存储在某个位置,但是不能直接将其与加密后的数据一起存储,因为那样就无法达到保护数据的目的。最佳实践是使用另一个密钥(例如主密钥)加密对称数据密钥,然后可以将加密后的数据与加密后的数据密钥一起存储。这样,加密后的数据和加密后的数据密钥就可以存储在同一位置,具有相同的持久性特征。

当为 AWS 云中的数据选择适合的加密解决方案时,应考虑以下 3 个问题:

(1) 密钥应该存储在哪里?是存储在自己的硬件存储中,还是使用 AWS 提供的硬件存储?

(2) 密钥应该在哪里使用?是由客户端软件使用,还是在 AWS 上使用?

(3) 谁来管理密钥?是分配用户级或应用程序级权限,还是让 AWS 管理权限?

对于 S3 来讲,它使用对称加密来加密数据。当上传一个对象并请求加密时,S3 会生成一个唯一的对称密钥,用这个密钥对数据进行加密。同时,S3 还会使用 AWS Key Management Service(KMS)中的客户主密钥(CMK)来加密这个对称密钥。这个过程被称为"信封加密"(Envelope Encryption),然后 S3 会将加密后的对称密钥一起存储在 S3 中。这样,即使有人能够访问存储在 S3 中的加密后的数据和加密后的对称密钥,他们也无法解密数据,因为他们没有访问 AWS KMS 中的 CMK 的权限,如图 5-1 所示。

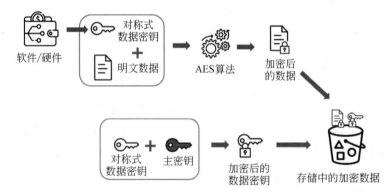

图 5-1   AWS S3 服务器端加密的简化流程

根据安全需求,可以选择使用服务器端加密或客户端加密来加密 AWS 中的数据。每种方法都有其自己的优势。如果需要,则可以选择同时使用这两种方法。

通过客户端加密(Client-Side Encryption,CSE),可以创建并管理自己的加密密钥,这个密钥不会以明文形式被导出到 AWS。应用程序在将数据提交到 AWS 之前会对其进行加密的,并在从 AWS 接收到数据后对其进行解密。数据以加密的形式存储,而所采用的密钥和算法只有自己知道。对 CSE 来讲,数据是在提交到 AWS 之前进行加密的,在从 AWS 中检索后进行解密。指定的加密软件会提供使用的加密密钥。目前,加密客户端可用于 S3、DynamoDB、EMR 文件系统和 AWS 加密软件开发工具包。AWS 加密软件开发工具包是一个加密库,有助于开发人员更轻松地在其应用程序中实施加密最佳实践。它使开发人员能够专注于开发其应用程序的核心功能,而不是如何最好地加密和解密数据。

加密客户端可以使用本地密钥管理基础设施(Key Management Infrastructure,KMI)提供的密钥,这将提供客户端主密钥(CSE-C)。CSE-C 和未加密的数据绝不会被发送到 AWS。务必安全地管理加密密钥。如果丢失了加密密钥,则将无法解密数据。在具有加密客户端的 EC2 实例上运行的应用程序也可以请求 CSE-C。在 EC2 实例上运行的 KMI 也可以提供密钥。

对于服务器端加密(Server-Side Encryption,SSE),系统会在服务收到 API 调用之后为数据进行加密。SSE 对最终用户是透明的,AWS 会定期轮换主密钥。例如,如果将 SEE 与 S3 一起使用,则可以请求 S3 在将对象保存到数据中心的磁盘之前加密对象,并在下载对象时进行解密。

在服务器端加密中,数据在发送到 S3 存储桶之后和存储到 S3 存储桶之前都会被加密。

提示:AWS S3 的服务器端加密与 Windows 操作系统的 NTFS 文件系统的加密原理类似。

5.1.2　Amazon S3 服务器端加密

12min

服务器端加密(SSE)是指接收数据的应用程序或服务在目标位置对数据进行加密。SSE 的过程对使用者来讲是"透明"的,S3 会在将数据写入 AWS 数据中心内的磁盘时对这些数据进行对象级别的加密,并在访问这些数据时解密。只要 AWS 验证了请求并且拥有访问权限,访问加密和未加密对象的方式就没有区别。S3 服务器端加密使用 256 位高级加密标准 Galois/Counter 模式(AES-GCM)对所有上传的对象进行加密。

在默认情况下,所有 S3 桶都配置了加密,所有上传到 S3 桶的新对象都会自动静态加密。创建存储桶时,默认加密配置是使用 S3 托管密钥进行的服务器端加密(SSE-S3),如图 5-2 所示。可以修改存储桶的默认加密配置,也可以在 S3 PUT 请求中设置服务器端加密类型。在一个存储桶中,不同的对象可以采用不同的加密类型。

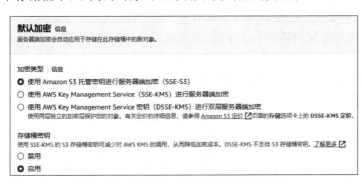

图 5-2　创建新存储桶时的默认加密选项

对于服务器端加密,AWS 提供了 4 个互斥的选项,具体取决于选择如何管理加密密钥和要应用的加密层数。

1. SSE-S3（使用 Amazon S3 托管密钥进行的服务器端加密）

这是服务器端加密的默认选项。存储桶中每个对象都使用唯一的密钥进行加密，这个密钥被称为"数据加密密钥"。作为额外的保护措施，SSE-S3 使用定期轮换的根密钥（Root Key）来加密数据和加密密钥。这就是所谓的"信封加密"，它提供了额外的安全层，因为即使有人获取了加密的数据和加密的数据密钥，他们也无法解密数据，除非他们还有访问根密钥的权限。SSE-S3 是最简单易用的加密模式。

SSE-S3 没有额外费用，但是，配置和使用 SSE-S3 的请求会产生标准的 S3 请求费用。

2. SSE-C（使用客户提供的密钥进行服务器端加密）

在使用 SSE-C 时，客户管理加密密钥，而 S3 管理加密和解密。这适用于希望自己管理加密密钥的场景。可以设置自己的加密密钥，并且在操作的时候作为请求的一部分提供给 S3，S3 将数据写入磁盘时进行加密，加密结束后会从内存中删除此加密密钥。当访问此对象时，必须提供相同的加密密钥作为请求的一部分。S3 在将对象数据返回之前会首先验证提供的加密密钥是否匹配，然后解密对象，但是需要注意，如果丢失了加密密钥，则将无法访问使用该密钥加密的对象，因此，在使用 SSE-C 时，密钥管理是非常重要的。

AWS 管理控制台不提供在上传对象和管理对象时使用 SSE-C 选项，只能使用 REST API、SDK 来指定 SSE-C。

SSE-C 没有额外费用，但是，配置和使用 SSE-C 的请求会产生标准的 S3 请求费用。

3. SSE-KMS（使用 AWS KMS 密钥的服务器端加密）

SSE-KMS 是通过将 AWS KMS 服务与 S3 集成来提供的。KMS 是一项服务，可将安全、高度可用的硬件和软件结合起来，以提供可扩展到云的密钥管理系统。使用 KMS，可以更好地控制密钥。例如，可以查看单独的密钥、编辑控制策略及遵循 AWS CloudTrail 中的密钥。此外，还可以创建和管理客户自主管理型密钥，或者使用对于服务和区域为唯一的 AWS 托管式密钥。

当 SSE-KMS 加密一个对象时，S3 会生成一个用于验证数据完整性的校验和，也会对其进行加密。这个加密后的校验和会作为对象的元数据（描述对象的数据）的一部分存储起来。这样，即使有人能够访问这个校验和，也无法读取它的内容，除非他们有解密这个校验和的密钥。

使用 AWS KMS，用户可以更好地控制自己的密钥。这需要理解 AWS KMS 的工作原理和如何与 S3 集成，因此相比 SSE-S3、SSE-C 要复杂一些。

当使用 SSE-KMS 时，既可以使用默认的 AWS 托管式密钥，也可以指定已创建的客户托管式密钥。使用客户托管密钥可提供更大的灵活性和控制力。例如，可以创建、轮换和禁用客户托管密钥。还可以定义访问控制和审核，用于保护数据的客户托管密钥。

如果选择使用 SSE-KMS 加密数据，则 KMS 和 S3 将执行以下信封加密操作，如图 5-3 所示。

（1）S3 首先向 KMS 发出请求，请求用于对称式加密的数据密钥及使用客户主密钥

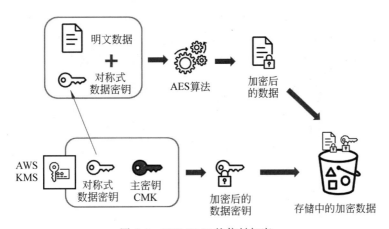

图 5-3 SSE-KMS 的信封加密

(Customer Master Key,CMK)加密后的数据密钥。

（2）KMS 生成明文的数据加密密钥,然后使用 CMK 对其进行加密。KMS 会将明文数据密钥和加密后的数据密钥发送给 S3。

（3）S3 使用数据密钥加密数据,并在使用后尽快从内存中删除该明文密钥。

（4）S3 将加密的数据密钥作为元数据与加密数据一起存储。

注意：CMK 永远不会离开 KMS。

当请求解密数据时,S3 和 KMS 将执行以下操作:

（1）S3 从对象的元数据中获取加密后的数据密钥,然后在 Decrypt 请求中将其发送给 AWS KMS。

（2）KMS 使用相同的 CMK 对加密的数据密钥进行解密,然后将得到的明文数据密钥返给 S3。

（3）S3 使用明文数据密钥对已加密的数据进行解密,并在使用后尽快从内存中删除该明文数据密钥。

SSE-KMS 本身没有额外费用,但访问 AWS KMS 是需要付费的。访问使用 SSE-KMS 加密的数百万或数十亿个对象的工作负载可能会产生大量到 KMS 的请求。S3 会为每个对象使用单独的 KMS 数据密钥。在这种情况下,每次对 KMS 加密的对象发出请求时,S3 都会调用 AWS KMS。

AWS 提供了 S3 存储桶密钥功能,可以降低使用 KMS 密钥的 SSE-KMS 的成本。使用 SSE-KMS 的桶级别密钥可以通过减少从 S3 到 AWS KMS 的请求流量,从而可以将 AWS KMS 请求成本最高降低 99%。在创建新存储桶的时候,默认启用存储桶密钥功能,如图 5-4 所示。

启用 S3 桶密钥功能后,AWS 会从 KMS 生成生存期较短的桶级密钥,然后暂时将其保留在

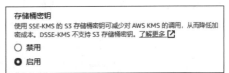

图 5-4 创建存储时存储桶密钥选项

S3 中。此桶级密钥将在新对象的生命周期中为其创建数据密钥，如图 5-5 所示。S3 桶密钥在 S3 内限时使用，从而减少了 S3 向 KMS 发出请求以完成加密操作的需求。这样可以减少从 S3 到 KMS 的流量，从而可以将 AWS KMS 请求成本最高降低 99%。

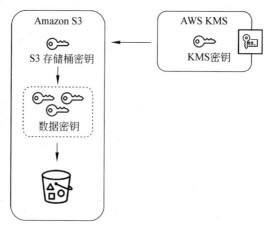

图 5-5　存储桶密钥的工作原理

4. DSSE-KMS（使用 AWS KMS 密钥的双层服务器端加密）

DSSE-KMS 是一种相对较新的选项，它与 SSE-KMS 的原理类似，但 DSSE-KMS 采用的是两层单独的对象级加密，而不是一层。借助 DSSE-KMS，可以更轻松地满足需要，对数据应用多层加密并完全控制加密密钥的合规性标准。使用 DSSE-KMS 无须支付额外费用，但需要注意，DSSE-KMS 不支持 S3 桶密钥，因此无法降低 AWS KMS 的请求成本。

5.1.3　Amazon S3 资源保护

Amazon S3 资源保护的重要性不言而喻，AWS 提供了多种技术手段实现这一目标。例如，可以通过 S3 访问控制列表和策略来精细地管理谁可以访问 S3 资源，从而防止未经授权的访问。S3 阻止公有访问功能可以防止数据被公开，避免因误操作而导致的数据泄露。S3 版本控制则可以保存、检索和恢复每个对象的所有版本，这对于防止意外删除或修改数据非常有用。S3 的对象锁定功能可以为存储在 S3 中的对象提供另一层保护，防止对象被意外删除或覆盖。通过跨区域复制，可以在不同的地理区域之间复制对象，以增加数据的耐久性和可用性。

1. Amazon S3 访问控制列表和策略

在默认情况下，所有 S3 资源都是私有的。只有资源拥有者才能访问资源。资源拥有者是指创建资源的 AWS 账户。例如，用于创建存储桶和对象的 AWS 账户拥有这些资源。S3 支持用户身份验证，以控制对数据的访问。可以使用各种访问控制机制，如策略和访问控制列表（ACL），选择性地向用户和用户组授予权限。S3 控制台会突出显示公开可访问的存储桶，注明公开可访问性来源，并且还会在存储桶策略或存储桶 ACL 发生的更改将使存储桶公开可访问时发出警告，如图 5-6 所示。

图 5-6　对可公开访问存储桶的警告

S3 支持的访问控制机制类型可分为两组：基于资源和基于用户。在基于资源的组中，有存储桶策略、存储桶 ACL 和对象 ACL。在基于用户的组中，有 IAM 用户策略。每个存储桶和对象都有与其关联的 ACL。可以使用 ACL 向用户组提供存储桶或者对象的读取或写入访问权限。借助 ACL，可以只向其他 AWS 账户授予访问 S3 资源的权限，而不能针对账户下的特定用户。

S3 中的存储桶策略可用于为一个存储桶内的部分或所有对象添加或拒绝权限。策略可以附加到用户、组或 S3 存储桶上，实现对权限的集中管理。通过存储桶策略，可以向 AWS 账户或其他 AWS 账户内的用户授予 S3 资源的访问权限。

对象的 ACL 是管理对存储桶的拥有者未拥有对象的访问的唯一方式。可以只编写一条策略语句，向一个 AWS 账户授予对数百万具有特定键名称前缀的对象的读取权限。例如，授予对以键名称前缀 logs 开头的对象的读取权限，但是，如果访问权限因对象而异，则使用存储桶策略授予对各个对象的权限可能不太实际。此外，存储桶策略还有 20KB 的大小限制。在这种情况下，使用对象 ACL 可能是比较合适的选择。

存储桶的 ACL 唯一建议的应用场景是授予 S3 日志传输组写入权限，以便将访问日志对象写入存储桶。如果希望 S3 将访问日志传输到存储桶，则需要向日志传输组授予对存储桶的写入权限。如果要管理所有 S3 权限的跨账户权限，则存储桶策略是最佳解决方案。可以使用 ACL 授予对其他账户的跨账户权限，但 ACL 仅支持一组有限的权限，它们并不包括所有 S3 权限。通常，可以使用用户策略或存储桶策略来管理权限。

可以选择通过创建用户并向用户（或用户组）附加策略来分别管理权限，或者也可能认为基于资源的策略（如存储桶策略）更适合场景。

2. Amazon S3 阻止公有访问

S3 为存储桶和账户提供了阻止公有访问的设置，有助于管理对 S3 资源的公有访问。S3 阻止公有访问的功能将阻止任何试图允许对 S3 存储桶中的数据进行公有访问的设置。可以为单个 S3 存储桶或账户中的所有存储桶配置阻止公有访问的设置。当将阻止公有访问的设置应用于某一账户时，这些设置将适用于全球所有 AWS 区域。需要注意的是，可能无法在每个对象的基础上应用这些设置。

在默认情况下，新的存储桶和对象不允许公有访问，但用户可以通过修改存储桶策略或对象权限来允许公有访问。S3 阻止公有访问提供的设置可以覆盖这些策略和权限，从而能够限制对这些资源的公有访问。有 4 个独立的设置，可以任意组合使用，每个设置都可以应用于一个存储桶或整个 AWS 账户，如图 5-7 所示。

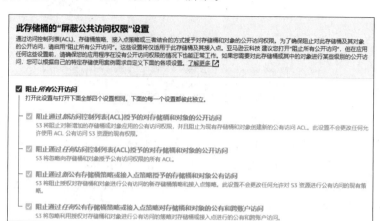

此存储桶的"屏蔽公共访问权限"设置

通过访问控制列表(ACL)、存储桶策略、接入点策略或三者结合的方式授予对存储桶和对象的公开访问权限。为了确保阻止对此存储桶及其对象的公开访问，请启用"阻止所有公开访问"。这些设置仅适用于此存储桶及其接入点。亚马逊云科技建议您打开"阻止所有公开访问"，但在应用任何这些设置前，请确保您的应用程序在没有公开访问权限的情况下也能正常工作。如果您需要对此存储桶或其中的对象进行某些级别的公开访问，您可以根据自己的特定存储使用案例需求自定义下面的各项设置。了解更多 ☑

☑ **阻止所有公开访问**
打开此设置与打开下面全部四个设置相同。下面的每一个设置都彼此独立。

☑ 阻止通过新访问控制列表(ACL)授予的对存储桶和对象的公开访问
S3 将阻止对新增加的存储桶或对象应用的公开访问权限，并且阻止为现有存储桶和对象创建新的公开访问 ACL。此设置不会更改任何允许使用 ACL 公开访问 S3 资源的现有权限。

☑ 阻止通过任何访问控制列表(ACL)授予的对存储桶和对象的公开访问
S3 将忽略向存储桶和对象授予公开访问权限的所有 ACL。

☑ 阻止通过新公有存储桶策略或接入点策略授予的存储桶和对象公开访问
S3 将阻止授权对存储桶和对象进行公有访问的新存储桶策略和接入点策略。此设置不会更改任何允许对 S3 资源进行公有访问的现有策略。

☑ 阻止通过任何公有存储桶策略或接入点策略对存储桶和对象的公有和跨账户访问
S3 将忽略利用授权对存储桶和对象进行公有访问的策略对存储桶或接入点进行的公有和跨账户访问。

图 5-7 存储桶的阻止公有访问

当 S3 收到访问存储桶或对象的请求时，它会检查该存储桶或存储桶拥有者的账户是否启用了阻止公有访问的设置。如果存在阻止公有访问的设置，则 S3 会拒绝该请求。如果存储桶的阻止公有访问设置与其他拥有者的账户设置不同，则 S3 会应用最具限制性的存储桶级别和账户级别设置的组合。

3. Amazon S3 版本控制

版本控制是一种在同一存储桶中保留对象的多个版本的方法。通过版本控制，可以保留、检索和恢复存储在 S3 存储桶中的每个对象的所有版本。当启用存储桶的版本控制时，S3 会保存所有更改过的对象的各个版本，以防止用户因意外操作或数据损坏而丢失数据。启用了版本控制的存储桶允许恢复因意外删除或覆盖操作而丢失的对象。

例如，如果删除（而不是永久移除）一个对象，S3 则会插入一个删除标记，该标记将成为当前对象版本。始终可以恢复以前的版本。覆盖对象会在存储桶中生成新的对象版本。启用版本控制后，在默认情况下将检索最新写入的版本。可以通过在请求中指定版本来检索对象的早期版本。还可以通过到期策略来限制 S3 中保留的对象版本的数量。值得注意的是，一旦启用了存储桶的版本控制，就无法再将其恢复到未启用版本控制的状态，但是，可以在该存储桶上暂停版本控制。

4. Amazon S3 对象锁定

S3 对象锁定使能够使用"一次写入，多次读取"（Write Once, Read Many, WORM）模式存储对象。使用 S3 对象锁定，可以在固定的时间段内或无限期地阻止删除或覆盖对象。S3 对象锁定功能可以在客户定义的保留期内阻止删除对象版本，因此可以通过实施保留策略来进一步保护数据或满足监管要求。无论对象在哪个存储类中，S3 对象锁定保护都将保留，并且会在存储类之间的整个 S3 生命周期转换期间保留。

S3 对象锁定仅适用于受版本控制的存储桶，而保留期和依法保留则适用于个别对象版本。S3 对象锁定提供了两种方式来管理对象保留：保留期限（Retention Period）和依法保留(Legal Hold)。保留期限指定对象可以保持锁定状态的固定时间段。在此期间,对象将受 WORM 保护,不能被覆盖或删除。依法保留提供的保护与保留期相同,但没有到期日期,而依法保留将一直有效,直至明确将其删除。

S3 对象锁定可以在两种模式中配置。当部署为监管模式(Compliance Mode)时,具有特定 IAM 权限的 AWS 账户能够从对象上删除对象锁定。如果需要更强的不变性以便遵守法规,则可以使用合规模式(Governance Mode)。在合规模式中,包括根账户在内的任何用户都不能移除保护。

5. 跨区域复制

跨区域复制是一种自动、异步地的不同 AWS 区域之间复制数据的方法。在数据保护方面,可能会出于多种原因配置复制,例如合规性要求可能要求在更远的距离存储数据。通过跨区域复制,可以在远距离的区域之间复制数据以满足这些要求。另一个原因是灾难恢复。如果某个区域发生自然灾害或攻击,则复制是一个保护数据的绝佳方法。

S3 可以将存储桶中的所有对象或一部分对象复制到任何 AWS 区域。目标存储桶中的对象副本是源存储桶中对象的精确副本。它们具有相同的键名称和元数据。S3 使用 TLS 加密跨 AWS 区域传输的所有数据。

S3 还可以使用由 AWS KMS 或由 S3 管理的密钥跨 AWS 区域复制加密的对象。用于加密对象的密钥副本被发送到目标存储桶。为了防止数据被意外或恶意删除,可以将 S3 对象跨区域复制到其他区域,并在目的地更改拥有者,使难以或无法在两个区域删除相同数据。当将 S3 数据复制到另一个 AWS 区域时,此所有权覆盖是可用选项。可以为源存储桶和目标存储桶设置不同的拥有者,以进一步增强数据保护策略。

也可以设置 S3 跨区域复制(Cross-Region Replication,CRR)策略,以便将数据直接复制到其他 AWS 区域的 S3 Glacier 存储类中,从而实现备份或其他数据保护的目的。可以建立一项简单的 S3 CRR 规则,将存储在一个 AWS 区域内的源存储桶中的每个对象复制到另一个 AWS 区域内的低成本目标存储桶中。

5.1.4　Amazon S3 访问分析器

4min

S3 访问分析器可以监控资源访问策略,从而确保这些策略仅提供对 S3 资源的预期访问。S3 访问分析器可评估存储桶访问策略,并使能够发现并快速修复具有潜在意外访问风险的存储桶。

启用之后,S3 访问分析器将被自动显示在 S3 控制台中,可以查看有关存储桶的相关结果和见解,如图 5-8 所示。

图 5-8 中显示有一个名为 tom 的存储桶是可以公开访问的。如果希望立即关闭对存储桶的公开访问,则可以先选择该存储桶,然后单击"阻止所有公开访问"按钮。AWS 建议阻止对存储桶的所有公开访问。

单击列表中的存储桶名称,可以跳转到存储桶的权限页面。在那里,可以检查授予公开访问权限的 ACL 或策略,并对配置进行必要的更改。

图 5-8　Amazon S3 访问分析器

　　如果确定需要公开访问，例如，静态网站托管或跨账户共享资源，则可以对查找的存储桶进行"存档"操作，这表明打算保留原来的访问设置。

5.1.5　Amazon S3 访问点

　　随着业务对 S3 存储共享数据集的使用越来越广泛，数据由各种应用程序、团队和个人聚合并访问。管理这种共享存储桶的访问需要复杂的存储桶策略，以控制具有不同权限级别的众多应用程序的访问。随着应用程序数量的增加，存储桶策略变得越来越复杂，牵一发而动全身，管理起来耗时且需要审计以确保更改不会对其他应用程序产生意外影响。

　　S3 的接入点（Access Point）是一种在 S3 中存取数据的方式，它简化了对共享数据集的大规模数据访问管理。接入点是附加到桶的命名网络端点，可以通过这些接入点执行 S3 对象操作（如 GetObject 和 PutObject）。可以为一个存储桶创建多个接入点，每个接入点都具有不同的权限和网络控制，S3 将这些控制应用于通过该接入点发出的所有请求。S3 接入点和关系型数据库的视图在某些方面的用途相似，它们都提供了一种方式来管理和控制对数据的访问。

　　S3 访问点使大规模数据访问管理变得简单。以前，需要为不同需求的业务编写、读取、跟踪和审计数百个复杂的权限规则，但现在，不再需要这样做。使用 S3 访问点，可以为每种业务需求创建特定的访问点，并使用针对这些应用程序量身定制的策略访问共享数据集，如图 5-9 所示。这简化了数据访问管理的过程，并使应用程序更容易理解和使用。

　　以下是关于 S3 访问点的一些常见的使用案例。

　　（1）大型共享数据集：使用访问点，可以针对需要访问共享数据集的每个应用程序，将一个大型存储桶策略分解为多个单独的离散的访问点策略。这样可以更轻松地集中精力为应用程序制定正确的访问策略，而不必担心打断共享数据集中任何其他应用程序正在执行的操作。

　　（2）将访问限制在 VPC 中：S3 访问点可以将所有 S3 存储访问限制为通过 VPC 执行。

图 5-9 使用 Amazon S3 访问点

还可以创建服务控制策略(SCP),并要求将所有访问点都限制在 VPC 中,从而通过防火墙将数据隔离在专用网络中。

(3)测试新的访问策略:使用访问点,可以在将应用程序迁移到访问点或将策略复制到现有访问点之前,轻松地测试新的访问控制策略。

(4)将访问限定到特定账户 ID:使用 S3 访问点,可以指定 VPC 终端节点策略,该策略仅允许访问特定账户 ID 所拥有的访问点(及相应的存储桶)。这简化了访问策略的创建,允许访问同一账户中的存储桶,同时拒绝通过 VPC 终端节点进行的任何其他 S3 访问。

访问点是创建的唯一主机名,用于对通过访问点发出的任何请求强制实施不同的权限和网络控制。在默认情况下,可为每个 AWS 账户在每个区域创建最多 1000 个访问点。如果需要在单个区域为一个账户使用超过 1000 个访问点,则可以请求增加服务配额。

访问点具有 Amazon 资源名称(ARN)。访问点 ARN 与存储桶 ARN 类似,但它们结合了访问点的区域和访问点拥有者的 AWS 账户 ID。访问点 ARN 使用以下格式:arn:aws:s3:region:account-id:accesspoint/resource。例如,arn:aws:s3:us-west-2:123456789012:accesspoint/sales 表示名为 sales 的访问点,由区域 us-west-2 中的账户 123456789012 所有。如果要指示区域 us-west-2 中该账户下的所有访问点,则应用星号(∗)替换 sales。

在 S3 访问点推出之前,所有用户都使用存储桶主机名直接通过存储桶访问对象。在这种情况下,存储桶策略用于管理进行访问的每个用户。当多个用户需要访问存储桶时,存储桶策略将变得越来越大,管理起来也更为复杂。

借助 S3 访问点,用户可以直接通过专用访问点访问对象。每个访问点强制实施自定义访问点策略,该策略与附加到底层存储桶的存储桶策略结合起来发挥作用。可以将任何访问点配置为仅接受来自 VPC 的请求,以限制专用网络的 S3 数据访问。还可以为每个访问点配置自定义阻止公有访问设置。

只能使用访问点来执行对象操作。不能使用访问点执行其他 S3 操作,例如修改或删除存储桶。

5.1.6 Amazon S3 跨源资源共享

同源策略是 Web 浏览器保护用户安全上网的重要措施,只有协议、域名、端口号三者相同,才被视为同源。在同源的情况下,浏览器允许 JavaScript 脚本操作 Cookie、LocalStorage、DOM 等数据或页面元素,也允许发送 AJAX 请求。同源策略能有效地阻止恶意文档,降低可能被攻击的风险。例如,它可以防止互联网上的恶意网站在浏览器中运行脚本,从第三方网络邮件服务(用户已登录)或公司内网(因没有公共 IP 地址而受到保护,不会被攻击者直接访问)读取数据,并将这些数据转发给攻击者。

然而,在某些情况下,需要浏览器从一个域名的网页去请求另一个域名的资源,而这两个域名的协议、主机或端口有任何一项不同,例如前后端分离的 Web 应用、图像的 CSS 图形和 Web 字体等,这就需要进行跨域访问。

跨源资源共享(Cross-Origin Resource Sharing,CORS)是一种 W3C 标准,它提供了一种在安全性和功能性之间寻求平衡的机制。CORS 允许服务器通过一些自定义的头部来限制哪些源可以访问它自身的资源。此外,CORS 还规定了对于一些可能对服务器数据产生副作用的 HTTP 请求,需要在正式请求被发出之前,先发送一个预检请求,以确认服务器是否允许该跨源请求。

通过配置 S3 存储桶的 CORS 设置,可以实现以下目标。

(1) 避免浏览器的同源策略的限制,使不同域名或端口的客户端 Web 应用程序能够与 S3 存储桶中的资源进行交互,从而提供更丰富和灵活的 Web 服务。

(2) 利用 S3 存储桶的高可用性、可扩展性和低成本,托管静态网页、图片、视频、音频、字体等资源,并让其他域名的 Web 应用程序可以通过 JavaScript 或其他方式访问这些资源。

(3) 选择性地允许跨域访问 S3 存储桶中的资源,从而保留一定的访问控制和安全性。

如果想让某个存储桶支持跨源请求,则需要修改其 CORS 配置。CORS 配置是一个包含规则的文档,这些规则定义了哪些源可以访问桶,每个源支持哪些操作(HTTP 方法),以及其他特定的操作信息。可以向配置中添加最多 100 条规则。CORS 配置可以作为 CORS 子资源添加到桶中。

在 AWS 管理控制台中配置 CORS 时,必须使用 JSON 格式创建 CORS 配置。每个 CORS 规则都包含以下元素。

(1) AllowedOrigin:指定允许跨域访问的源,可以是一个具体的域名,如 https://www.example.com,也可以是一个通配符,如 *,表示允许所有源。

(2) AllowedMethod:指定允许跨域访问的 HTTP 方法,可以是 GET、PUT、POST、DELETE 或 HEAD 中的一个或多个。

(3) AllowedHeader:指定允许跨域访问的 HTTP 头部,可以是一个具体的头部名称,如 Content-Type,也可以是一个通配符,如 *,表示允许所有头部。

(4) ExposeHeader:指定允许跨域访问的响应头部,可以是一个具体的头部名称,如 ETag,也可以是多个头部名称,用逗号分隔。这些头部将被浏览器暴露给客户端 Web 应用程序,否则默认只有 Cache-Control、Content-Language、Content-Type、Expires、Last-Modified 和 Pragma 这 6 个头部可以被暴露。

（5）MaxAgeSeconds：指定浏览器可以缓存预检请求的结果的最长时间，单位为秒。如果没有指定该元素，则浏览器将不会缓存预检请求的结果。

1. 最简单的配置

在存储桶属性的"权限（Permissions）"选项卡中，导航到"跨源资源共享（CORS）"部分，然后选择"编辑（Edit）"，输入配置，代码如下：

```
[
    {
        "AllowedHeaders": [
            "*"
        ],
        "AllowedMethods": [
            "GET"
        ],
        "AllowedOrigins": [
            "*"
        ],
        "MaxAgeSeconds": 3000
    }
]
```

这是一个非常基本且宽松的 CORS 配置，包括以下元素。

（1）"AllowedHeaders"：["*"]：表示允许所有类型的头部信息在请求中。

（2）"AllowedMethods"：["GET"]：表示只有 GET 方法的请求被允许。GET 方法通常用于获取信息。

（3）"AllowedOrigins"：["*"]：表示允许所有的源发送请求。星号*表示所有的源。

（4）"MaxAgeSeconds"：3000：表示预检请求的结果能够被缓存的最长时间，单位为秒。在这段时间段内，不会发送另一个预检请求。

除了可以访问源网站进行 CORS 测试之外，还可以使用浏览器的开发者工具进行测试。浏览器的开发者工具是一种可以帮助检查和调试网页的工具，它可以查看网页的 HTML、CSS 和 JavaScript 代码，修改元素的样式和属性，设置断点和监视表达式，查看网络请求和性能数据等。不同的浏览器有不同的开发者工具，但是它们都有一些共同的功能模块，例如元素（Elements）、控制台（Console）、源代码（Sources）和网络（Network）。可以通过以下几种方法来打开浏览器的开发者工具。

（1）键盘快捷键：在大多数浏览器中，可以按 F12 或者 Ctrl + Shift + I 打开开发者工具。

（2）菜单栏：在 Chrome 及 Edge 浏览器中，可以单击菜单→更多工具→开发者工具；在 Firefox 浏览器中，可以单击菜单→Web 开发者→切换工具箱；在 Safari 浏览器中，可以单击 Develop→Show Web Inspector。

（3）右击菜单：在任何浏览器中，可以右击网页中的一个元素，并从弹出的菜单中选择

"检查元素""检查(Chrome)"或"查看元素(Firefox)"。

可以通过在浏览器开发者工具控制台中运行 fetch 请求来验证 CORS 策略是否生效，代码如下：

```
fetch('https://website1344.s3.amazonaws.com/aws-logo.png', { mode: 'cors' })
  .then(response =>{
    if (response.ok) {
      console.log('CORS 策略生效');
    } else {
      console.log('CORS 策略未生效');
    }
  })
  .catch(error =>{
    console.log('请求失败: ', error);
  });
```

在这个示例中，首先发送了一个 fetch 请求，以便请求存储中的一个文件，然后等待它的响应。如果响应的状态是 OK(HTTP 状态码在 200~299)，则输出"CORS 策略生效"，否则就输出"CORS 策略未生效"。如果请求失败，则会输出错误信息。

如果存储桶没有配置正确的 CORS 策略，则在输出错误之前还会输出原生的错误信息，如图 5-10 所示。

图 5-10　通过浏览器的开发者工具测试 CORS 配置(失败)

如果存储桶配置了正确的 CORS 策略,则输出结果如图 5-11 所示。

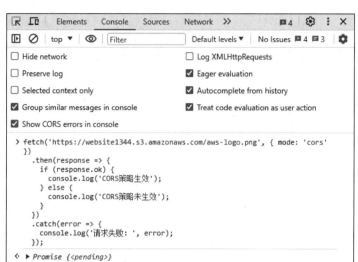

图 5-11　通过浏览器的开发者工具测试 CORS 配置(成功)

2. 具有 3 个规则的配置

第 1 个规则允许来自 http://www.example1.com 源的跨源 PUT、POST 和 DELETE 请求。该规则还通过 Access-Control-Request-Headers 标头允许预检 OPTIONS 请求中的所有标头。作为对预检 OPTIONS 请求的响应,S3 将返回请求的标头。

第 2 个规则允许与第 1 个规则具有相同的跨源请求,但第 2 个规则应用于另一个源 http://www.example2.com。

第 3 个规则允许来自所有源的跨源 GET 请求。* 通配符将引用所有源,代码如下:

```
[
    {
        "AllowedHeaders": [
            "*"
        ],
        "AllowedMethods": [
            "PUT",
            "POST",
            "DELETE"
        ],
        "AllowedOrigins": [
            "http://www.example1.com"
        ],
        "ExposeHeaders": []
    },
    {
        "AllowedHeaders": [
```

```
            "*"
        ],
        "AllowedMethods": [
            "PUT",
            "POST",
            "DELETE"
        ],
        "AllowedOrigins": [
            "http://www.example2.com"
        ],
        "ExposeHeaders": []
    },
    {

        "AllowedHeaders": [],
        "AllowedMethods": [
            "GET"
        ],
        "AllowedOrigins": [
            "*"
        ],
        "ExposeHeaders": []
    }
]
```

3. 可选参数

CORS 配置还允许配置可选的参数，如下面的 CORS 配置所示。CORS 配置允许来自 http://www.example.com 源的跨源 PUT、POST 和 DELETE 请求，代码如下：

```
[
    {
        "AllowedHeaders": [
            "*"
        ],
        "AllowedMethods": [
            "PUT",
            "POST",
            "DELETE"
        ],
        "AllowedOrigins": [
            "http://www.example.com"
        ],
        "ExposeHeaders": [
            "x-amz-server-side-encryption",
            "x-amz-request-id",
            "x-amz-id-2"
        ],
        "MaxAgeSeconds": 3000
    }
]
```

上述配置包括以下可选元素。

（1）MaxAgeSeconds：指定在 S3 针对特定资源的预检 OPTIONS 请求作出响应后，浏览器缓存该响应的时间（以秒为单位，在本示例中为 3000s）。通过缓存响应，在需要重复原始请求时，浏览器无须向 S3 发送预检请求。

（2）ExposeHeader：识别可让客户从应用程序（例如，从 JavaScript x-amz-server-side-encryption 对象）进行访问的响应标头（在本示例中，为 x-amz-request-id、x-amz-id-2 和 XMLHttpRequest）。

5.1.7 Amazon S3 Glacier

Amazon S3 Glacier 是一种低成本的存储服务，适用于数据存档和备份。它的工作原理是将数据分割成多个小块，并将这些小块存储在冷存储层中。当需要访问数据时，可以先从冷存储层中检索最近的小块，然后从热存储层中检索更多的小块，直到获取完整的数据。这种方式既节省了存储空间和成本，又确保了数据的安全性和可靠性。

对于长期存储，可以将 S3 存储桶的内容自动存档到 Glacier 中。可以在 S3 中创建生命周期规则（描述要存档至 Glacier 的对象及时间），以指定的时间间隔将数据传输至 Glacier。Glacier 通过在多个 AWS 可用区及每个可用区内的多个设备上冗余存储数据，从而保护数据。

为了提高数据的持久性，Glacier 会在确认成功上传后将数据同步存储至多个可用区。通过网络访问 Glacier 是通过 AWS 发布的 API 进行的。客户端必须支持传输层安全性（TLS）1.0，建议使用 TLS 1.2 或更高版本。尽管 Glacier 本身并不直接支持 VPC 终端节点，但如果将 Glacier 作为与 S3 集成的存储层进行访问，就可以借助 S3 的 VPC 终端节点实现这一目标。

从 Glacier 检索存档需要启动检索作业。之后，可以通过 HTTP 的 GET 请求访问这些数据。这些数据在 24h 内可供使用。可以从存档中检索整个存档或部分文件。如果只想检索部分存档，则可以使用一个检索请求指定存档的范围（包含感兴趣的文件），或者可以启动多个检索请求，每个请求具有一个针对一个或多个文件的范围。

无论选择哪种方法，在恢复存档部分时都可以使用所提供的校验和来帮助确保文件的完整性，前提是所检索的范围与整个存档的树形哈希对齐。

Glacier 提供了以下 3 个检索选项。

（1）加速检索：适用于需要紧急访问的极少数情况。此选项的数据检索时间可能需要 $1\sim5$min。

（2）标准检索：可能需要 $3\sim5$h。

（3）批量检索：与批量访问存档数据有关。此选项可能需要 $5\sim12$h，但成本极低。

与标准的 S3 存储类似，Glacier 使用特定的校验和算法确保数据在存储过程中的完整性。可以使用 IAM 来管理对 Glacier 的访问权限，创建 IAM 策略定义哪些用户或组可以访问哪些资源。AWS CloudTrail 可以记录和监控对 Glacier 的操作，以满足审计需求。此外，

Glacier 已经被设计成满足各种行业和地区的数据保护和合规性要求。这些功能都使 Glacier 成为一个安全、可靠的数据存储和备份解决方案。

5.1.8 文件库锁定

Amazon S3 Glacier 将文件以存档形式存储在文件库中。在单个文件库中,可以存储无限数量的存档,并且可以在每个 AWS 区域创建多达 1000 个文件库。每个存档最多可包含 40TB 数据。通过 Glacier 文件库锁定,可以轻松地对单个 Glacier 文件库部署并实施文件库锁定策略。在一个文件库锁定策略中,可以指定如"一次写入,多次读取"(WORM)等控制,并锁定该策略以防止未来的编辑。

注意:策略一旦锁定,就无法再更改。有 24h 的时间来接受此策略。一旦接受策略,它将永久生效,就像刻在石头上一样,无法更改。

Glacier 可以执行文件库锁定策略中设置的控制措施,以帮助实现合规性目标,例如基于时间的保留或 MFA 身份验证。可以使用 AWS IAM 策略语言,在不可变的文件库锁定策略中部署各种合规性控制措施。

Glacier 文件库可以附加一个文件库锁定策略。文件库锁定策略是一种可以锁定的访问策略。使用文件库锁定策略可以帮助实施法规和合规性要求。

假设需要先保留存档一年,然后才能删除存档。为了满足这个要求,可以创建一个文件库锁定策略,以便在存档保留时间达到 1 年(由条件表示)之前,拒绝用户删除存档的权限。该策略使用特定于 S3 Glacier 的条件键 ArchiveAgeInDays 来实施 1 年的保留要求,代码如下:

```json
{
  "Version": "2012-10-17",
  "Statement": [
    {
      "Sid": "deny-based-on-archive-age",
      "Principal": "*",
      "Effect": "Deny",
      "Action": "glacier:DeleteArchive",
      "Resource": [
"arn:aws:glacier:us-west-2:123456789012:vaults/example-vault"
      ],
      "Condition": {
        "NumericLessThan": {
          "glacier:ArchiveAgeInDays": "365"
        }
      }}]
}
```

这个策略定义了一个规则,规则的标识符(SID)为 deny-based-on-archive-age。该规则适用于所有主体(Principal),即所有 AWS 用户。该规则的效果(Effect)是 Deny,表示它是一个拒绝规则。它针对的操作（Action）是 glacier：DeleteArchive，即删除 Glacier 档案的操作。该规则适用的资源（Resource）是 arn：aws：glacier：us-west-2：123456789012：vaults/example-vault，即位于 us-west-2 区域的 AWS 账户 123456789012 中名为 example-vault 的 Glacier 文件库。该规则的条件（Condition）是 NumericLessThan，具体的条件是 glacier：ArchiveAgeInDays 小于 365。也就是说，如果一个档案的存储时间少于 365 天，则任何用户都不能删除这个档案。

在锁定策略之前，应先测试该策略。一旦策略被锁定，它将是不可变的。

5.2　Amazon RDS 的保护

Amazon RDS 允许迅速创建关系数据库实例，并根据需求扩展计算资源和存储容量。通过自动处理备份、故障转移及数据库软件的维护，RDS 减轻了管理数据库实例的负担。目前，RDS 支持多种流行的数据库引擎，包括 Amazon Aurora、MySQL、PostgreSQL、Oracle、Microsoft SQL Server 和 MariaDB，从而满足在不同场景下的需求。

为了确保数据库的安全性，RDS 始终为部署的关系数据库软件保持最新的补丁安装。这些补丁在可控制的维护时段内按需应用，以最大限度地减少对业务的影响。可以将 RDS 的维护时段视为执行数据库实例修改（例如扩展数据库实例类）和修补软件的机会。值得一提的是，只有在进行扩展计算操作或需要修补软件时，才需要短暂地让数据库实例脱机，这通常只需几分钟的时间。与安全性和持久性相关的关键补丁会自动安排进行修补，这种情况很少发生，通常几个月才会发生一次，而且几乎不需要过长的维护时段，从而确保了数据库的稳定性和安全性。

5.2.1　网络隔离

RDS 的基本构建块是数据库实例，这是在云中运行的独立数据库环境。RDS 数据库实例继承了与 EC2 实例相同的安全基础设施，包括使用 VPC 进行网络隔离。在 VPC 中运行 RDS 可以在私有子网内拥有数据库实例，指定 IP 地址范围，并为数据库实例配置安全组，如图 5-12 所示。此外，可以通过网络 ACL 允许或拒绝进出每个子网的网络流量，从而保护子网。部署在 VPC 外部的数据库实例会被分配一个外部 IP 地址（这也是终端节点/DNS 名称的解析地址），从而可以从 EC2 或互联网进行连接。

5.2.2　访问控制选项

在 RDS 中首次创建数据库实例时会创建一个主用户账户。这个账户仅在 RDS 环境内使用，用于控制数据库实例的访问权限。主用户账户是一种本机数据库用户账户，可以登录到具有所有数据库权限的数据库实例。在创建数据库实例时，可以指定与每个数据库实例关联的主用户名称和密码。之后，可以创建其他用户账户，以限制谁能访问数据库实例。

借助 RDS for MySQL 或与 MySQL 兼容的 Aurora，可以使用 IAM 数据库身份验证来

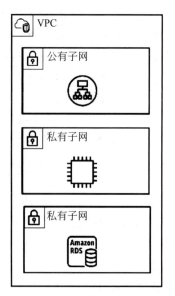

图 5-12　RDS 的网络隔离

对数据库实例或数据库集群进行身份验证。如果使用此身份验证方法，则在连接到数据库实例时无须使用密码。相反，可以使用身份验证令牌，这是 RDS 根据请求生成的唯一字符串。每个令牌的使用期限为 15min。无须在数据库中存储用户凭证，因为身份验证是由 IAM 进行外部管理的。当然，仍然可以使用标准数据库身份验证。

IAM 数据库身份验证具有以下优势：

（1）数据库的出站和进站网络流量使用安全套接字层（SSL）加密。

（2）可以使用 IAM 集中管理对数据库资源的访问，而不是单独管理对每个数据库实例或数据库集群的访问。

（3）对于在 EC2 上运行的应用程序，可以使用 EC2 实例配置文件凭证（而不是密码）访问数据库，从而提高安全性。

还可以使用 IAM 创建权限，这些权限指定使用 AWS 账户的用户、组或角色可以执行哪些 RDS 操作，以及可以对哪些 RDS 资源执行这些操作。创建 RDS 数据库实例后，可以使用主用户凭证来创建数据库资源，并设置数据库实例上的用户。IAM 账户可用于控制对 RDS 资源和 API 操作的访问权限，尤其是创建、修改或删除 RDS 资源（如数据库实例、安全组、选项组、只读副本、快照或参数组）的操作，以及执行常见管理任务（如备份和还原数据库实例）的操作。在授予权限时，要遵循最小权限原则。使用 IAM 策略来控制 IAM 用户和组可以对 RDS 资源执行的操作。

5.2.3　数据保护

在考虑数据保护时，需要关注传输中的加密和静态数据加密。

可以使用 TLS 或本机加密客户端来加密应用程序和数据库实例之间的连接，具体取决于数据库引擎。还可以要求数据库实例仅接受已加密的连接。在传递用户凭证时,RDS 会处理传输中的访问身份验证。可以通过启用加密选项来对 RDS 实例进行静态加密。静态加密的数据包括数据库实例的底层存储、自动化备份、只读副本和快照。

RDS 加密的实例使用行业标准的 AES-256 加密算法来加密托管实例服务器上的数据。在数据加密后,RDS 将以透明方式处理访问身份验证和数据解密,对性能的影响最小。无须修改数据库客户端应用程序即可使用加密。

RDS 加密的实例目前可用于所有数据库引擎和存储类型,但 SQL Server Express 版本除外。在创建加密的数据库实例后,无法更改该实例的加密密钥,因此,在创建加密的数据库实例之前,需要确保先确定加密密钥要求。无法加密现有的未加密的数据库实例。

对于 SQL Server、Oracle 和 Amazon RDS,它们支持透明数据加密(Transparent Data Encryption,TDE)。透明数据加密是一种数据库级别的加密技术,可以在不影响应用程序的情况下对数据库中的数据进行加密。使用 TDE,数据在存储介质上以加密形式保存。对于应用程序和数据库用户而言,数据的加密和解密过程是透明的,无须对现有应用程序进行任何更改。

5.3 Amazon DynamoDB 的保护

5.3.1 Amazon DynamoDB 简介

Amazon DynamoDB 是一种完全托管的 NoSQL 数据库服务,它提供了快速且可预测的性能,并且具备良好的扩展性。对于需要在任意规模上提供一致、延迟仅有几毫秒的应用程序,如移动应用、Web 应用、游戏、广告技术、IoT 等,DynamoDB 是绝佳的选择。通过 DynamoDB,可以将运行和扩展分布式数据库的管理工作交给 AWS,从而无须担心硬件预置、设置和配置、复制、软件修补或集群扩展等问题。可以轻松地创建数据库表来存储和检索任意量级的数据,并支持任何级别的请求流量。随着表数据的不断增长或增加配置的吞吐量,DynamoDB 会自动对数据进行分区和再分区,并预置额外的服务器容量,以满足应用的需求。这样,就能够更加专注于应用程序的开发和创新,而无须过多地关注底层的数据库管理工作。

5.3.2 访问权限控制

要管理谁可以使用 DynamoDB 资源和 API,可以在 AWS IAM 中设置权限。除了可以使用 IAM 在资源级别控制访问权限外,还可以在数据库级别进行控制。可以创建数据库级权限,根据业务需求允许或拒绝访问项目(行)和属性(列)。这些数据库级权限被称为精细访问控制(Fine-grained Access Control),可以使用 IAM 策略创建这些权限,指定在何种情况下用户或应用程序可以访问 DynamoDB 表。IAM 策略可以限制对表中单个项目的访问,对这些项目中的属性的访问,或者同时进行限制。

（1）对表授予权限，但根据特定主键值限制对该表中特定项目的访问。例如，在游戏社交网络应用程序中，所有用户的游戏数据均存储在一张表中，但是用户不能访问不属于自己的数据项目，如图 5-13（左）所示。

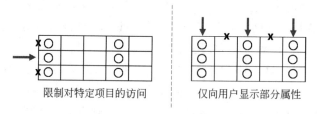

限制对特定项目的访问　　　　仅向用户显示部分属性

图 5-13　DynamoDB 的精细访问控制

（2）隐藏信息，仅向用户显示属性的子集。例如，根据用户位置显示附近机场航班数据的应用程序。航空公司名称、到达和起飞时间及航班号均会显示，但是，飞行员姓名或乘客数量之类的属性会被隐藏，如图 5-13（右）所示。

5.3.3　数据保护概述

与 RDS 类似，需要关注 DynamoDB 在传输中和对静态数据的加密。

为了保护传输中的数据，可以使用 DynamoDB 的 TLS 加密终端节点。这些加密的终端节点可以从互联网和 EC2 实例内部访问。此外，DynamoDB 要求每个服务请求都包含有效的 HMAC-SHA256 签名，否则请求会被拒绝。AWS 软件开发工具包会自动对请求进行签名，但如果需要写入自定义请求，则必须在 DynamoDB 请求头中提供签名。

DynamoDB 提供了静态加密，这是一个服务器端加密选项。利用此选项，DynamoDB 可以在将表保存到磁盘时进行透明加密，并在访问表时进行解密。利用服务器端加密，数据可以通过 HTTPS 连接在传输中进行加密，在 DynamoDB 终端节点进行解密，然后在存储在 DynamoDB 中之前重新进行加密。

在默认情况下，DynamoDB 会在将数据写入磁盘时对所有表进行透明加密和解密。静态加密是强制的功能，无法禁用。静态加密可以保护主密钥、本地和全局二级索引、流、全局表、备份和 DynamoDB Accelerator 群集（只要写入永久媒介时就会保护）。当访问表时，DynamoDB 会解密表中包含目标项目的部分并返回明文项目。静态加密功能使用 AES-256 加密算法加密数据。它在表级别有效，不仅加密基表，还会加密其索引。

使用服务器商加密时，可以选择以下客户主密钥（CMK）之一来加密表。

（1）AWS 拥有的 CMK：默认加密类型。此密钥归 DynamoDB 所有（不另外收费）。

（2）AWS 托管的 CMK：此密钥存储在账户中，由 AWS KMS 管理（收取 AWS KMS 费用）。

（3）客户托管的 CMK：此密钥存储在账户中，由用户创建、拥有和管理。对 CMK 具有完全控制权（收取 AWS KMS 费用）。

客户端加密在 DynamoDB 中为传输中的数据和静态数据从其源到存储提供端到端保

护。明文数据绝不会向任何第三方(包括 AWS)公开,但是,需要向 DynamoDB 应用程序添加加密功能。

1. SSE-KMS 原理

DynamoDB 支持客户端加密和服务器端静态加密两种方式。使用服务器端静态加密,DynamoDB 能够透明地对所有客户数据进行加密,包括主键、本地和全局二级索引。访问加密表时,DynamoDB 会自动解密表数据,无须修改应用程序。在创建表时,如果 AWS 账户的每个区域中不存在 AWS 托管 CMK,DynamoDB 则会创建一个唯一的 AWS 托管 CMK。加密过程如图 5-14 所示。

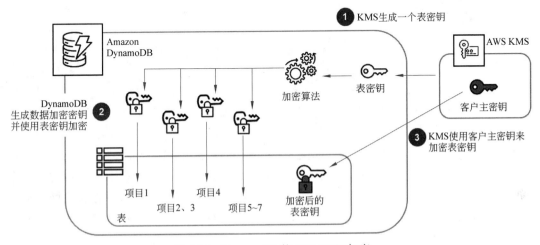

图 5-14　DynamoDB 的 SSE-KMS 加密

(1) DynamoDB 使用 AWS KMS 生成并加密每个表的数据密钥,即表密钥。表密钥在加密表的生命周期内保留。

(2) 表密钥作为主密钥,用于生成数据加密密钥并加密表数据,然后 DynamoDB 使用表密钥保护数据加密密钥。DynamoDB 为表中的每个底层结构生成唯一的数据加密密钥,但多个表项目可能受相同的数据加密密钥保护。

(3) KMS 使用客户主密钥加密表密钥并存储在表中。

当访问加密表时,DynamoDB 会将请求发送到 KMS 以解密表密钥,然后它使用表密钥解密数据加密密钥,以加密/解密表的内容。

2. 传输中加密策略

在这个策略中,使用 aws:SecureTransport 全局条件密钥对 GameScore DynamoDB 表实施传输中加密,代码如下:

```
{
  "Version": "2012-10-17",
  "Statement": [
    {
```

```
        "Sid": "policy12345678901",
        "Action": [
          "dynamodb:BatchGetItem",
          "dynamodb:GetItem",
          "dynamodb:Query"
        ],
        "Effect": "Allow",
        "Resource": "arn:aws:dynamodb:us-west-2:123456789012:table/Gamescores",
        "Condition": {
          "Bool": {
            "aws:SecureTransport": "true"
          }
        }
      }
    ]
  }
```

这个策略指定了一个名为 policy12345678901 的声明，该声明允许执行 dynamodb：BatchGetItem、dynamodb：GetItem 和 dynamodb：Query 这 3 个 DynamoDB 操作。此声明的生效范围是 Allow，并且仅适用于特定的 DynamoDB 表 Gamescores（ARN 为 arn:aws:dynamodb:us-west-2:123456789012:table/Gamescores）。条件规定了此操作必须在安全传输（通过将 aws:SecureTransport 设置为 true）下进行。这就意味着，只有在数据传输过程中进行了加密的操作才会被允许。这样可以有效地保护数据在传输过程中不被窃取或篡改。

5.4 数据库的跨区域加密

在云计算领域中，确保数据的安全与可用性无疑是至关重要的环节。数据库跨区域复制作为一种常见策略，能够显著地提升数据的可用性和持久性，同时更提供了灾难恢复与数据迁移功能。当应用需要为全球范围内的用户提供服务时，跨区域复制能够确保数据在各个地理位置的高可用性。此外，若某个区域发生故障，则可以迅速将服务切换至另一个区域，从而保障服务的连续性，因此，对于构建稳健且可扩展的云应用来讲，理解并实施跨区域复制策略显得至关重要。AWS 数据库跨区域加密的特性，见表 5-1。

表 5-1 数据库的跨区域加密

项　　目	Amazon DynamoDB	Amazon RDS
资源	全局表	只读副本和数据库快照
加密数据支持	所有数据保持加密	所有只读副本和快照保持加密
AWS 区域	两个或更多	任意数量的 AWS 区域

DynamoDB 全局表提供了一种完全托管的解决方案,用于部署多区域、多主机数据库,无须自行构建和维护复制解决方案。在创建全局表时,需要指定两个或更多 AWS 区域,DynamoDB 会在这些区域中创建相同的表,并将后续的数据更改传播到所有这些表。所有加密数据也将被复制。

对于使用 Aurora、MySQL、MariaDB 或 PostgreSQL 引擎的客户,RDS 提供了一种称为只读副本的特殊数据库实例。创建只读副本后,源数据库实例的数据库更新将通过数据库引擎的内置复制功能异步复制到只读副本。可以将应用程序的读取查询路由到只读副本,以减轻源数据库实例的负载。这些只读副本可以跨不同区域复制,以提高应用程序在区域性中断时的灾难恢复能力,以及在主数据库被盗用时的救济能力。作为主数据库实例备份的 RDS 快照也可以被复制到另一个区域。通过将数据库快照复制到另一个区域,可以创建保留在该区域中的手动数据库快照。所有 RDS 引擎都可以使用跨区域快照副本。可以通过启动多个传输将同一快照同时复制到多个区域。

5.5 EBS 卷的保护

Amazon EBS 卷是 AWS 提供的块级存储,被广泛地应用于 EC2 实例。以其高性能、高可用性和高可靠性而著称,是许多应用程序的可靠支撑。与其他数据存储一样,保护 EBS 卷上的数据安全至关重要。

5.5.1 EBS 卷访问控制

访问控制是数据安全的第一道防线。它决定了谁可以访问 EBS 卷,以及他们可以执行哪些操作。EBS 与 IAM 集成,以确保对数据的安全访问,如图 5-15 所示。

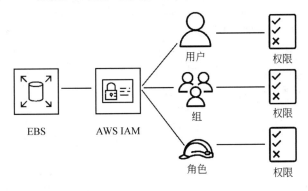

图 5-15 EBS 与 AWS IAM 集成

AWS 使用安全凭证来识别身份并授予对 AWS 资源的访问权。利用 IAM 的功能,可以在不共享安全凭证的情况下,允许其他用户、服务和应用程序完全使用或受限使用 AWS 资源。EBS 资源的 IAM 与 EC2 资源密切相关。

在默认情况下,IAM 身份(用户、组和角色)没有创建、查看或修改 AWS 资源的权限。

要允许用户、组和角色访问 EC2 和 EBS 资源并与 EC2 控制台和 API 进行交互，需要创建 IAM 策略。IAM 策略授予他们使用所需特定资源和 API 操作的权限，然后将该策略附加到需要访问权限的 IAM 身份。

AWS 通过提供由 AWS 创建和管理的独立 IAM 策略来解决许多常见案例存在的问题。托管策略可针对常用案例授予必要的权限，免去调查所需权限的工作。可以为 EBS 资源创建特定的 IAM 策略。使用安全策略，可以限制 EBS 卷的访问权限和限制其管理功能。

5.5.2 EBS 卷加密

1. EBS 卷加密概述

EBS 加密是一种对称加密解决方案，适用于与 EC2 实例关联的 EBS 资源。无须构建、维护和保护自己的密钥管理基础设施。加密 EBS 卷可以解决以下问题：

（1）保护卷内的静态数据。

（2）保护卷和实例之间移动的所有数据。

（3）保护从卷创建的所有快照。

（4）保护从这些快照创建的所有卷。

（5）满足合规要求。

2. EBS 卷加密术语

在创建新 EC2 实例时，可以设置新 EBS 卷的加密属性，如图 5-16 所示。EBS 加密在创建加密卷和快照时使用 AWS KMS 密钥。在使用 EBS 加密时，加密操作发生在托管 EC2 实例的服务器上。这既确保了存储数据（静态数据）的安全性，也确保了 EC2 实例与其挂载 EBS 卷之间的任何移动数据（传输中的数据）的安全性。需要注意，不需要加密挂载到 EC2 实例的每个卷，可以同时将加密卷和未加密卷挂载到一个实例中。

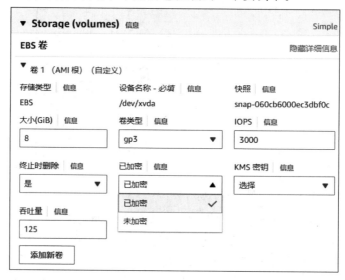

图 5-16　创建 EC2 实例时设置 EBS 卷的属性

要想正确地理解 EBS 加密的原理,需要熟悉 5 个加密术语。

1) AWS KMS 密钥

AWS KMS 密钥(前身为 AWS Customer Master Key,AWS CMK)表示密钥层次结构顶端的逻辑密钥。KMS 密钥有以下 3 种类型。

(1) AWS 管理的密钥:EBS 卷的默认选项。AWS 创建和控制密钥的生命周期和密钥策略,这些密钥是 AWS 账户中的资源。可以查看 AWS 管理的密钥的访问策略和 CloudTrail 事件,但无法执行这些密钥的任何管理工作。针对这些密钥发出的所有请求都被记录为 CloudTrail 事件。

(2) AWS 拥有的密钥:这些密钥由 AWS 创建,并由 AWS 专门用于跨不同的 AWS 服务执行内部加密操作。无法在 CloudTrail 中查看密钥策略或 AWS 拥有的密钥的使用情况。

(3) 客户管理的密钥:客户创建和控制密钥的生命周期和密钥策略。针对这些密钥发出的所有请求都被记录为 CloudTrail 事件。

提示:AWS 官方文档中正在将术语"客户主密钥(CMK)"替换为"KMS 密钥",但相关概念并没有改变。

2) 数据密钥

数据密钥是在硬件安全模块(Hardware Security Module,HSM)上生成的受 KMS 密钥保护的加密密钥。KMS 允许授权实体获取受 KMS 密钥保护的数据密钥。它们可以作为明文数据密钥与加密后的数据密钥返回。数据密钥可以是对称的,也可以是非对称的,同时返回公有密钥和私有密钥。

3) 授权

在一开始就不知道预期的 IAM 委托人或使用持续时间时,用于使用 KMS 密钥的委托权限,因此无法添加到密钥或 IAM 策略中。授权的一个用途是为 AWS 服务如何使用 KMS 密钥定义缩小范围的权限。

4) 对称式和非对式称密钥

AWS KMS 支持对称 KMS 密钥和非对称 KMS 密钥。

(1) 对称 KMS 密钥:用于对称加密,即加密和解密使用相同的密钥。对称密钥是一个 256 位的加密密钥,它绝不会使 AWS KMS 服务处于未加密状态。要使用对称 KMS 密钥,必须调用 KMS。EBS 仅支持对称 KMS 密钥。

(2) 非对称 KMS 密钥:表示数学上相关的公有密钥和私有密钥对,可用于加密和解密,以及签名和验证,但不能同时用于两者。私有密钥绝不会使 KMS 处于未加密状态。可以通过调用 KMS API 操作在 KMS 内使用公有密钥,也可以先下载公有密钥在 KMS 外使用。

5) 信封加密

信封加密是指先使用一个数据密钥加密明文数据,然后用另一个密钥加密该数据密钥。掌握了术语,下面看 EBS 加密的工作原理,如图 5-17 所示。

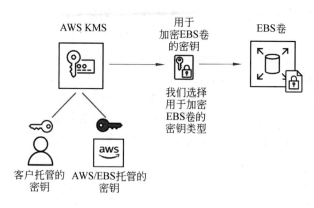

图 5-17　EBS 卷加密工作原理

3. EBS 卷加密原理

AWS EBS 卷加密的原理可以概括为以下几个步骤。

（1）数据密钥的生成和加密：对于每个卷，EBS 请求 KMS 生成一个唯一的数据密钥，然后由 KMS 使用指定的 KMS 密钥对这个数据密钥进行加密。这个加密后的数据密钥将与卷一起存储。

（2）卷的加密：EBS 使用行业标准的 AES-256 算法和数据密钥来加密卷。数据密钥只会在内存中，永远不会以明文形式保存在磁盘中。加密后的数据与加密后的数据密钥一起存储在磁盘上。同一加密后的数据密钥将被所有从这些快照创建的卷及后续卷的快照共享。这样，无论是现有的数据还是未来的数据都可以得到同等的保护。这种方法确保了数据的一致性和安全性。

（3）数据的保护：在创建加密的 EBS 卷并将其附加到支持的实例类型后，将对以下类型的数据进行加密：卷中的静态数据，在卷和实例之间移动的所有数据，从卷创建的所有快照，以及从这些快照创建的所有卷。

（4）密钥管理：当创建一个加密的 EBS 卷时，用户可以选择使用 KMS 中的 AWS 托管的密钥或者客户托管的密钥。如果用户选择使用客户托管的密钥，则还能享受到更多的密钥功能，例如每年自动轮询密钥服务。这为用户提供了更大的灵活性和控制权。

4. EBS 卷加密操作

可以加密 EC2 实例的 EBS 启动卷和数据卷，同时也可以将加密卷和未加密卷附加到同一实例。还可以将账户设置为默认加密，这将强制对新创建的 EBS 卷和快照副本进行加密，如图 5-18 所示。

设置默认加密的一些注意事项包括以下几项。

（1）在默认情况下，加密是特定于区域的设置。如果为某个区域启用它，则无法为该区域中的单个卷或快照关闭它。

（2）启用默认加密功能后，只能创建支持 EBS 加密的实例类型。

（3）启用默认加密功能时，对现有的 EBS 卷或快照没有影响。

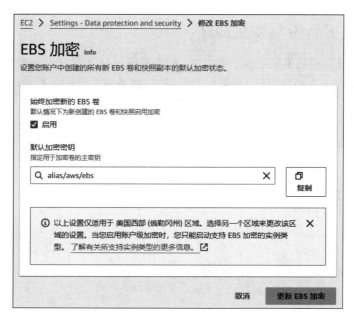

图 5-18　修改默认的 EBS 加密属性

5.5.3　EBS 卷数据删除

根据责任共担模型,当存储设备达到使用寿命时,AWS 会启动报废程序,以防止客户数据被泄露给未经授权的个人。在报废流程中,AWS 会采用 DoD 5220.22-M(《国家工业安全计划操作手册》)或 NIST 800-88(《存储介质清理指南》)中详述的技术来销毁数据。所有报废的磁性存储设备都被消磁,并按照行业标准操作规程进行物理销毁。

AWS 将 EBS 卷作为原始的未格式化的块设备提供。在开始使用它之前,AWS 已经对其进行了擦除。处理 EBS 卷时,AWS 也遵循了 NIST 800-88 中的介质清理指南。

根据合规性要求,还可以在删除 EBS 卷之前执行专门的擦除程序,例如使用 DiskGenius、SDelete 等工具对磁盘扇区进行清零,覆盖数据,使数据无法恢复,以满足特定需求。

提示:从 S3 中删除对象后,系统会立即开始移除从公用名称到对象的映射,通常在几秒内在分布式系统之间处理。一旦移除了映射,就无法远程访问已删除的对象,系统会回收底层存储区域以便再次使用。

5.6　数据备份与恢复

备份是业务恢复能力和运营承诺的重要组成部分。备份数据的原因和方式取决于工作负载、应用程序、所在部门和业务目标。由于每个环境各不相同,需求及备份策略也存在差异,因此 AWS 提供了各种备份产品及选项,以适应业务和备份目标。

5.6.1 数据备份与恢复概述

在为 AWS 服务和数据制定备份策略时,首先要确保拥有良好记录的数据,说明环境中存在的应用程序和工作负载、任何业务或监管需求,以及需要通过备份策略实现的目标。制定备份策略之前需要花一点时间回答以下问题:

(1) 需要哪些数据来维持业务的运转?

(2) 需要备份哪些额外的数据?

(3) 这些备份数据有什么用途?

- 用于灾难恢复规划?

- 合规性与审计目的?

- 日常业务运营还是数据恢复?

- 勒索软件恢复?

(4) 打算如何使用这些已备份的数据?

- 允许用户恢复自己的文件?

- 用于开发和测试?

- 长期保留? 知道每个工作负载的保留要求吗?

- 监管合规?

- 需要备份以备不时之需?

了解业务需求和备份目的后,就可以开始评估哪些备份选项最适合需求。要决定使用哪种类型的数据保护,需要了解应用程序、用户和业务服务等级协议（Service Level Agreement,SLA）。SLA 是管理团队和业务团队之间关于如何及何时可以访问应用程序和数据的协议。这些协议规定了正常运行时间(应用程序可用的时间)和停机时间(服务或基础设施可以离线的时间),还可能包括故障工单解决时间。

1. 关键目标

备份的 SLA 围绕 3 个关键目标展开。

1) 恢复点目标

恢复点目标(Recovery Point Objective,RPO)是指恢复数据所需的时间。能容忍多大程度的数据丢失?

RPO 为 12h 表示可还原的最久备份是 12h 前。过去 12h 备份之后添加或处理的任何数据如果丢失,则是可以接受的。

2) 恢复时间目标

恢复时间目标(Recovery Time Objective,RTO)规定了企业在不影响业务的情况下可以停机或离线的最长时间。

如果 RTO 是 6h,而能够在 2h 后使服务恢复在线,就表示提前了 4h,从而满足了 RTO。

3) 审计与合规性目标

一些企业受外部实体的监管,需要遵守一套受监控的运营标准——审计与合规性目标

（Audit and Compliance Objective）。这些企业需要创建、维护和保留具有不变性（无法以任何方式更改内容或数据）的备份。这些企业还需要能够提供数据，供内部或外部实体进行定期检查或审计。

2. 粒度

粒度由备份或还原所需的深度决定。备份和恢复流程应具有适当的粒度级别，以满足工作负载和任何配套业务流程的 RTO 和 RPO 目标。例如，如果需要恢复特定的 EC2 实例，以便恢复与该实例关联的 EBS 卷，就需要确保备份了该实例和卷，这样才能成功还原。

备份和恢复规划中应包括以下项目。

（1）文件级恢复：例如，不要忘记还原应用程序所需的任何配置文件。

（2）应用程序级恢复：例如，特定的 Web 服务器应用程序版本。

（3）应用程序数据级恢复：例如，MySQL 中的特定数据库。

（4）EC2 卷级恢复：例如，需要恢复的 EBS 卷。

（5）EC2 实例级恢复：例如，特定实例类型、VPC、IAM 角色、子网和安全组。

（6）托管服务恢复：例如，一个特定的 DynamoDB 表。

当开始或更新备份计划时，需要花一些时间找出备份策略中的任何依赖项。考虑所有恢复要求及架构中各组件之间的数据依赖项。

5.6.2　AWS 数据保护产品概述

AWS 提供多种数据保护服务。根据环境的大小、所用 AWS 服务的数量、管理开销要求及希望备份完成的任务，AWS 提供的各种选项可以满足不同的业务需求或目标。可以将它们分为 3 个数据保护类别。

1. 服务原生备份和快照

服务原生备份和快照是与所支持的服务紧密集成的备份功能。例如，通过 AWS 管理控制台为 RDS 制作每日快照。使用服务原生备份和快照时，可以通过特定于服务的 API、CLI 或通过登录 AWS 管理控制台来创建并管理备份和快照。除了 RDS 之外，DynamoDB 和 EBS 及许多其他产品都提供服务原生备份和快照功能。

当对服务没有审计要求且只需备份有限数量的 AWS 服务时，服务原生解决方案最合适。如果只使用一项 AWS 服务，则此选项可能有用。如果使用近 200 项 AWS 不同的服务，则服务原生选项的管理开销可能无法满足需求。

2. 基于策略的集中式备份和快照（AWS Backup）

虽然服务原生工具可以进行备份，但进行集中式管理和维护可能会有些困难。相比之下，AWS Backup 提供了一种集中式端到端的解决方案，能够进行审计、报告和管理，从而提供所需的灵活性和控制能力。

AWS Backup 是一种基于策略的集中式解决方案，可以创建、自动化和简化环境中所有备份的管理。借助 AWS Backup，可以在 AWS 服务、云环境及本地部署中实现数据保护的集中化、简单化和自动化。

使用 AWS Backup，可以在一个管理控制台中配置备份策略并监控 AWS 资源的活动，不必登录到每个特定服务的控制台中管理备份。可以对以前可能需要逐个服务执行的备份任务进行自动化并加以整合。此服务还让用户不必创建和维护自定义脚本及手动备份程序。

3. AWS 弹性灾难恢复（AWS Elastic Disaster Recovery）

虽然 AWS Backup 是一款对 AWS 服务备份进行集中式管理的专业软件，但它并不是一种专门的灾难恢复解决方案。

AWS 弹性灾难恢复服务，以前的服务名称为 CloudEndure Disaster Recovery，是针对灾难恢复的更合适的选择。这个服务借助低成本的存储和极少的计算资源，通过时间点恢复（Point-In-Time Recovery，PITR）的方式，能够快速、可靠地恢复本地部署和基于云的应用程序。这种服务旨在最大限度地缩短停机时间和减少数据丢失。

5.6.3　AWS Backup 支持的服务

AWS Backup 提供了集中式管理和控制功能，例如能够管理备份操作，还能够跨受支持服务集中编排备份。目前，可以利用 AWS Backup 对 20 项 AWS 资源和第三方应用程序进行备份和恢复。这些资源和应用程序可以归类为计算服务、存储服务、数据库服务、混合云和其他服务 5 大类。

1. 计算服务

AWS Backup 可以在实例级别自动执行 EC2 的备份和恢复任务。相比于仅备份单个 EBS 卷，备份和还原 EC2 实例需要更全面的保护。为了成功地还原实例，不仅需要所有的 EBS 卷，还需要重新创建一个与原实例完全相同的实例，包括实例类型、VPC、安全组、IAM 角色等。

在备份 EC2 实例时，AWS Backup 会获取所有的 EBS 卷、AMI 及启动配置的快照。这些用于计算的备份数据以 EBS 卷支持的 AMI 形式存储，然后由 AWS Backup 存储在 S3 存储桶中。此外，AWS Backup 还会存储 EC2 实例的一些配置参数，包括实例类型、安全组、VPC、监控配置及标签。

还可以备份和还原启用了卷影复制服务（Volume Shadow Copy Service，VSS）的 Microsoft Windows 应用程序。这使可以计划应用程序一致的备份，定义生命周期策略，并作为按需备份或既定备份计划的一部分执行一致的还原。

然而，需要注意的是，附加到实例上的 Elastic Inference 加速器的配置及启动实例时使用的用户数据并不包含在备份内容中。

2. 存储服务

AWS 的所有存储选项都内置了容错和冗余功能，然而，即使具备高级别的原生冗余，在环境中引入可靠的备份解决方案仍然至关重要。备份提供了法律、合规性和审计功能，有助于在发生区域性事件或人为错误时恢复业务并确保其正常运行，无须担忧。

1）EBS

可以通过创建时间点快照，将 EBS 卷上的数据备份到 S3。快照会获取 EBS 卷的副本并将其放置在 S3 中,并存储在多个可用区中以提供冗余。初始快照是卷的完整副本,后续的快照仅存储数据块级的增量更改。AWS Backup 使用原生 EBS 快照 API 进行备份,可以创建快照并将快照还原到该 AWS 区域内任何位置的新卷中。此外,还可以将快照复制到其他区域,然后还原到这些区域的新卷中,这样就更容易使用多个区域进行地理扩展、数据中心迁移和灾难恢复。

2) EFS

有两个选项可用于通过备份 EFS 文件系统来保护数据:AWS Backup 服务和 EFS 复制。以下是可备份的内容:

可以使用 AWS Backup 来备份 EFS 文件系统中的所有数据,无论这些数据位于哪个存储类。AWS Backup 对 EFS 文件系统进行增量备份。在初始备份时会生成整个文件系统的完整副本。在对该文件系统进行后续备份时,只复制已更改、已添加或已删除的文件和目录。可以还原整个文件系统,也可以还原特定的文件和目录。

在成本节省和优化方面,可以获得以下好处:

将备份分层到冷存储以降低存储成本;为成本分配添加标签,与 AWS Cost Explorer 结合使用;EFS 备份也可以被转换到较低层存储,这有助于降低成本。

3) S3

利用 AWS Backup,能够创建备份策略,并通过标签或资源 ID 将其分配给 S3 存储桶。在使用 AWS Backup 时,能够进行以下操作:

(1) 创建近乎连续的时间点备份和定期备份。

(2) 通过集中配置备份策略,实现备份计划和保留的自动化。

(3) 将 S3 数据的备份还原到特定时间点。

需要注意的是,只有在存储桶上激活了 S3 版本控制后,AWS Backup 才能对其进行备份。AWS Backup 建议为启用了版本控制的存储桶设置生命周期过期规则。如果没有设置生命周期的有效期,则 S3 的存储成本可能会增加,因为 AWS Backup 会保留所有版本的 S3 数据。

4) FSx

Amazon FSx 是一种完全托管的文件系统服务,提供了包括 Windows 文件服务器、Lustre、NetApp ONTAP 和 OpenZFS 4 种文件系统供用户选择。AWS Backup 对这 4 种文件系统都有良好的支持。

以适用于 Windows 文件服务器的 FSx 为例,可以实现文件系统一致且高度持久的增量备份。为了确保文件系统的一致性,FSx 利用了 Windows 操作系统中的 VSS(Volume Shadow Copy Service)功能。为了确保备份的高持久性,FSx 将备份数据存储在 S3 中。

无论是通过每日自动备份生成,还是通过用户手动启动的备份功能生成,适用于 Windows File Server 的 FSx 备份都是增量备份。这意味着只保存最近一次备份后文件系统中发生更改的数据。由于无须复制整个文件系统,这种方法极大地缩短了创建备份所需的时间,并进一步节省了存储成本。在删除备份时,只需删除该备份特有的数据。每个适用于 Windows File Server 的 FSx 备份都包含从备份创建新文件系统所需的所有信息，因此可以有效地将文件系统还原到特定的时间点快照。

3. 数据库服务

AWS Backup 支持关键数据存储和数据库备份的数据库服务包括 RDS、Aurora、DynamoDB、DocumentDB、Neptune、Redshift、Timestream 及 SAP HANA 数据库。下面介绍常用数据库服务的备份与恢复方法。

（1）RDS：RDS 会创建数据库实例的存储卷快照，并备份整个数据库实例，而不仅是单个数据库。RDS 会根据设定的备份保留期保存数据库实例的自动备份。必要时，可以将数据库恢复到备份保留期内的任何时间点。可以还原计划备份、按需备份和连续 PITR（Point-In-Time Recovery）的快照。

（2）Aurora 集群：可以使用 AWS Backup 管理 Aurora 数据库集群快照。AWS Backup 可以集中配置备份策略，监控备份活动，并在 AWS 区域内及跨 AWS 区域复制快照。可以直接从 AWS 管理控制台为 PostgreSQL 兼容版和 MySQL 兼容版 Aurora 数据库创建、管理和还原 Aurora 备份。无须自定义脚本即可自动安排手动 Aurora 集群快照的备份计划。

（3）DynamoDB 表：对于 DynamoDB 表，AWS Backup 提供了一些额外的高级功能，以满足数据保护需求。一旦在所在的 AWS 区域中启用了 AWS Backup 的高级功能，就可以为所有新创建的 DynamoDB 表备份解锁一些特性。

可以通过将备份分层到冷存储来降低存储成本，同时，还可以添加标签以进行成本分配，并与 AWS Cost Explorer 一起使用，这有助于降低成本和对付费项目进行优化。

此外，AWS Backup 支持跨区域和跨账户复制，这对于确保业务连续性非常重要。

为了提高安全性，可以将备份存储在加密的备份保管库中，并使用 AWS 备份保管库锁定、备份策略和加密密钥对其进行保护。此外，备份会从源 DynamoDB 表继承标签，因此可以使用这些标签设置权限和服务控制策略（SCP）。

4. 混合云

混合云涉及本地部署的应用程序和基于云的 AWS 服务的工作负载。借助 AWS Backup，可以保护在 VMware Cloud on AWS 和本地部署的 VMware Cloud AWS Outpost 中运行的 VMware 工作负载，以及存储在 AWS Storage Gateway 卷上的数据。

AWS Backup 对 VMware 的支持带来的关键优势如下。

（1）集中管理数据保护：提供一个自动化、集中管理的备份位置。

（2）高备份合规性：为 VMware 备份提供内置控制，以便可以跟踪备份和还原操作，并生成可供审计的报告。

（3）灵活的还原选项：提供一键式还原体验，以便可以在本地和 VMware Cloud on AWS 中还原 VMware 备份。

通过与 AWS Backup 的集成，可以备份使用 Storage Gateway 卷作为云端存储的本地应用程序。这种集成支持缓存卷和存储卷的备份和还原。

5．其他服务

AWS CloudFormation 是 AWS 中用于基础设施（代码，IaC）的主要服务，它允许以可重复和可控的方式创建和管理 AWS 资源。AWS Backup 对 CloudFormation 堆栈的支持，使可以以一个单元的方式备份和恢复 CloudFormation 堆栈及其相关资源。

CloudFormation 堆栈由多个有状态和无状态资源组成，可以作为一个单元进行备份。这意味着，可以通过备份堆栈并恢复其中的资源来备份和还原包含多个资源的应用程序。堆栈中的所有资源均由堆栈的 CloudFormation 模板定义。备份 CloudFormation 堆栈时会为该 CloudFormation 模板及堆栈中 AWS Backup 支持的每个其他资源创建恢复点。

5.6.4　AWS Backup 使用概述

AWS Backup 能够跨 AWS 服务和混合工作负载集中管理和自动化数据保护。在 AWS Backup 中，可以选择以下任一选项来创建、管理、还原和审计备份：

（1）AWS 管理控制台（直观的图形用户界面）。

（2）AWS Backup API（方便实施插件）。

（3）AWS 软件开发工具包（SDK），可增强应用程序的集成和开发。

无论选择哪种方式，使用 AWS Backup 主要包括创建备份计划、分配应用程序或服务资源及管理监控审计 3 个步骤。

1．创建备份计划

访问 AWS Backup 需要使用凭证，这些凭证必须有权访问相应的 AWS 资源，例如 EC2 实例、DynamoDB 数据库或 EFS 文件系统等。可以采用一种集中式的数据保护策略来配置 AWS Backup，这种策略称为备份计划。备份计划包含备份频率和保留期等参数，并跨 AWS 计算、存储和数据库服务协同工作，以实现数据保护自动化。创建备份计划的方式有多种，可以从现有模板开始，也可以创建新计划，或者使用 JSON 文档来定义计划。

需要为新的备份计划设置备份规则。备份规则指定了备份的时间表、时段和生命周期。备份规则还指定要在哪个备份保管库中存储备份，以及在创建备份时要添加哪些标签。可以在一个备份计划中使用多条备份规则来满足合规性要求（例如，一条规则是创建每日备份并保留一个月，另一条规则是创建每月备份并保留一年）。

2．分配应用程序或服务资源

当指定资源分配时，AWS Backup 将确定备份计划要保护哪些资源。每次运行备份计划时，AWS 会扫描 AWS 账户中符合资源分配标准的所有资源。这种自动化级别允许只需定义一次备份计划和资源分配。

AWS Backup 简化了寻找和备份新资源的过程，这些新资源符合先前定义的资源分配。资源分配可以包括（或排除）特定的资源类型和特定资源。资源类型包括 AWS Backup 支持的 AWS 服务或第三方应用程序的每个实例或资源。例如，DynamoDB 资源类型指的是所有的 DynamoDB 表。资源是某种特定资源类型的单个实例，例如一个特定的 DynamoDB 表。可以使用其唯一的资源 ID 来指定特定资源。可以使用标签和条件运算符进一步细化资源分配。

在定义了备份计划策略并且分配了 AWS 资源后，AWS Backup 就会自动创建备份，并将这些备份存储在指定的备份保管库中。

AWS Backup 遵循 AWS 责任共担模式，包括有关数据保护的法规和准则。对存放在 AWS 云中的任何个人数据负责。因为安全性对于保持业务正常运转至关重要，所以在制定了第 1 个备份计划后，应该审查安全性与合规性目标，确保这些目标满足企业的监管、审计和安全要求。

当首次使用管理控制台中的 AWS Backup 功能的时候，系统会自动创建一个默认的备份保管库。如果通过 AWS CLI、AWS SDK 或 CloudFormation 使用 AWS Backup，则系统不会创建默认的保管库，必须先创建自己的保管库，然后才能创建备份计划。

在 AWS Backup 中，备份保管库是存储和组织备份的容器。使用多个保管库，可以实现以下目标。

（1）使用保管库访问策略来保护保管库。

（2）多个保管库可限制用户修改保管库的配置或限制用户删除任何恢复点，并限制用户访问账户中的恢复点。

（3）限制从保管库中删除备份的能力。

（4）分离权限，例如开发、测试和生产权限。

（5）确保无法从受保护的原生服务中删除备份。

（6）为每个保管库配置唯一的 SNS 通知。

建议根据保管库中存储的内容创建不同的保管库；例如，创建财务账单保管库来保存账单应用程序的备份，或创建培训资源保管库来保存内部培训材料。将这两者保存到同一个保管库中是糟糕的做法，因为与培训部门相比，财务部门具有不同的安全级别和不同的用户群。当分配权限时，务必遵循最低权限原则，仅分配人们完成任务所需的访问权限。

3. 管理监控审计

AWS Backup 与其他 AWS 工具协同工作，可以有效地监控工作负载。在制定备份计划和分配应用程序或服务资源之后，下一步是制定指标，以便在备份任务运行成功和运行失败时接收通知。在监控备份时，可以主动处理问题或失败的任务，并验证审计合规性。

Amazon CloudWatch 是一项实时监控 AWS 资源的服务。可以使用 CloudWatch 为 AWS Backup 收集和跟踪指标，详见表 5-2。

表 5-2 使用 CloudWatch 来监控 AWS Backup 指标

类别	指 标	示 例 维 度	示 例 使 用 案 例
任务	每种状态下的备份、还原和复制任务数	资源类型、保管库名称	监控一个或多个特定备份保管库中失败的备份任务数。当 1h 内出现 5 个以上的失败任务时，使用 SNS 发送电子邮件或短信，或创建工单，以便让工程团队进行调查

续表

类别	指 标	示例维度	示例使用案例
恢复点	每种状态下的热恢复点和冷恢复点数	资源类型、保管库名称	跟踪 EBS 卷的已删除恢复点数,并分别跟踪每个备份保管库中的热恢复点数和冷恢复点数

Amazon SNS 是一项托管服务,提供从发布者到订阅者(也称为生产者和消费者)的消息传递。可以为 AWS Backup 配置 SNS,以便及时获得事件通知。

Amazon EventBridge 是一项无服务器事件总线服务,通过它可以将应用程序与各种来源的数据相连接。将 AWS Backup 与 EventBridge 结合使用时,可以监控和记录 AWS Backup 事件,以便于支持监管合规报告义务并满足业务连续性 SLA。EventBridge 可以监控 AWS Backup 事件,以便在保管库设置发生更改或备份失败时主动通知。

最后,讨论一下 AWS Backup 与合规性的关系。合规性是所有现代企业的核心议题,AWS Backup 在此方面提供了强大的支持。满足内部审计合规性规则、维护集中式复制、数据保留和访问可能带来挑战,但 AWS Backup 通过自动化和集中化的备份策略,使这些变得更加简单。AWS Backup 提供了一种灵活且可定制的解决方案,以满足各种合规性要求。在创建备份计划的过程中,就需要考虑合规性。为了实现合规性,需要跟踪、审计和报告备份活动,以确保满足组织和监管要求。

5.6.5　AWS Backup 与勒索软件攻击缓解

勒索软件是一种恶意攻击者用来向实体勒索钱财的业务模式和技术。攻击者利用各种策略获取对受害者数据和系统的未经授权的访问,包括利用未修补的漏洞、利用薄弱或被盗的凭证,以及使用社会工程,然后恶意攻击者会限制对这些数据和系统的访问,并要求支付赎金才会安全地归还这些数字资产。

勒索软件是一个重大威胁,无论是在私有云、公有云还是混合云中都没有单一的组织机制能够完全解除这一威胁。不同的攻击途径(例如加密/勒索或窃取)具有不同的攻击入口点、波及范围和缓解这些攻击的解决方案。

然而,对于驻留在云中的工作负载,AWS Backup 提供了一种有效的方法,可以在发生加密型勒索软件攻击时隔离和保护工作负载。AWS Backup 的一个强大功能是,当创建备份保管库时,可以使用不同的 AWS KMS 密钥。这个功能非常强大,因为 AWS KMS 密钥可以创建一个策略,允许 AWS 操作员对备份进行加密,但可以将解密限制为完全不同的主体。此外,AWS Backup 的"一次写入,多次读取"设置可以保护在备份保管库中存储和创建的所有备份。这项功能为备份保管库增加了一层保护,防止可能影响保留要求的无意删除、恶意删除或更新操作。

5.7　Amazon Macie 服务

Amazon Macie 是一项安全服务,利用机器学习技术自动发现、分类和保护 AWS 中的敏感数据。

5.7.1　Amazon Macie 服务概述

Macie 能识别各种敏感数据，如个人身份信息（Personally Identifiable Information，PII），包括护照号码、医疗身份号码和税务身份号码，以及财务信息、加密密钥和凭证。Macie 提供了一个控制面板和警报系统，通过分析基于 S3 资源的策略和 ACL，帮助了解数据访问情况。此外，Macie 还允许使用常规表达式添加自定义数据类型，以便发现企业的专有或唯一敏感数据。

Macie 可以在 S3 存储桶级别帮助对敏感数据和关键业务数据进行分类。Macie 会扫描所有发现的受支持的对象并对它们进行评估，以获取符合作业标准的敏感数据。可以进一步配置这些敏感数据发现作业，例如，只对 PDF 文档进行分类，或对除具有特定前缀的对象之外的所有对象进行分类。在默认情况下，Macie 会持续监控已启用它的所有账户中的所有存储桶。对于任何公有存储桶、未加密的存储桶，或与客户组织外部的 AWS 账户共享或允许他们复制的存储桶，系统都会生成结果。这些结果会实时报告。

Macie 摘要页面提供了已通过 Macie 发现的存储桶的概述，如图 5-19 所示。存储桶会被监控，包括公共访问、未启用加密及账户外部共享或复制的情况，如图 5-20 所示。

图 5-19　Macie 摘要中的"自动发现"信息

当检测到 S3 中存在策略违规或发现敏感数据时，Macie 会生成一个结果，如图 5-21 所示。可以使用 Macie 查看结果，也可以让 Macie 将策略结果发送到 AWS Security Hub 进行进一步分析。Macie 会按对象或存储桶整合结果，以减少警报量并加快分类速度。

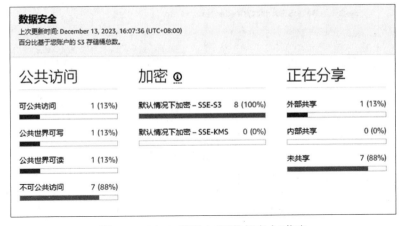

图 5-20　Macie 摘要中的"数据安全"信息

图 5-21　Macie 中的"查找结果"信息

Macie 的结果会根据安全级别进行优先级排序,每个结果都包括敏感数据类型、标签、公共可访问性和加密状态等详细信息,如图 5-22 所示。结果会保留 30 天,可以在 AWS 管理控制台或通过 API 获取这些结果。完整的敏感数据发现详细信息将自动写入客户拥有的 S3 存储桶,以便长期保留。

作业通过分析特定 S3 存储桶中的数据,获取敏感数据。每个作业可以使用 Macie 提供的托管数据标识符,也可以使用创建的自定义数据标识符。借助 Macie,可以针对 S3 存储桶中的所有或部分子集对象运行一次性、每日、每周或每月一次的敏感数据发现作业。对于敏感数据发现作业,Macie 会自动跟踪对存储桶所做的更改,并会随着时间的推移仅评估新对象或修改过的对象。

图 5-22 某个 S3 存储桶包含敏感信息（私有密钥）的情况

5.7.2 Amazon Macie 服务的案例

1. 其他 AWS 服务集成

使用 Macie 扫描 S3 存储桶，可以了解哪些存储桶包含敏感信息。借助 Macie 的自动化数据发现，可以使用自动化功能持续扫描所有 S3 存储桶，以查找敏感数据和潜在的安全风险。Macie 可以与多种 AWS 服务集成，如图 5-23 所示。

（1）用户或开发人员将对象推送到 S3 存储桶。

（2）在 AWS 管理控制台中激活 Macie 自动发现后，Macie 会评估每个 S3 存储桶的敏感度级别。它检查数据安全风险，并引入优化的采样率，以减少需要分析的数据量并降低成本。

（3）Macie 结果可以发送到 EventBridge，以便可将特定类型的结果发送到 AWS Lambda 函数，然后 Lambda 函数可能会处理数据并将其发送到安全事件和事件管理系统。

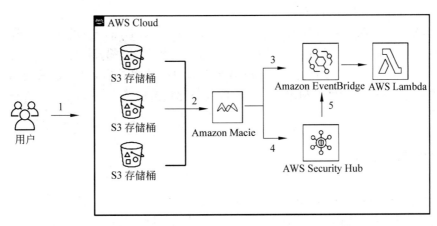

图 5-23　Macie 与其他 AWS 服务集成

（4）Macie 生成的结果可以发送到 AWS Security Hub 以与其他数据聚合，并且可以按优先级对结果进行排序。

（5）AWS Security Hub 可以使用 EventBridge 自动修复 Macie 使用自定义操作生成的结果。

2. 混合云解决方案

这是一个公司使用 AWS Direct Connect 创建与 AWS 的混合云案例，如图 5-24 所示。所有生产数据都将发送到 AWS 进行存储，根据合规性要求进行存档及通过 Amazon Athena 进行分析。

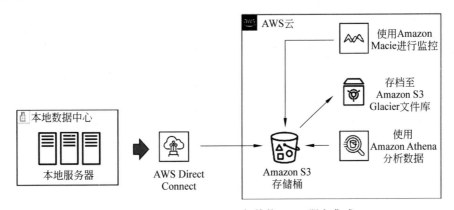

图 5-24　Amazon Macie 与其他 AWS 服务集成

随着 Macie 的加入，现在可以针对以下方面对数据进行监控和分类：

（1）通过分析 CloudTrail 日志和事件进行匿名访问。

（2）公有 S3 存储桶中的敏感信息。

（3）具有某些关键字的 S3 存储桶和对象。

（4）包含某种类型的数据的 S3 对象。

3. 保护 Amazon RDS 和 Amazon CloudTrail 集成

目前，Macie 只保护存储在 S3 中的数据。对于 RDS 和 DynamoDB 中的数据，Macie 目前并不能直接保护，然而，这并不意味着这些服务中的数据无法得到保护。

一种可能的方法是将 RDS、DynamoDB 数据库中的数据导出到 S3，然后使用 Macie 来扫描这些数据。这样，就可以利用 Macie 的数据分类和保护功能来检测非 S3 存储桶中的敏感数据了。

5.8　本章小结

本章深入地探讨了 AWS 中各种数据保护策略和工具。首先了解了 S3 的保护机制，包括加密过程、服务器端加密、资源保护、访问分析器、访问点、跨源资源共享、Glacier 和文件库锁定等方面，然后探讨了 RDS 的保护，包括网络隔离、访问控制选项和数据保护。接下来，研究了 DynamoDB 的保护，包括访问权限控制和数据保护概述。还讨论了数据库的跨区域加密，EBS 卷的保护，以及数据备份与恢复的重要性。最后，介绍了 Macie 服务，这是一项利用机器学习技术实现自动发现、分类和保护 AWS 中敏感数据的安全服务。

第 6 章

应用安全管理

在云计算环境中,应用安全管理是保护数据和业务的重要手段。应用安全管理涉及应用程序的开发、部署、运行和监控的各个阶段,以及应用程序的各个层次,如 Web 层、传输层、数据层等。在本章中,将介绍 AWS 提供的一系列服务和工具,以实现应用安全管理的目标。

本章要点:

(1) 应用开发与安全概述。

(2) AWS WAF 服务。

(3) AWS Shield 服务。

(4) DDoS 缓解。

(5) Amazon Cognito 服务。

(6) Amazon API Gateway 服务。

(7) AWS Lambda 函数。

6.1　应用开发与安全概述

应用程序是在云计算环境中提供服务和交互的主要方式。应用程序的安全性直接影响到数据和业务的安全性,因此,需要在应用程序的开发、部署、运行和监控的各个阶段采取有效的措施,以此来保证应用程序的安全性。本节将介绍应用程序的安全生命周期,以及如何在 Web 层、传输层、数据层等不同层次保护应用程序。

应用程序的安全生命周期是指从应用程序的设计、编码、测试、发布、运行、维护到废弃的整个过程,其中涉及应用程序的安全需求、安全策略、安全控制、安全评估、安全改进等方面。

开发运营(DevOps)是一种持续交付模式,它通过人员、流程和工具 3 方面,促进开发团队和运营团队之间的紧密协作,从而提高运营效率和软件质量。开发运营的基本原则是人员大于流程,流程大于工具。这意味着团队间的沟通和协作是最重要的,其次是优化和标准化流程,最后是选择合适的工具来支持流程。开发运营的实践包括 3 个主要组件:持续集成(CI)、持续交付(CD)、持续监控和改进。这些组件可以通过自动化流程和基础设施(代码)的方法实现,从而提高可重复性、可靠性、稳定性、灵活性和安全性。

开发运营和安全工程(DevSecOps)是在开发运营的基础上,将安全团队也纳入协作中,从而在软件开发生命周期(Software Development Life Cycle,SDLC)的早期引入安全。DevSecOps 的目标是在不影响速度的前提下,提高软件的安全性。DevSecOps 的理念:安全是每个人的共同责任,每个参与 SDLC 的人都应该在 DevOps 的 CI/CD 工作流中构建安全。例如,开发人员需要在编写代码时遵循安全编码规范,运维人员需要在部署应用程序时使用安全的工具和配置,安全人员需要在测试和监控应用程序时使用安全的工具和方法。

DevSecOps 的实施需要从威胁建模开始,然后根据威胁建模的结果创建用户案例,并将其分配到迭代周期或冲刺(Sprint)中。在每个迭代周期或冲刺中,需要进行单元测试和渗透测试,以验证安全控制的有效性,并及时修复漏洞。同时,需要持续监控和改进安全性能,以应对新的威胁和变化。

在应用程序的安全生命周期中,需要遵循一些基本的原则和方法。

6.1.1　设计阶段

需要从安全的角度进行调研、规划和设计,分析应用程序的功能、架构、组件、依赖、数据流等,确定应用程序的安全需求和目标,以及可能面临的安全威胁和风险。例如,需要考虑应用程序的敏感数据如何存储和传输,应用程序如何防止未经授权的访问和篡改,应用程序如何处理异常和错误等。还需要制定应用程序的安全策略和规范,包括安全编码标准、安全测试规范、安全发布规范等,以指导应用程序的开发和部署。这一阶段是应用程序的安全生命周期的基础,也是实施 DevSecOps 的关键,因为它可以在初期就考虑和规划安全性,而不是在后期才加入安全性。

在应用程序的设计阶段,可以使用 AWS Well-Architected Tool 来评估应用程序的架构是否符合 AWS 的最佳实践,包括安全性等方面。

6.1.2　编码阶段

需要遵循安全编码标准,避免引入常见的应用程序漏洞,如 SQL 注入、跨站脚本、跨站请求伪造等。还需要使用安全的编程语言、框架、库、工具等,以提高应用程序的安全性和可靠性。还需要使用自动化工具和手动方法,对应用程序的代码进行安全测试,以发现和修复应用程序的缺陷和漏洞。这一阶段是应用程序的安全生命周期的核心,也是实施 DevSecOps 的重点,因为它可以在编码的过程中就构建安全性,而不是在测试或发布的时候才检查安全性。

在应用程序的编码阶段,可以使用 AWS CodeCommit 来存储和管理应用程序的代码,并使用 AWS CodeBuild 来自动化应用程序的构建过程。可以使用 Amazon CodeGuru 来对应用程序的代码进行安全审查和优化,以发现和修复常见的漏洞和缺陷。可以使用 AWS CodeArtifact 来管理应用程序的依赖和库,并确保它们是安全的和可信的。

6.1.3 测试阶段

需要遵循安全测试规范,使用自动化工具和手动方法,对应用程序的功能、性能、兼容性、可用性、安全性等进行全面测试,以发现和修复应用程序的缺陷和漏洞。还需要对应用程序的代码、配置、文档等进行安全审计,以确保应用程序符合安全策略和规范。这一阶段是应用程序的安全生命周期的验证,也是实施 DevSecOps 的机会,因为它可以在测试的过程中就提高安全性,而不是在发布或运行的时候才发现安全问题。

在应用程序的测试阶段,可以使用 AWS CodeDeploy 来自动化应用程序的部署过程,并使用 AWS CodePipeline 来管理应用程序的持续交付流程。可以使用 AWS X-Ray 来监控和分析应用程序的性能和错误。可以使用 AWS Security Hub 来收集和分析应用程序的安全信息和警报。

6.1.4 发布阶段

需要遵循安全发布规范,使用安全的部署方式和工具将应用程序部署到云计算的环境中。还需要对应用程序的部署过程和结果进行安全验证,以确保应用程序的正确性和完整性。这一阶段是应用程序的安全生命周期的交付,也是实施 DevSecOps 的挑战,因为它需要在快速和安全之间找到平衡,而不是为了速度而牺牲安全性。

在应用程序的发布阶段,可以使用 AWS CloudFormation 来自动化应用程序的基础设施和资源的配置和部署。可以使用 AWS Config 来跟踪和记录应用程序的配置变化,并确保它们符合安全的基准和标准。可以使用 AWS Systems Manager 来管理和维护应用程序的运行环境和状态。

6.1.5 运行阶段

需要使用 AWS 的服务和工具来保护应用程序的 Web 层、传输层、数据层等不同层次的安全性。还需要对应用程序的运行状态和性能进行安全监控,以及对应用程序的安全事件和事故进行安全响应。这一阶段是应用程序的安全生命周期的维护,也是实施 DevSecOps 的延续,因为它需要在运行的过程中持续保持安全性,而不是在发生问题后才解决安全性问题。

在应用程序的运行阶段,可以使用 AWS WAF 来保护应用程序的 Web 层免受常见的网络攻击,如 SQL 注入和跨站脚本。可以使用 AWS Shield 来保护应用程序的传输层免受分布式拒绝服务(DDoS)攻击。可以使用 AWS Certificate Manager 来管理和部署应用程序的 SSL/TLS 证书。可以使用 AWS Secrets Manager 来管理和旋转应用程序的机密和凭证。

6.1.6 维护阶段

需要定期更新和优化应用程序的代码、配置、依赖、文档等,以适应变化的需求和环境。

还需要定期评估和改进应用程序的安全性，以修复新发现的漏洞和缺陷，以及应对新出现的威胁和风险。这一阶段是应用程序的安全生命周期的改进，也是实施 DevSecOps 的循环，因为它需要在维护的过程中不断提升安全性，而不是在完成后就忽略安全性问题。

在应用程序的维护阶段，可以使用 AWS Lambda 来执行应用程序的定期更新和优化任务。可以使用 Amazon Inspector 来定期扫描应用程序的漏洞和缺陷，并提供修复建议。可以使用 Amazon GuardDuty 来持续监控应用程序的威胁和风险，并提供响应措施。

6.1.7　废弃阶段

需要安全地删除和销毁应用程序的代码、配置、数据、文档等，以防止数据泄露和资源浪费。还需要总结和归纳应用程序的安全经验和教训，以提高未来应用程序的安全性。这一阶段是应用程序的安全生命周期的结束，也是实施 DevSecOps 的总结，因为它需要在废弃的过程中保留安全性，而不是在删除后就忘记安全性。

在应用程序的废弃阶段，可以使用 AWS CloudFormation 来自动化应用程序的删除和销毁过程。可以使用 AWS Backup 来备份和恢复应用程序的数据和资源。可以使用 Amazon Macie 来发现和保护应用程序的敏感数据，并防止数据泄露。

注意：本节提及的 AWS 的产品和服务，它们可以在应用程序的安全生命周期中发挥作用。当然，这并不是一个完整的列表，也不是一个固定的方案，应该根据具体需求和场景来选择和组合适合的产品和服务。

6.2　AWS WAF 服务

在 AWS 管理控制台中，可以看到 AWS WAF、AWS Shield 和 AWS Firewall Manager 被整合在同一界面中。这种设计能更方便地管理和配置这些服务。接下来，将详细介绍如何使用 AWS WAF 服务来保护应用。将学习如何创建和配置 Web ACLs，以及如何使用规则和规则组来阻止或允许特定的 Web 请求。

6.2.1　AWS WAF 的基本概念和功能

AWS Web 应用程序防火墙（Web Application Firewall，WAF）是一款 Web 应用程序防火墙，能帮助检测并阻止针对 Web 应用程序的恶意 Web 请求。WAF 允许创建规则，根据多种条件（如 IP 地址、HTTP 标头和正文或自定义 URI）来筛选 Web 流量。这样可以增加一层额外的保护，阻止尝试利用自定义或第三方 Web 应用程序漏洞的 Web 攻击。此外，WAF 还提供实时指标，并捕获包含 IP 地址、地理位置等详细信息的原始请求。

WAF 提供应用程序层保护，可以与多种类型的资源紧密集成，如图 6-1 所示。

提示：WAF 不能直接与 EC2 实例关联，但是，可以将 EC2 实例注册为应用程序负载均衡器（ALB）的目标，然后将 WAF 和 ALB 关联，从而间接地使用 WAF 来保护 EC2 实例。

可以使用 WAF 来控制受保护资源如何响应 HTTP/HTTPS 的 Web 请求。可以通过

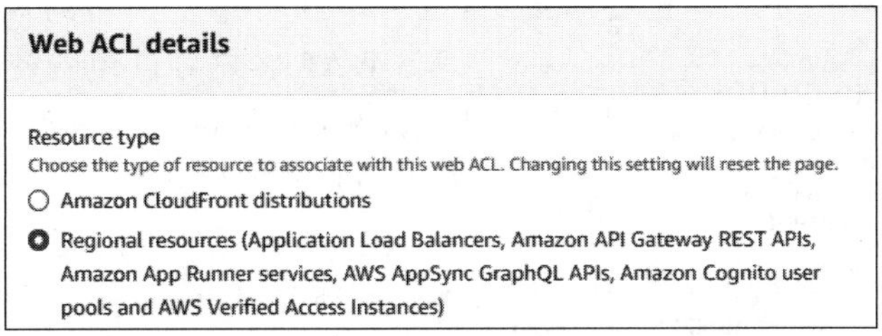

图 6-1　WAF 可以保护的资源类型

定义 Web 访问控制列表（ACL）并将其与一个或多个要保护的 Web 应用程序资源相关联以实现这一点。相关联的资源将传入的请求转发到 WAF 以进行 Web ACL 检查。

WAF 可以根据以下条件进行过滤：

（1）请求的 IP 地址来源。

（2）请求的国家与地区。

（3）请求的一部分中的字符串匹配或正则表达式匹配。

（4）请求特定部分的大小。

（5）恶意 SQL 代码或脚本。

还可以对这些条件进行任意组合，创建规则来定义请求中要查找的流量模式，并指定匹配请求时要执行的操作。可用的操作包括以下几种。

（1）允许请求进入受保护的资源进行处理和响应。

（2）阻止请求。

（3）计数请求。

（4）对请求运行 CAPTCHA 或挑战检查，以验证人类用户和标准浏览器使用。

6.2.2　AWS WAF 的管理与配置

AWS WAF 的核心组件包括 Web 访问控制列表（ACL）、规则和规则组。

可以使用 Web ACL 来保护一组 AWS 资源。创建 Web ACL 后，可以通过添加规则来定义其保护策略。规则定义了检查 Web 请求的条件，并指定如何处理符合条件的请求。可以为 Web ACL 设置默认操作，该操作将决定是阻止还是允许那些成功通过规则检查的请求。可以使用 AWS 管理控制台创建 Web ACL，并制定用于阻止和筛选 Web 请求的规则。如果一个 Web ACL 有多个规则，则 Web 请求必须满足其中的一个规则。WAF 会按照 Web ACL 中所列的顺序评估规则。

每条 WAF 规则都包含定义检查条件的语句，以及在 Web 请求满足条件时要执行的操作。当 Web 请求满足条件时，这是一个匹配。可以使用规则阻止匹配请求或允许匹配请求通过。也可以仅使用规则来对匹配请求计数。

WAF 同时支持托管规则和自定义规则。托管规则是由 AWS 和 AWS Marketplace 卖家编写、整理和管理的一组规则，可用于快速入门，并保护 Web 应用程序或 API 免受常见威胁，如图 6-2 所示。可以单独使用规则，也可以在可重复使用的规则组中使用规则。

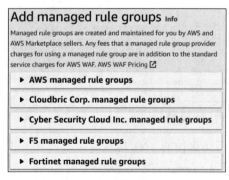

图 6-2　WAF 中的部分托管规则

AWS WAF 客户可以免费使用 AWS 托管规则组。AWS Marketplace 托管规则组可通过 AWS Marketplace 进行订阅。

创建 Web ACL 后，可以将其与一个或多个 AWS 资源相关联。可以将托管规则和自定义 WAF 规则一起使用，以提供更全面的保护。可以将托管规则添加到现有的 Web ACL 中，这些规则可能与之前添加的自定义规则一起工作。

需要注意的是，如果将多个规则添加到 Web ACL 中，AWS WAF 则会按照在 Web ACL 中列出的规则顺序评估每个请求。这意味着，如果对特定的规则进行排序，它将影响请求的评估顺序。例如，可能希望先应用某些规则，然后应用其他规则。

同样地，如果将某个规则组添加到 Web ACL 中，WAF 则会按照它在 Web ACL 中列出的顺序来处理规则组，并按照规则在规则组中列出的顺序处理规则。这意味着，可以对规则组进行排序，以控制它们在 Web ACL 中的执行顺序。

通过了解这些规则和规则组的处理顺序，可以更好地控制 AWS WAF 如何保护应用，并确保请求按照期望的方式进行处理。

【示例 6-1】　Web ACL 规则包含两个自定义规则，可以手动添加需要阻止（黑名单）或允许（白名单）的 IP 地址，如图 6-3 所示。此外，它还包含一个由两个规则构成的托管规则组。HTTP 泛洪（HTTP Flood）规则可以防止由来自特定 IP 地址的大量请求构成的攻击（例如 Web 层 DDoS 攻击或暴力登录尝试）。SQL 注入规则旨在防止 URI、查询字符串或请求主体中的常见 SQL 注入模式。

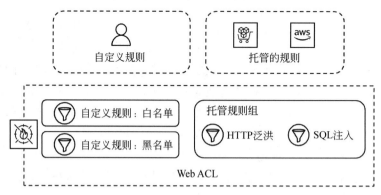

图 6-3　Web ACL 示例

规则语句可以与 AND、OR 和 NOT 运算符结合使用，如图 6-4 所示。可以将单个 Web ACL 与一个或多个 AWS 资源关联，但每个 AWS 资源只能与一个 Web ACL 关联，因此，

Web ACL 和 AWS 资源之间的关系是一对多的关系。在单个区域内,不能混合关联不同类型的资源。例如,可以将 Web ACL 与一个或多个 CloudFront 分配关联,但不能将已经与 CloudFront 分配关联的 Web ACL 与任何其他类型的 AWS 资源关联。

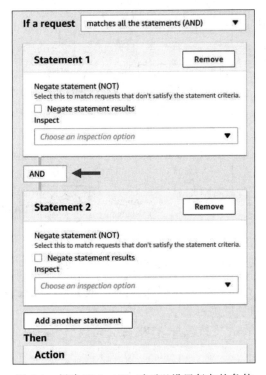

图 6-4　创建 Web ACL 时可以设置复杂的条件

此外,可以选择将 Web ACL 只与 ALB 资源或只与 API Gateway API 资源关联,但在一个区域中,不能混合关联这两种资源类型。

6.2.3　AWS WAF 的案例

这是一个保护动态 Web 应用程序免受攻击的经典案例(图 6-5)。WAF 保护边缘站点。CloudFront 是一种 CDN 服务,它以低于时延、高传输速度向全球客户安全地分发数据、视频、应用程序和 API。Route 53 是一种高度可用且可扩展的云 DNS 服务,用于将用户请求与在 AWS 中运行的应用程序连接起来。AWS 在数据中心的分布式代理服务器网络上托管 CloudFront 和 Route 53 服务,这些数据中心遍布全球,称为边缘站点。

(1)边缘站点的保护:可以监视发送到 CloudFront 的 HTTP 和 HTTPS 请求,并可以使用 WAF 在边缘站点控制对应用程序资源的访问。WAF 还可以用于筛选私有 API 和 API Gateway。

(2)流量过滤:根据在 WAF 中指定的条件,例如请求源自的 IP 地址或查询字符串的值,可以允许、阻止流量或对流量进行计数,以便进一步调查或修复。

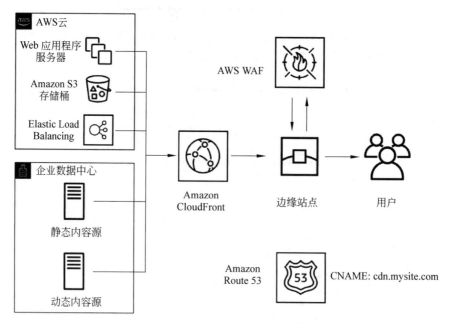

图 6-5　保护动态 Web 应用程序免受攻击

（3）请求路由：Route 53 中的请求路由技术将每个客户端连接到最近的边缘站点，该站点由持续更新的延迟测量值确定。

（4）内容源：CloudFront 支持源自 AWS 或公司数据中心内的终端节点资源的静态和动态内容。

6.3　AWS Shield 服务

在云服务尚未普及之前，应用程序主要依赖于组织自有的 DDoS 缓解系统进行本地运行。为了保证安全，组织需要投入大量资金购买足够的设备容量以应对可能的攻击，并配备专业团队进行维护和管理，这导致了资本支出、维护成本和人力成本居高不下。

随着技术的发展，软件即服务（SaaS）云路由应运而生。通过这种方式，组织可以将流量导向第三方服务，由第三方代表组织执行 DDoS 缓解措施。虽然这种方式减轻了组织自行维护 DDoS 系统的负担，但也带来了新的问题，如延迟增加、额外的故障风险及运营成本的上升。

如今，AWS 推出了 AWS Shield，为用户提供原生的云 DDoS 缓解方案。与以往的解决方案相比，Shield 的最大特点是将 DDoS 缓解功能内置于 AWS 的全球基础设施之中，使流量无须再转发至其他位置进行处理，从而降低了延迟和故障风险，提高了缓解效率。

6.3.1　AWS Shield 的基本概念和版本

AWS Shield 是一种托管式分布式拒绝服务（DDoS）防护服务，可以保护在 AWS 上运行的应用程序。Shield 通过自动检测和缓解复杂的网络级 DDoS 事件来工作。它提供持续检测和内联缓解功能，能够尽可能地缩短应用程序的停机时间和延迟，因此不需要联系 AWS 技术支持团队来获得 DDoS 防护。

"内联攻击缓解措施"(Inline Attack Mitigation)是指在网络流量传输过程中直接对恶意攻击进行防御和缓解的措施。Shield 提供的内联攻击缓解措施指的是针对第 3 层和第 4 层 DDoS 攻击，通过对传入流量进行实时流量监控、流量签名、异常算法和其他分析技术的组合进行检查，并采取相应的防御措施来保护网络基础设施免受常见、频繁发生的基础设施攻击的影响。这些防御和缓解措施已被直接嵌入网络流量传输过程中，以提供实时的保护，而且对于所有 AWS 客户来讲是免费的。

与"内联攻击缓解措施"相对应的是"离线攻击缓解措施"。离线攻击缓解措施通常指在网络流量传输之外对恶意攻击进行分析和处理的措施。这种方法可能涉及对已经捕获的流量数据进行离线分析，然后采取相应的防御策略来缓解攻击的影响。相比之下，内联攻击缓解措施更加实时和主动，因为它直接被嵌入网络流量传输过程中，可以立即对恶意流量作出响应，从而提供更快速和即时的保护。

Shield 可以在全球各个 AWS 区域和 AWS 边缘站点，以及在各种 AWS 服务上使用。通过为应用程序部署 Amazon CloudFront，可以保护在全球任意位置托管的 Web 应用程序的安全。

"攻击向量"(Attack Vector)是指攻击者用于获取本地或远程网络和计算机的一种方法。它是信息安全行业使用的术语，一般用于描述攻击者(或恶意软件)的攻击路径。常见的攻击向量包括社会工程学攻击、凭证盗窃、漏洞利用及对内部威胁的保护不足。"未修补的攻击向量"通常指的是那些存在于系统或应用中的已知漏洞，但尚未被修复的情况。如果这些漏洞未被修复，攻击者只要找到合适的 CVE 或 PoC，就很容易利用这些漏洞获取敏感数据或权限，从而进行下一步攻击。

Shield 提供针对各种已知的 DDoS 攻击向量和未修补攻击向量的保护。也就是说，Shield 能够保护系统免受各种已知的 DDoS 攻击，以及那些存在但尚未被修复的漏洞带来的攻击。这样的保护措施可以帮助防止未经授权的访问，保护系统和数据的安全。

Shield 可以最大限度地提高可用性和响应能力，有两个版本的 Shield：Standard 和 Advanced。两个版本的功能对照表，见表 6-1。

表 6-1　AWS Shield 版本功能对照表

项　　目	AWS Shield Standard 版	AWS Shield Advanced 版
持续检测	√	√
自动内联缓解	√	√
第 3 层和第 4 层保护	√	√
特定服务的扩展 DDoS 攻击保护		√

项　目	AWS Shield Standard 版	AWS Shield Advanced 版
全天候 DDoS 响应小组		√
DDoS 峰值的成本保护		√
访问实时报告		√

　　所有 AWS 客户均可享受 Shield Standard 版的自动保护，无须额外费用。Shield Standard 版能够防御针对网站或应用程序的最常见、最频繁的网络层和传输层 DDoS 攻击。若需更高级别的防护，则可以选择订阅 Shield Advanced 版。

　　以下是 Shield Standard 版的一些功能：

　　(1) 提供网络流量持续监控功能，这一功能可以检测传入 AWS 的流量，并采用流量签名、异常算法和其他分析技术来实时检测恶意流量。

　　(2) 内置多种自动缓解技术，可以防护第 3 层和第 4 层最频繁出现的常见基础设施攻击。

　　(3) 自动缓解功能以内联方式用于应用程序，因此不会受到延迟的影响。

　　(4) 持续检测和内联缓解功能可最大限度地减少应用程序的停机时间。

　　(5) 无须联系 AWS 技术支持团队即可接收 DDoS 保护。

　　如需更高级别的保护来抵御 DDoS 攻击，则可选用 Shield Advanced 版。它是一项量身定制的保护计划，使用 EB 级检测来识别威胁，以在整个 AWS 范围内聚合数据。以下是 AWS Shield Advanced 版的一些功能。

　　(1) 对以下资源上运行的 Web 应用程序提供扩展的 DDoS 攻击保护：EC2、ELB、CloudFront、Route 53、AWS Global Accelerator。作为此添加保护的示例，如果使用 Shield Advanced 保护弹性 IP 地址，在攻击期间，Shield Advanced 则会自动将网络 ACL 部署到 AWS 网络边界，这使 Shield Advanced 可以提供保护以应对更严重的 DDoS 事件。

　　(2) 全天候联系 AWS DDoS 响应团队（DDoS Response Team，DRT），并防止 EC2、ELB、CloudFront 或 Route 53 的使用费受到 DDoS 相关流量峰值的影响。

　　(3) 访问高级、实时指标和报告以深入了解 AWS 资源所遭受的攻击。

6.3.2　实时指标和报告

　　Shield Advanced 版提供实时指标和报告，以便全面了解 AWS 资源所遭受的攻击。可以查看近乎实时的攻击相关指标，包括攻击类型、开始时间、持续时间、每秒阻止的数据包和 HTTP 请求示例。这些信息可用于活跃事件和最近 12 个月内发生的事件。

　　Shield Advanced 版可深入了解在发生攻击时的整体流量，可以查看有关顶级 IP、URL、国家/地区的详细信息。可以使用这些信息来创建 AWS WAF 规则，以帮助防止并缓解未来的攻击。例如，如果发现有大量的请求来自一个通常不开展业务的国家/地区，则可以创建一个 AWS WAF 规则来阻止来自该国家/地区的请求。

另外,AWS 管理控制台提供了全球威胁控制面板,如图 6-6 所示。这是一个定期更新的面板,提供了过去两周内在 AWS 上发现的所有 DDoS 攻击的匿名和采样视图。全球威胁控制面板的价值主要体现在以下几方面。

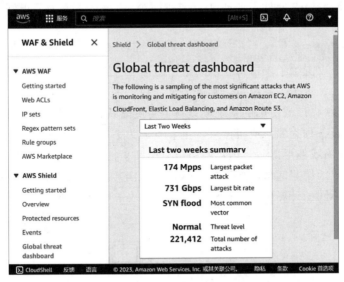

图 6-6　AWS Shield 中的全球威胁控制面板

(1) 实时监控:全球威胁控制面板提供了实时的全球 DDoS 攻击活动的视图,使用户能够及时了解当前的网络安全状况。

(2) 历史数据分析:全球威胁控制面板还提供了时间序列指标,使用户能够在一段时间内观察和分析 DDoS 攻击的变化趋势。

(3) 威胁评估:全球威胁控制面板提供的威胁级别是对当前全球活动与 AWS 通常观察到的活动进行比较的评估。

6.4　DDoS 缓解

至此,已经对 AWS Shield、AWS WAF、AWS Firewall Manager 等服务有了基本的了解,这些服务能够协助进行 DDoS 攻击的防护和缓解。下一步,将深入探讨如何对这些服务有效地进行整合和使用。

6.4.1　拒绝服务威胁

拒绝服务(Denial of Service,DoS)攻击的特征是攻击者试图阻止合法用户使用服务,目标是通过暂时或无限期地中断互联网主机服务,使目标用户无法使用计算机或网络资源。拒绝服务通常是通过发送大量请求淹没目标计算机或资源,从而使系统过载并阻止部分或所有合法请求。最严重的攻击是分布式攻击。

DDoS 是一种 DoS 攻击，其中攻击者使用多个独特的 IP 地址，通常是数千个。由于淹没受害者的传入流量来自许多不同的来源，因此仅使用入口筛选无法阻止攻击。如果流量分布在多个原点，则会让用户难以区分合法用户流量和攻击流量。作为 DDoS 的替代或补充，攻击可能涉及伪造 IP 发件人地址（IP 地址欺骗），这进一步增加了识别和击败攻击的复杂性。

1. 僵尸网络和僵尸

典型的 DDoS 攻击始于攻击者利用网络中的计算机系统或设备漏洞并使其成为主节点（也称为处理程序）。攻击主系统可识别其他易受攻击的系统，并通过恶意软件感染系统或绕过身份验证控制（在广泛使用的系统或设备上猜测默认密码）来控制它们。受攻击者控制的计算机或联网设备称为僵尸或机器人。主节点成为命令和控制服务器，以命令机器人网络，也称为僵尸网络或僵尸部队。僵尸网络可以由几乎任何数量的机器人组成；具有几万个甚至数十万个节点的僵尸网络已变得越来越普遍。僵尸网络可以用于许多不同的用途，因为它们允许很多不同的计算机一致行动。在 DDoS 攻击中，僵尸网络用于同时攻击网站，如图 6-7 所示。

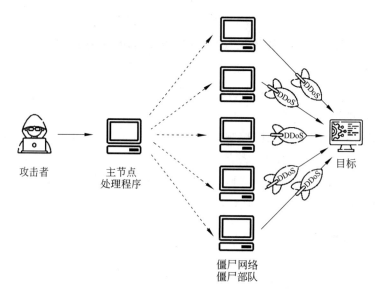

图 6-7　僵尸网络和僵尸

2. DDoS 与 OSI 模型

DDoS 攻击可分为两大类，即针对影响通信网络的第 3 层和第 4 层的攻击，以及针对直接影响应用程序的第 7 层的攻击，如图 6-8 所示。通常，针对第 3 层和第 4 层的攻击试图耗尽目标的网络资源，特别是试图使网络的连接或能力达到饱和，导致无法处理更多的连接。如果目标的带宽连接为 100Mb/s，并且攻击者发送的数据流等于或大于该数据流，则普通合法用户将无法连接到此目标。

这些攻击类型主要针对网络层（第 3 层）和传输层（第 4 层）的协议和服务，旨在耗尽目

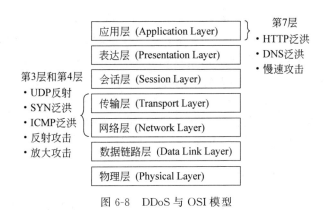

图 6-8　DDoS 与 OSI 模型

标系统的网络带宽、处理能力或资源,使其无法正常提供服务。为了应对这些攻击,通常需要采取防火墙、入侵检测系统(IDS/IPS)和流量过滤等防御措施。

一些常见的第 3 层和第 4 层攻击包括 UDP 反射(攻击者的目标是使用带有欺骗性的IP 地址不断耗尽带宽容量来使网络达到饱和)、SYN 泛洪(攻击者发送 TCP SYN 同步请求,该请求引用不存在的客户端)和 ICMP 泛洪(攻击者使用 ICMP 消息使目标网络的带宽过载并在防火墙上施加额外负载)。

应用程序层攻击或第 7 层攻击是指一种恶意行为,它使用常见的互联网请求,例如HTTP GET 和 HTTP POST。与网络和传输层攻击相比,这些第 7 层攻击特别有效,因为它们既消耗了网络资源还消耗了服务器资源。

第 7 层攻击达到相同的破坏性效果所需要的总带宽更少。应用程序层攻击使用的总带宽更少,造成的损害更大。难以区分非法流量和正常流量,尤其是在应用程序层攻击(如HTTP 泛洪)的情况下(攻击者使用看似合法的 HTTP GET 或 POST 请求来攻击 Web 服务器或应用程序)。

其他已知攻击包括慢速攻击 Slow Loris(攻击者向目标服务器发送部分 HTTP 请求,以尽可能长时间保持连接的打开状态)和 DNS 泛洪(攻击者瞄准一个或多个 DNS 服务器并试图使用明显有效的流量对其进行控制)。

6.4.2　DDoS 缓解方法

DDoS 攻击通常由于两个原因终止:攻击者自行耗尽并放弃,或者攻击者实现了目标。为了应对这种情况,可以通过扩展和吸收攻击来增强应用程序的抵御能力。所谓扩展应用程序,就是通过增加服务器、负载均衡器、缓存等资源,提高应用程序的可用性和弹性,以应对流量的波动和峰值。所谓吸收攻击,就是通过 CDN、DNS、WAF 等服务分散和过滤攻击流量,减轻源服务器的压力和风险。使用 ELB、Auto Scaling、CloudFront 和 Route 53 等服务,可以扩展应用程序,从而吸收常见的基础设施层 DDoS 攻击,例如 UDP 反射攻击(DNS、NTP、SSDP 等)和 SYN 泛洪。这些技术还可以帮助吸收更多的应用程序层 DDoS 攻击。

AWS 提供了多个服务和功能,可以保护客户免受 DDoS 攻击,然而,根据安全共担责任模型，仍需要保护自己的数据和资源。如前所述，为了成功地执行 DDoS 攻击，攻击者首先需要找到可以访问网络中其他设备的易受攻击的设备或服务器。一种防御 DDoS 攻击的方法是最大限度地减少或消除未受保护设备存在的概率。使用安全组和 NACL，确保只允许客户定义的端口、协议和源网络上的流量访问应用程序，这是一种有效的方法。此外，如果存在任何公开的资源，则可以使用 CloudFront 地理位置限制和 WAF 等服务提供额外的保护。养成对应用程序的正常行为进行基准测试的习惯，有助于识别任何异常或无法解释的行为。通过适当的数据收集和监控，可以快速识别 DDoS 攻击。

6.4.3　DDoS 攻击缓解的案例

本案例将介绍一家在医疗保健行业提供 SaaS 服务的公司如何利用 AWS 来缓解一次 DDoS 攻击。

1. 案例背景

这家公司利用 AWS 托管其面向公众的患者网站，网站采用了以下 AWS 服务和配置：

（1）利用 Route 53 的 ALIAS 记录将请求引导至 CloudFront 分配。

（2）CloudFront 用于分发静态内容，如图像和网页，已将 TTL 值增加到 60。

（3）ELB 用于动态内容的负载均衡，具有运行状况检查功能。

（4）EC2 Auto Scaling 根据流量变化自动调整实例数量，实例配置为一次扩展 2～4 倍，并按 300s 的间隔一次缩减一级。

该公司近期举办了一次全国性的会议，预计有超过 15 000 名参会者。在会议前夕，该公司宣布推出新产品和服务，其面向公众的网站开始吸引大量流量。IT 部门监测到网站受到 DDoS 攻击，攻击的特点如下：

（1）攻击类型是应用程序层 DDoS 攻击，主要表现为 HTTP 泛洪，即大量合法请求占用服务器资源和带宽，导致正常用户无法访问网站。

（2）攻击源分布在全球的不同 IP 地址，约 60% 来自本国，40% 来自其他国家。

（3）攻击目标是网站的登录页面，即/login，该页面是动态的，无法通过 CloudFront 缓存。

（4）攻击持续了 39h，在攻击高峰时，网站的并发连接数达到了 8600 万个。

作为一家注重用户体验的公司，尤其在宣布新功能的当天，高可用性是至关重要的，因此，他们急需找到有效的方法来缓解 DDoS 攻击，以确保网站可以正常运行。

2. 解决方案

该公司的 IT 部门为应对 DDoS 攻击，采取了以下措施：

（1）启用 AWS Shield Advanced 服务，以增强 DDoS 防护能力。AWS Shield Advanced 是一种托管式 DDoS 保护服务，能够保护在 AWS 上运行的应用程序。AWS Shield Advanced 具有以下优势：

- 自动检测和缓解复杂的网络级和应用程序级 DDoS 事件，包括 HTTP 泛洪等常见攻击类型。

- 与 AWS WAF 集成,可自定义针对 DDoS 风险的应用程序防护,例如基于速率的规则、地理匹配规则、IP 集匹配规则等。
- 提供 DDoS 响应团队(SRT)的全天候访问,可在发生攻击时提供专业支持和指导。
- 提供 DDoS 事件的可见性、见解和成本节省情况,例如通过 CloudWatch 和 S3 提供的详细攻击报告和日志。

(2) 使用 AWS WAF 创建 Web 访问控制列表(Web ACL),以阻止和过滤不良请求。AWS WAF 是一种 Web 应用程序防火墙,可以定义可定制的 Web 安全规则,以控制允许哪些流量访问 Web 应用程序。该公司的 Web ACL 包含了以下规则:

- 基于速率的规则,用于限制来自单个 IP 地址的请求速率,超过阈值的请求将被阻止。该规则只考虑符合以下条件的请求:请求的 URI 路径完全匹配/login,并且请求的源国家/地区是本国。该规则的速率限制阈值是 1000,即任何 5min 内超过 1000 个请求的 IP 地址将被阻止。
- 地理匹配规则,用于阻止来自非本国的请求,因为该公司没有国外的客户群。该规则指定了本国的国家代码,例如 CN,作为允许的国家/地区,其他的国家/地区的请求将被阻止。
- IP 集匹配规则,用于阻止已知的恶意 IP 地址的请求,这些 IP 地址是通过查询 AWS WAF 日志和其他来源收集的。该规则指定了一个包含这些 IP 地址的 IP 集,作为要阻止的 IP 地址,匹配该 IP 集的请求将被阻止。

(3) 使用 CloudFormation 创建和部署基础设施的模板,以实现自动化和一致性。CloudFormation 是一种服务,可以使用模板来描述和配置 AWS 资源,以便在 AWS 上创建和管理基础设施。该公司使用了以下模板:

- 一个用于创建和更新 Web ACL 的模板,包含上述的 AWS WAF 规则和相关参数,例如速率限制阈值、国家代码、IP 集等。
- 一个用于创建和更新 CloudFront 分配和 ELB 的模板,包含与 Web ACL 的关联和相关参数,例如域名、证书、源服务器等。

(4) 使用 CloudTrail 和 S3 记录和存储 DDoS 攻击的日志,以便进行分析和执法。CloudTrail 是一种服务,可以记录 AWS 账户的 API 调用和相关事件,以便进行审计和监控。S3 是一种对象存储服务,可以存储和检索任意数量的数据。该公司使用了以下配置:

- 为 CloudTrail 启用全局事件记录,以记录所有区域的 API 活动,包括 AWS Shield 和 AWS WAF 的操作。
- 为 CloudFront 和 ELB 启用访问日志,以记录所有请求的详细信息,包括请求者的 IP 地址、请求的时间、URI、状态码等。
- 将 CloudTrail 和访问日志的存储位置指定为同一个 S3 存储桶,以便进行统一管理和分析。

3. 效果评估

在采取了上述措施后，该公司成功地缓解了 DDoS 攻击，确保了网站的高可用性和响应能力。攻击的结果如下：

（1）在攻击高峰期间，面向公众的网站以 1～3s 的响应时间为客户提供服务，没有出现故障或停止服务的情况。

（2）通过 AWS Shield Advanced 和 AWS WAF 的自动检测和缓解功能，该公司阻止了大部分不良请求，减少了源服务器的负载和风险。

（3）通过 CloudFormation 的自动化和一致性，该公司快速地创建和更新了基础设施的配置，避免了人为的错误和延迟。

（4）通过 CloudTrail 和 S3 的日志记录和存储，该公司收集了 DDoS 攻击的详细信息，以便进行分析和执法。

（5）通过 AWS Shield Advanced 的成本节省功能，该公司免除了因 DDoS 攻击而产生的额外费用，例如 ELB、CloudFront 和 EC2 的费用。

（6）缓解该攻击、额外实例及实例运行时间的总成本不到 15 000 元。该成本的计算如表 6-2 所示。

表 6-2　DDoS 缓解案例成本表

服　　务	费　　用	服　　务	费　　用
AWS Shield Advanced	3000 元/月	ELB	0.025 元/h+0.008 元/GB
AWS WAF	500 元/月+0.01 元/GB	EC2	0.56 元/h
CloudFormation	免费	CloudTrail	免费
CloudFront	0.085 元/GB	S3	0.023 元/GB

假设攻击的流量为 100TB，Web ACL 的规则数为 3，ELB 的平均流量为 10GB/h，EC2 的平均实例数为 20，攻击的持续时间为 39h，则总成本＝（3000/（30×24）×39）＋（500/（30×24）×39）＋（0.01×100×1024）＋（0.085×100×1024）＋（（0.025＋0.008×10）×39）＋（0.56×20×39）＋（0.023×100×1024）≈11 738.32 元。

LaTeX 格式：

```
总成本 =$$\frac{3000}{30 \times 24} \times 39 +\frac{500}{30 \times 24} \times 39 +0.01 \times 100 \times 1024 +0.085 \times 100 \times 1024 +(0.025 +0.008 \times 10) \times 39 +0.56 \times 20 \times 39 +0.023 \times 100 \times 1024 =11738.32 元$$
```

$$总成本 = \frac{3000}{30 \times 24} \times 39 + \frac{500}{30 \times 24} \times 39 + 0.01 \times 100 \times 1024 + 0.085 \times 100 \times 1024 +$$
$$(0.025 + 0.008 \times 10) \times 39 + 0.56 \times 20 \times 39 + 0.023 \times 100 \times 1024$$
$$\approx 11\ 738.32 \text{ 元}$$

58min

6.5　无服务器与安全性

无服务器计算使能够构建和运行应用程序和服务,而无须关心服务器的管理。在无服务器环境中,尽管应用程序仍在服务器上运行,但所有服务器管理工作都由 AWS 负责。借助 AWS 服务,可以在经济高效的服务(具备内置应用程序可用性和灵活扩展功能)上构建和部署应用程序。这样,就可以专注于编写应用程序代码,而无须担心服务器的预置、配置和管理问题。每种服务都完全托管,无须预置或管理服务器。只需将这些服务配置在一起并将应用程序代码上传至 Lambda。无须安装、维护或管理任何软件或运行时。

除了 Lambda 之外,AWS 还提供了多种无服务器服务,如图 6-9 所示。这是一种标准的无服务器架构,其中有一个托管在 S3 上的 Web 应用程序。可以通过 CloudFront 向用户交付 Web 内容,并使用 API Gateway 公开应用程序 API。在后端,有 Lambda 函数,使用 DynamoDB 实现无服务器数据库解决方案。Amazon Cognito 和 API Gateway 用于身份验证和授权。

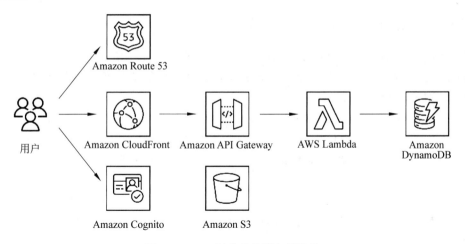

图 6-9　AWS 标准的无服务器架构

AWS 的无服务器计算与安全性有着密切的关系。无服务器计算模型可以更好地管理和保护应用程序和数据。

(1)自动化管理:无服务器计算模型允许开发者在不需要管理服务器的情况下构建和运行应用程序。这意味着开发者可以专注于编写代码,而无须担心基础设施的安全性和维护。

(2)内置安全性:AWS 的无服务器计算服务(如 AWS Lambda)提供了内置的安全性措施。例如,Lambda 会自动为每个函数创建一个隔离环境,以防止潜在的安全威胁。

(3)权限管理:无服务器计算模型允许精细的权限管理。例如,可以使用 IAM 来控制哪些用户或服务可以调用函数。

(4)数据保护:无服务器计算服务通常与其他 AWS 服务集成,如 S3,这些服务提供了数据加密和其他安全性功能,以保护数据。

(5) 可审计性:AWS 提供了多种日志记录和监控工具,如 CloudTrail,可以跟踪和审计无服务器应用程序的活动。

因此,无服务器计算模型可以更有效地管理和保护应用程序和数据,从而提高整体的安全性。

6.6 Amazon Cognito 服务

Cognito 这个词源自拉丁语,意为"知道"或"认识"。在 Amazon Cognito 的语境中,这个词代表服务的核心功能,即管理和识别用户身份,以及同步用户数据。

Amazon Cognito 是一个面向 Web 和移动应用程序的身份平台。它既是用户目录,又是身份验证服务器,同时还提供 OAuth 2.0 访问令牌和 AWS 凭证的授权服务。通过 Cognito,可以对内置用户目录、企业目录,以及 Google 和 Facebook 等用户身份提供者中的用户进行身份验证和授权。

6.6.1 Amazon Cognito 概述

Cognito 是一个用户身份和数据同步服务,能在 Web 和移动应用中安全地管理和同步应用数据。这个服务的主要目标是让开发者能够专注于编写应用程序,而无须担心用户身份管理和数据同步的复杂性。

Cognito 主要分为两部分:用户池和身份池。

(1) 用户池:用户池是用户目录,可以帮助管理和认证用户。可以创建应用的用户池,并从中获取和保存用户配置文件信息。用户池支持用户注册和登录,以及社交身份提供商和企业身份提供商的联合登录。

(2) 身份池:身份池用于授权用户访问其他 AWS 服务。它可以与用户池一起使用,也可以单独使用。身份池可以识别来自用户池的认证用户,也可以识别来自其他公共身份提供者的用户。

通过 Cognito,可以设计一个统一的登录流程,无论用户是通过第三方身份提供商登录,还是直接在应用中注册。这样,就可以为所有用户提供无缝的体验,同时保护应用和用户数据的安全。

Cognito 提供了多种解决方案,可以从应用程序控制后端资源访问。可以定义不同角色并将用户映射到不同的角色,以便应用程序仅能访问对每位用户授权的资源。

借助 Cognito,用户可以通过 SAML 使用社交身份提供者(如 Google、Facebook 和 Amazon)及企业身份提供商(如 Microsoft Active Directory)进行登录,如图 6-10 所示。

作为一项完全托管的服务,Cognito 易于设置,无须担心构建服务器架构。Cognito 支持多重验证功能(MFA)及静态和传输中数据加密。Cognito 符合健康保险流通与责任法案(Health Insurance Portability and Accountability Act,HIPAA)要求,并满足支付卡行业数

图 6-10　Amazon Cognito 支持多种身份提供者

据安全标准（Payment Card Industry Data Security Standard，PCIDSS）、美国会计师事务所协会制定的评估框架（System and Organization Controls，SOC）、ISO/EIC 27001、ISO/EIC 27017、ISO/EIC 27018 和 ISO 9001 标准。

6.6.2　Amazon Cognito 用户池

Cognito 用户池是一个用户目录服务，可以管理应用的用户。用户池不仅可以存储用户账户信息，还可以处理用户注册和登录的过程，如图 6-11 所示。

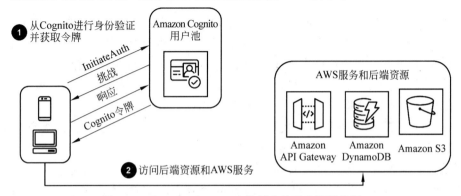

图 6-11　Amazon Cognito 支持用户登录及资源访问

（1）用户注册：用户可以直接在应用中注册，创建一个新的用户账户。在用户注册时，Cognito会自动处理安全问题，例如密码强度检查和加密。

（2）用户登录：用户可以使用他们的用户名和密码直接登录应用。Cognito会处理登录请求，验证用户的凭证。

（3）社交身份提供商：用户也可以选择使用他们已有的社交账户（如 Facebook、Google等）来登录应用。Amazon Cognito可以与这些社交身份提供商集成，验证用户的身份。

（4）企业身份提供商：对于需要企业级身份解决方案的应用，Cognito可以与企业身份提供商（如 Active Directory、SAML等）集成。

（5）安全性：Cognito用户池支持多种安全功能，包括多因素认证（MFA）、密码保护策略等。

通过Cognito用户池，可以简化应用的用户管理工作，同时确保用户数据的安全。

1. 用户池的安全特性和功能

Cognito用户池提供了多种安全特性和功能，用于用户身份验证。如前所述，Cognito提供了注册和登录服务，包括通过 Facebook、Google 和 Amazon 进行社交网络登录，以及从用户池通过 SAML 身份提供商进行登录。Cognito用户池提供了内置的可自定义的 Web UI，用于登录用户、管理用户目录及访问管理用户配置文件。

可以使用 Cognito 用户池来控制哪些人员可以在 API Gateway 中访问 API。API Gateway 会验证来自成功的用户池身份验证的令牌，并使用它们向用户授予对资源（包括Lambda 函数）或 API 的访问权限。还可以使用用户池中的组控制对 API Gateway 的权限，方法是将组成员资格映射到 IAM 角色。用户所属的组包含在应用程序用户登录时用户池提供的 ID 令牌中。

Cognito 用户池还提供了泄露凭证检查、自适应身份验证及电话和电子邮件验证等安全功能。

泄露凭证检查功能还可以保护用户的账户，方式是阻止用户重复使用已在其他位置公开的凭证（用户名和密码）。该功能解决了用户在多个网站和应用程序重复使用相同凭证的问题，如图 6-12 所示。

最佳安全做法是决不在不同的系统中使用相同的用户名和密码。如果攻击者能够通过攻破一个系统获取用户凭证，就可以使用这些用户凭证访问其他系统。AWS建立了合作关系和程序，以便在一组凭证已在其他位置泄露时 Cognito 可以得到通知。

借助自适应身份验证，可以将用户池配置为阻止可疑登录，或响应增加的风险级别要求进行第二安全要素身份验证。对于每次登录尝试，Cognito 都会生成一个风险分数来表示登录请求来自遭盗用源的可能性。此风险分数基于许多因素，包括它是否检测到新设备、用户位置或 IP 地址。Cognito 可以通过电子邮件通知用户发现了登录尝试，提示他们单击链接以指示该登录是有效的还是无效的，并使用他们的反馈来改进用户池风险检测准确性。Cognito 向 CloudWatch 发布登录尝试、其风险级别及失败的质询用于分析，如图 6-13 所示。

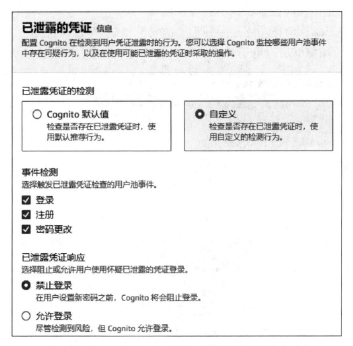

图 6-12 Amazon Cognito 用户池的泄露凭证检查功能

图 6-13 Amazon Cognito 用户池的自适应身份验证功能

对于每个风险级别,可以选择以下选项。

(1)允许:允许登录尝试而无须额外安全要素。

(2)可选 MFA:已配置 MFA 的用户需要完成第二安全要素质询才能登录。允许未配置 MFA 的用户登录,不需要额外的安全要素。

(3)需要 MFA:已配置 MFA 的用户需要完成第二安全要素质询才能登录。阻止未配置 MFA 的用户登录。

（4）阻止：阻止该风险级别下的所有登录尝试。

Cognito 的电子邮件验证功能是一种重要的安全措施，可以保护用户的账户不被滥用，同时也可以确保应用能够通过电子邮件与用户进行有效沟通，如图 6-14 所示。

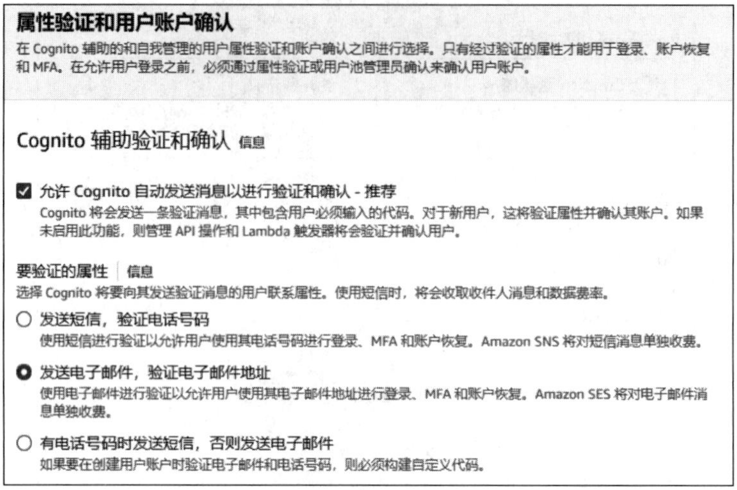

图 6-14　Amazon Cognito 用户池的辅助验证和确认功能

2. 用户登录历史记录

Cognito 的登录历史记录功能提供了对用户登录活动的详细见解。这个功能可以帮助监控和审计用户的登录行为，包括每次登录的时间、地点、设备详细信息及任何与登录事件相关的风险检测结果。这样，可以更好地理解用户的行为模式，以及时发现并处理任何异常或可疑的登录活动。

此外，这个功能还可以帮助满足某些合规性要求，例如需要保留一定时间内的用户活动记录。Cognito 会保留 2 年的用户事件历史记录，这意味着可以回溯并审查过去 2 年内的所有用户登录活动。

6.6.3　Amazon Cognito 身份池

Amazon Cognito 身份池能够为用户授权访问其他 AWS 服务，无论用户是通过用户池认证还是通过公共身份提供商认证，身份池都能识别他们。

使用 Cognito，可以轻松地移动应用程序，无须编写任何后端代码来集成这些身份提供商，也无须在应用程序中嵌入长期 AWS 凭证。

（1）身份识别：身份池能识别来自用户池的认证用户，也能识别来自其他公共身份提供商（如 Facebook、Google 等）的用户。这意味着，无论用户是直接在应用中注册，还是使用他们已有的社交账户登录都可以通过身份池来识别他们。

（2）访问授权：身份池能授权用户访问其他 AWS 服务。例如，可以授权用户访问 S3 存储桶，或者调用 Lambda 函数。这样，就可以在应用中提供更丰富的功能，同时保护 AWS

资源的安全。

（3）临时 AWS 凭证：为了保护 AWS 资源的安全，身份池不会直接将 AWS 密钥和密钥 ID 提供给用户。相反，它会为每个用户生成一组临时的 AWS 凭证。这些凭证有一个短暂的有效期，过期后就不能再使用。

注意：在图 6-15 中，Cognito 用户池只是其他身份提供商，类似于 Facebook、Google 等。

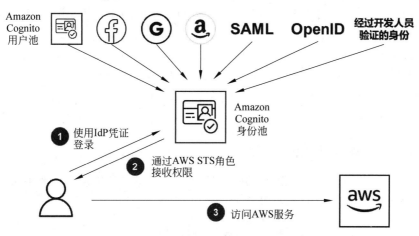

图 6-15　Amazon Cognito 身份池简化应用用户授权

使用 Cognito 身份池进行身份验证的用户将通过多步骤过程来引导及启动其凭证。Cognito 提供了两个不同的通过公有提供商进行身份验证的流程：增强型（简化的）流程和基本（经典）流程。对于大多数客户而言，增强型流程是正确的选择，因为较之基本流程，该流程具有诸多优势，包括在设备上使用较少的网络调用以获取凭证。只需一个身份池 ID 和区域便可以开始引导启动凭证，而不必将角色嵌入应用程序中。

增强型（简化的）身份验证流程开始时，用户登录到 Web IdP，然后用户设备发送 GetID API 调用以在 Cognito 中建立新的身份，或返回已与该特定设备关联的身份，如图 6-16 所示。

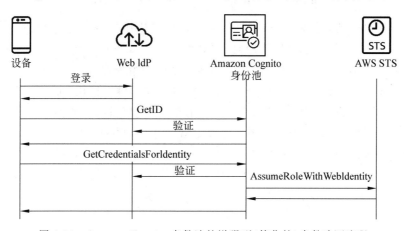

图 6-16　Amazon Cognito 身份池的增强型（简化的）身份验证流程

该设备将发送由 Web IdP 接收的令牌以供 Cognito 验证提供商，并确保令牌：

（1）有效且来自己配置的提供商。

（2）未过期。

（3）与使用该提供商创建的应用程序标识符匹配。

（4）与用户标识符匹配。

然后在创建 Cognito 身份 ID 后，即可调用 GetCredentialsForIdentity API。Cognito 将再次验证 Web IdP 令牌，然后才会使 AssumeRoleWithWebIdentity API 调用 AWS STS。为了使 Cognito 代表调用 AssumeRoleWithWebIdentity，身份池必须具有与之关联的 IAM 角色。可以通过 Cognito 控制台，或是通过 SetIdentityPoolRoles API 操作手动实现此目的。身份池还支持未通过 IdP 进行身份验证的访客用户。这些未经身份验证的身份拥有自己的受限 IAM 角色。

6.6.4 Amazon Cognito 案例

在这个案例中，有 10 000 名移动用户需要访问应用。应用使用了 Cognito 用户池、Cognito 身份池和 DynamoDB 表等服务，如图 6-17 所示。

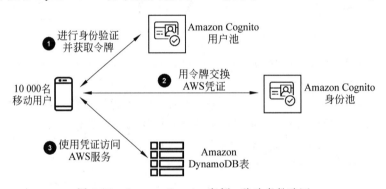

图 6-17　Amazon Cognito 案例：移动身份验证

（1）进行身份验证并获取令牌：首先，用户需要在应用中进行身份验证。他们可以使用用户名和密码直接登录，也可以使用已有的社交账户（如 Facebook、Google 等）登录。无论他们选择哪种方式，Cognito 用户池都会为他们生成一个令牌。

（2）用令牌交换 AWS 凭证：当用户获得令牌后，他们可以使用 Cognito 身份池来交换 AWS 凭证。这些凭证是临时的，有一个短暂的有效期，过期后就不能再使用了。

（3）使用凭证访问 AWS 服务：有了这些 AWS 凭证，用户就可以在应用中访问他们被授权的 AWS 服务。例如，他们可以读取和写入 DynamoDB 表中的数据。

在这个案例中，Cognito 身份池可以与社交身份提供商（如 Google、Facebook 和 Amazon）及企业身份提供商（如 Microsoft Active Directory）集成，以便用户可以使用这些服务进行登录。

然而，这并不意味着身份池本身提供了完整的身份验证服务。身份池的主要功能是为已经通过身份验证的用户生成临时的 AWS 凭证,这些凭证可以授权用户访问其他 AWS 服务。

如果应用只需让用户通过社交身份提供商或企业身份提供商进行登录,并获取 AWS 凭证以访问其他 AWS 服务,则可以只使用 Cognito 身份池,但是,如果应用还需要处理用户的注册和直接登录(用户使用用户名和密码在应用中注册和登录),则需要使用 Cognito 用户池。

通过这个案例,可以看到 Cognito 如何简化移动应用的用户身份管理和数据同步工作。无论是一个有经验的开发者,还是一个初学者都可以利用 Cognito 来提升应用的用户体验和安全性。

6.7 Amazon API Gateway 服务

微服务架构已成为一种广受欢迎的开发方法,它将单个应用程序拆分为一组小型服务,每个服务都在自己的进程中运行,并通过轻量级机制(例如 HTTP 资源 API)进行通信。目前,许多软件企业采用 API 优先策略,即每个服务都优先处理并始终作为 API 发布。

Amazon API Gateway 是一项用于创建、发布、维护、监控和保护任意规模的 REST、HTTP 和 WebSocket API 的服务。

6.7.1 Amazon API Gateway 概述

API Gateway 是一项完全托管的服务,使开发者可以创建、发布、维护、监控和保护任意规模的 API。可以创建 API 作为应用程序的"前门",以便访问数据、业务逻辑或后端服务功能,例如在 EC2 上运行的工作负载、在 Lambda 上运行的代码或任何 Web 应用程序。还可以设置标准速率和突发速率限制。例如,API 拥有者可以为其 REST API 中的特定方法设置每秒 1000 条请求的速率限制,并能将 API Gateway 配置为在几秒内处理每秒 2000 条请求的突发速率。API Gateway 跟踪每秒的请求数量。超过限制的任何请求都会收到一条 429 HTTP 响应。

可以预置 API Gateway 缓存并指定其大小(以 GB 为单位),向 API 调用中添加缓存。针对 API 的特定阶段对缓存进行预置。这会提升性能并减少发送到后端的流量。借助缓存设置,可以控制如何构建缓存密钥,以及为每种方法存储的数据的生存时间(TTL)。API Gateway 还公开了管理 API,可帮助使每个阶段的缓存失效。如果未启用缓存并且没有应用限制,则所有请求都将被传递到后端服务,直到达到所设置的账户级别限制。

可以将 AWS WAF 用于 API Gateway API,以防止 SQL 注入和跨站点脚本(XSS)等攻击。此外,还可以使用规则根据 IP 地址、地理区域、请求大小和/或字符串或正则表达式模式筛选 Web 请求。可以将这些条件放在 HTTP 标头或请求本身的主体上,从而创建复杂的规则来阻止来自特定用户代理、恶意机器人或内容抓取器爬虫的攻击,如图 6-18 所示。

API Gateway 负责接受和处理 API 调用涉及的所有任务,包括流量管理、授权和访问

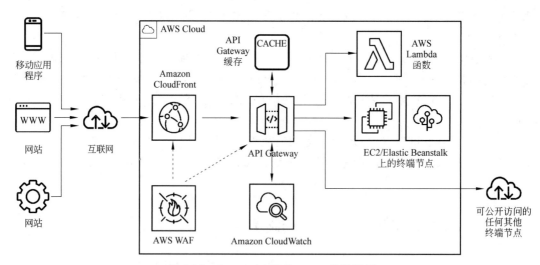

图 6-18 Amazon API Gateway 典型案例

控制、基于资源的策略、监控、验证已签名 API 调用，以及 API 版本管理。在部署 API 后，API Gateway 会提供控制面板，以便可以使用 CloudWatch 直观地监控对服务的调用，从而查看 API 调用的性能指标和相关信息、数据延迟及错误率。

图 6-18 展示了一个典型的 API Gateway 案例的具体流程：

（1）客户端（可能是移动设备、Web 应用程序或后端服务）发出请求。

（2）请求首先到达 CloudFront 位置。请求被接受后会被发送到客户区域中的 API Gateway。此时，WAF 已经被集成到 CloudFront 和 API Gateway 中，从而实现 DDoS 保护和缓解。

（3）API Gateway 接收到请求后会检查专用缓存中的记录（如果已配置）。如果缓存中没有可用的记录，API Gateway 则会将请求转发到后端进行处理。后端可能是 Lambda 函数、在 EC2 上运行的 Web 服务，或者任何其他可公开访问的 Web 服务。

（4）后端处理完请求后，API 调用指标会被记录到 CloudWatch，然后内容会被返回客户端。

6.7.2　Amazon API Gateway 的访问控制

API Gateway 资源策略是附加到 API 的 JSON 策略文档，用于控制指定委托人（通常是 IAM 用户或角色）能否调用 API。可以使用 API Gateway 资源策略，允许用户从指定的 AWS 账户、指定的源 IP 地址范围或 CIDR 块，或者通过指定的 VPC 或任何账户中的 VPC 终端节点安全地调用 API。可以对 API Gateway 中的所有 API 终端节点类型使用资源策略，包括私有、边缘优化和区域，如图 6-19 所示。

使用 API Gateway，可以创建私有 REST API，该 API 只能通过接口 VPC 终端节点从 VPC 中访问。对于私有 API，可以将资源策略与 VPC 终端节点策略一起使用，控制委托人

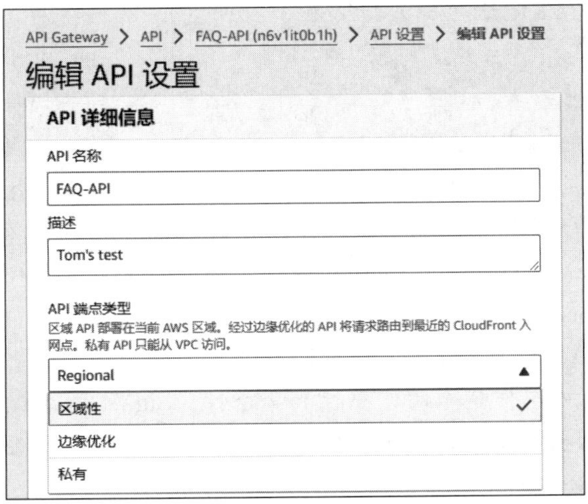

图 6-19　API 的终端端点类型

有权访问哪些资源和操作。通过资源策略，可以允许或拒绝从选定的 VPC 和 VPC 终端节点（包括跨 AWS 账户）对 API 进行访问。每个终端节点都可用于访问多个私有 API。在所有情况下，私有 API 的流量都使用安全的连接，不会离开 Amazon 网络，与公有互联网是隔离的。

　　边缘优化的 API 是可以通过由 API Gateway 创建和托管的 CloudFront 访问的终端节点。区域 API 终端节点是终端节点的一种类型，可以从已部署 REST API 的同一 AWS 区域访问该终端节点。当 API 请求源自 REST API 所在的相同区域时，可以减少请求延迟。此外，可以将自己的 CloudFront 与区域 API 终端节点关联。

　　可以使用 AWS 管理控制台、AWS CLI 或 AWS 开发工具包将资源策略附加到 API。API Gateway 资源策略可以与 IAM 策略结合使用。在这种情况下，如果调用账户拥有的 API，则只有当两种策略均非"拒绝"且至少有一种策略为"允许"时，AWS 才会允许 API 被调用。如果调用由另一个账户拥有的 API，则必须两个策略都表明"允许"，这样才能进行 API 调用，代码如下：

```
{
  "version": "2012-10-17",
  "statement": [
    {
      "Effect": "Allow",
      "Principal": {
        "AWS": [
          "arn:aws:iam::account-id-2:user/Tom",
          "account-id-2"]
      },
      "Action": "execute-api:Invoke",
      "Resource": [
```

```
            "arn:aws:execute-api:region:account-id-1:api-id/stage/GET/pets"
        ]
      }
    ]
  }
```

此资源策略示例通过签名版本 4(SigV4) 协议向位于不同 AWS 账户中的两个用户授予一个 AWS 账户中的 API 访问权限。具体而言，向由 account-id-2 标识的 AWS 账户的 Tom 和根用户授予了 execute-api：Invoke 操作权限，允许他们对由 account-id-1 标识的 AWS 账户中的 pets 资源（API）执行 GET 操作。

提示：SigV4 是 AWS 在身份验证和请求签名方面使用的协议。它用于对 AWS 请求进行身份验证和授权，以确保请求的完整性和安全性。SigV4 协议提供了更严格的安全性和请求身份验证机制，确保请求的来源和完整性。它是 AWS 服务之间进行安全通信和访问控制的重要组成部分。

6.7.3　Amazon API Gateway 的安全性

API Gateway 的主要目标是保护后端。在访问控制方面，不应依赖于客户端应用程序提供的静态 API 密钥字符串，因为这些信息可能会被从客户端提取并在其他地方使用。相反，应使用 API Gateway 来保护逻辑层。首先，API Gateway 支持 HTTPS，这意味着所有对 API 的请求都可以通过 HTTPS 进行，实现传输加密。在默认情况下，在 API 中创建的每个资源/方法组合都会被赋予其自己的特定 Amazon 资源名称（ARN），这个 ARN 可以在 AWS IAM 策略中引用，实现细粒度控制。这意味着，API 将与其他 AWS 的 API 一起被视为"一等公民"，可以像使用 AWS 自身的 API 一样，对自己创建的 API 进行管理和控制。

API Gateway 还通过缓存提供了速率限制支持。作为客户，可以通过指定每秒可以处理的最大事务数来锁定 API 的 SLA。例如，如果将设置的速率限制为每秒处理 300 项事务，则在发生 DoS 攻击时，如果看到每秒处理的事务超过 400 项，则 API Gateway 将限制返回，而不会终止架构。

当需要公开 API 时，可能会面临 API 前端受到 DDoS 攻击的风险。API Gateway 允许为在 EC2、Lambda 上运行的应用程序或任何 Web 应用程序创建 API"前门"。有了 API Gateway，无须运行自己的 API 前端服务器，还可以向公众隐藏前端应用程序的其他组件，这有助于防止这些 AWS 资源受到 DDoS 攻击。API Gateway 支持第 3 层、第 4 层、第 6 层和第 7 层攻击的缓解。可以通过将服务隐藏在网关后面并扩展以吸收应用程序层流量，从而减少攻击面。这样，就可以更好地保护应用程序和服务。

6.8　AWS Lambda 函数

AWS Lambda 是一种无服务器计算服务，可以运行代码并自动管理相关计算资源。在 Lambda 中，运行的代码被称为 Lambda 函数。这些函数可以响应特定的触发器，例如用户请求、数据库事件、队列消息等，执行预定义的任务。本节将重点介绍如何确保 AWS Lambda 函数的安全性，包括 Lambda 函数的权限管理、执行角色及如何通过监控和日志记录来提高函数的安全性。

6.8.1　AWS Lambda 函数概述

借助 Lambda，可以在无须预置或管理服务器的情况下运行代码。只需按消耗的计算时间付费，代码未运行时不产生费用。Lambda 可以运行各种类型的应用程序或后端服务的代码，无须进行任何管理。只需上传代码，Lambda 就可以负责运行和扩展代码所需的所有工作。可以将代码设置为从其他 AWS 服务自动触发，或直接从任何 Web 或移动应用程序调用。

Lambda 使代码可以通过其内置 AWS 开发工具包及与 AWS IAM 集成访问其他 AWS 服务。可以使用 IAM 角色授予 Lambda 函数相应的权限，以访问其他资源。Lambda 在执行 Lambda 函数的同时代入该角色，因此可以对该服务可使用的 AWS 资源保持完整、安全的控制。在默认情况下，Lambda 在 VPC 中运行代码。还可以配置 Lambda 以访问自己的 VPC 后端的资源，从而利用自定义安全组和网络访问控制列表，向 VPC 中的资源提供对 Lambda 函数的访问权限。Lambda 满足 SOC、PCI、HIPAA 和 ISO 的规定。

在 Lambda 上运行的代码被称为 Lambda 函数。函数是模块化的，这意味着可以将不同的任务分解为不同的函数。例如，可以由一个函数执行压缩操作，由一个函数执行缩略操作，由另一个函数执行索引操作，而不是让一个函数执行所有操作。这种模块化的设计使代码更易于管理和维护。当创建 Lambda 函数之后，它始终准备就绪，在触发之后立即运行，这与电子表格中的公式类似。

Lambda 函数是无状态的，与底层架构没有密切关系，从而使 Lambda 能在需要时尽可能多地快速启动函数副本，以扩展到传入事件的速率。当将代码上传到 Lambda 之后，可以将函数与特定的 AWS 资源（例如特定的 S3 存储桶、DynamoDB 表、Kinesis 流或 SNS 通知）关联起来，然后当资源发生改变时，Lambda 将视需要执行函数并管理计算资源，从而与传入请求保持联系。如果需要存储密钥以访问外部服务，则可以利用 AWS 密钥管理服务来存储和检索 Lambda 函数中的密钥。

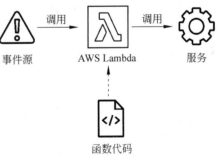

图 6-20　调用 Lambda 函数

Lambda 函数的调用方式取决于用于该函数的事件源，如图 6-20 所示。

（1）对于基于事件的调用，某些事件源可将事件发布到 Lambda 并直接调用 Lambda 函数，这称为推模型，其中事件源将调用 Lambda 函数。

（2）一些事件源发布事件，但 Lambda 必须轮询事件源并在事件发生时调用 Lambda 函数，这称为拉模型。

（3）请求响应调用会导致 AWS Lambda 同步执行函数，并将响应立即返给调用应用程序。该调用类型供自定义应用程序使用。

利用 Lambda 函数的环境变量，可以将设置动态地传递到函数代码和库，而无须对代码进行任何更改。环境变量是键-值对，将其作为函数配置的一部分进行创建和修改。可以使用环境变量帮助库了解以下信息：安装文件的目录、存储输出的位置、存储连接和日志记录设置等。可以使用环境变量来自定义测试环境和生产环境中的函数行为。例如，可以创建两个具有相同代码但不同配置的函数。一个函数连接到测试数据库，另一个函数连接到生产数据库。在这种情况下，可以使用环境变量向函数传递数据库的主机名和其他连接详细信息，如图 6-21 所示。

ENVIRONMENT	DEVELOPMENT	Remove
databaseHost	lambdadb	Remove
databaseName	rd1owwlydynnm5.cuovuayfg087	Remove
Key	Value	Remove

图 6-21　将数据库主机和数据库名称定义为环境变量的示例

将这些设置与应用程序逻辑分隔开，当需要基于不同设置更改相应函数行为时，将无须更新函数代码。加密环变量通过 AWS KMS 提供支持。当系统调用 Lambda 函数时，这些值已被加密且可供 Lambda 代码使用。

6.8.2　AWS Lambda 函数的权限

可以使用基于资源的策略，根据资源向其他账户授予权限。可以使用基于资源的策略来允许 AWS 服务调用函数。对于 Lambda 函数，可以向账户授予权限，使其可以调用或管理这些函数。可以添加多个语句以向多个账户授权，或允许任何账户调用函数。对于其他 AWS 服务为响应账户中的活动而调用的函数，可以使用策略向服务授予调用权限。

例如，允许某个 API Gateway 调用 Lambda 函数的策略，代码如下：

```json
{
  "Version": "2012-10-17",
  "Id": "default",
  "Statement": [
    {
      "Sid": "3b5fc82710663f72869ea42115257c16",
      "Effect": "Allow",
      "Principal": {
        "Service": "apigateway.amazonaws.com"
      },
      "Action": "lambda:InvokeFunction",
      "Resource": "lambdaFunctionArn",
```

```
      "Condition": {
        "ArnLike": {
          "AWS:SourceArn": "APIGWMethodArn"
        }
      }
    }
  ]
}
```

可以通过 HTTPS 调用 Lambda 函数。可以通过以下方式执行此操作：使用 API Gateway 定义自定义 REST API 和终端节点，然后将各种方法（如 GET 和 PUT）映射到特定的 Lambda 函数。或者，可以添加名为 ANY 的特殊方法，将支持的所有方法（GET、POST、PATCH、DELETE）映射到 Lambda 函数。当向该 API 终端节点发送 HTTPS 请求时，API Gateway 服务会调用相应的 Lambda 函数。

要授予权限以允许 API Gateway 调用 Lambda 函数，需要执行以下操作：

（1）指定 apigateway.amazonaws.com 作为委托人的值。

（2）指定 lambda:InvokeFunction 作为授予权限的操作。

（3）指定 API Gateway 终端节点 ARN 作为源 ARN 的值。

6.8.3　AWS Lambda 函数的角色

无论哪个对象调用 Lambda 函数，Lambda 都将通过代入在创建 Lambda 函数时指定的 IAM 角色（执行角色）来执行该 Lambda 函数，如图 6-22 所示。

利用与此角色关联的权限策略，可以向 Lambda 函数授予其所需的权限。例如，在下面的 Lambda 函数的示例代码中（Python 语言），Lambda 函数需要 SQS 操作权限以轮询队列和读取消息，同时也需要 CloudWatch 操作权限以向 CloudWatch 写入事件数据，代码如下：

图 6-22　Lambda 函数执行角色

```python
#lambdaexample.py
import boto3
import os
import logging
from botocore.exceptions import ClientError

#初始化 logger
logger = logging.getLogger()
logger.setLevel(logging.INFO)

#初始化 SQS 和 CloudWatch 客户端
sqs = boto3.client('sqs')
cloudwatch = boto3.client('cloudwatch')

#获取环境变量
```

```
QUEUE_URL =os.environ['QUEUE_URL']

def lambda_handler(event, context):
    try:
        #从 SQS 队列中接收消息
        response =sqs.receive_message(
            QueueUrl=QUEUE_URL,
            MaxNumberOfMessages=1,
            WaitTimeSeconds=0
        )

        #如果队列中有消息
        if 'Messages' in response:
            for msg in response['Messages']:
                logger.info(f"Received message: {msg['Body']}")

                #删除已接收的消息
                sqs.delete_message(
                    QueueUrl=QUEUE_URL,
                    ReceiptHandle=msg['ReceiptHandle']
                )

                #将事件数据写入 CloudWatch
                cloudwatch.put_metric_data(
                    Namespace='MyNamespace',
                    MetricData=[
                        {
                            'MetricName': 'MyMetricName',
                            'Dimensions': [
                                {
                                    'Name': 'MyDimensionName',
                                    'Value': 'MyDimensionValue'
                                },
                            ],
                            'Value': 1.0,
                            'Unit': 'None'
                        },
                    ]
                )
        else:
            logger.info("No messages to process.")

    except ClientError as e:
        logger.error(e)
```

在这个示例中,Lambda 函数首先尝试从 SQS 队列中接收消息。如果队列中有消息,则函数将记录消息内容,然后删除已接收的消息,最后由函数将事件数据写入 CloudWatch。这个函数需要 SQS 操作权限以便轮询队列和读取消息,同时也需要 CloudWatch 操作权限以向 CloudWatch 写入事件数据。

6.8.4　AWS Lambda 函数的监控

可以将 Lambda 与其他 AWS 服务集成,以帮助监控 Lambda 函数并对其进行故障排查。Lambda 将自动代表监控 Lambda 函数,并通过 Amazon CloudWatch 报告指标。为了监控代码的执行情况,Lambda 会自动跟踪请求数量、每个请求的延迟及产生错误的请求数量,并发布相关的 CloudWatch 指标。可以利用这些指标设置 CloudWatch 自定义警报。

还可以在代码中插入日志记录语句,以验证代码是否按预期运行。Lambda 自动与 CloudWatch 日志集成,并将代码产生的所有日志推送到与 Lambda 函数关联的 CloudWatch 日志组。通过 CloudWatch 监控的关键指标,见表 6-3。

表 6-3　CloudWatch 监控 Lambda 函数的关键指标

关键指标	描　　述
Invocations	某个函数在响应某个事件或调用 API 时被调用的次数
Errors	由于函数中的错误而失败的调用次数
Duration	函数代码从开始执行到停止执行所经过的时间
Throttles	由于调用速率超过客户的并行限制而被限制的调用尝试次数

通过监控和日志记录,可以实时了解 Lambda 函数的运行状态,以及时发现并处理可能存在的安全问题。例如,如果发现某个函数的错误调用次数突然增加,则可能意味着该函数存在问题,需要立即检查并修复。此外,通过监控函数的调用次数和执行时间,还可以发现是否存在不正常的访问模式,如可能的 DDoS 攻击等,从而及时采取防护措施,因此,有效地进行监控对于确保 Lambda 函数的安全性至关重要。

6.9　本章小结

本章深入探讨了 AWS 应用安全管理的各方面。介绍了应用开发与安全的概述,详细讲解了 AWS WAF 服务的基本概念、功能、管理与配置,并提供了一个保护动态 Web 应用程序的案例。同时,详细介绍了 AWS Shield 服务的基本概念、版本及实时指标和报告,讨论了 DDoS 攻击的威胁及缓解方法,并提供了一个 DDoS 攻击缓解的案例。

在无服务器与安全性部分,重点介绍了 Amazon Cognito 服务的概述、用户池、身份池及一个 Amazon Cognito 的案例。还详细解释了 Amazon API Gateway 服务的概述、访问控制及安全性,以及 AWS Lambda 函数的概述、权限、角色及监控。

第 7 章

密钥与证书管理

在云计算环境中，密钥与证书管理是确保数据和应用程序安全的重要环节。无论是网络传输的安全，数据的加密、解密，还是服务的身份验证都离不开密钥与证书的管理。在 AWS 中，有多种服务可以帮助实现这一目标，如 AWS KMS 服务、AWS Secrets Manager 服务、AWS 证书服务和 AWS CloudHSM 服务等。在本章中，将深入探讨这些服务的功能和使用方法，以便更好地理解和实现密钥与证书的管理。

本章要点：

（1）AWS KMS 服务。

（2）AWS Secrets Manager 服务。

（3）AWS 证书服务。

（4）AWS CloudHSM 服务。

7.1 AWS KMS 服务

如第 5 章所述，在静态加密数据时，需要主密钥来加密数据密钥，以便进行存储和解密操作。现在，有了一个主密钥，就需要对其进行安全存储并确保其随时可用，因此，开始加密密钥并创建密钥层次结构。在这个层次结构的顶端，有一个密钥可以解开所有下方的密钥。这就是需要一个可靠的密钥管理解决方案的原因。随着加密密钥数量的增加，管理开销也会增加，尤其是当需要导入或轮换密钥并定义使用策略时。此外，还需要遵守有关密钥物理安全性及维护底层基础结构的要求。AWS 的 Key Management Service（KMS）可以应对这些挑战。

7.1.1 AWS KMS 概述

AWS KMS 是一项托管服务，使用经 FIPS 140-2 认证的硬件安全模块保护密钥安全，可以创建和控制用于加密数据的密钥。KMS 可以与大多数其他 AWS 服务集成，以帮助保护采用这些服务存储的数据。它使用信封加密的两层密钥层次结构进行密钥管理。

KMS 可以集中管理和安全存储密钥。这些密钥可以在应用程序和受支持的 AWS 云服务中使用，以保护数据。KMS 密钥（之前被称为客户主密钥 CMK）不会离开 KMS，这降低了数据密钥泄露的风险。为这些密钥设置使用策略，以决定哪些用户可以用它们来加密和解密数据。

借助 KMS，可以执行各种不同的密钥功能，以从一个中央位置管理密钥。可以使用唯一的别名和描述创建数据密钥，以实现更好的管理。KMS 可以按计划自动轮换密钥，并禁用或删除密钥，以使任何人都无法使用。在审计方面，可以分析 AWS CloudTrail 以确定谁使用了密钥、何时使用密钥及如何使用。还可以导入自己的密钥，而不是 AWS 生成的密钥。

7.1.2 AWS KMS 的工作原理

AWS KMS 采用信封加密（Envelope Encryption）来保护数据。这是一种常见的密钥管理技术，用于在加密数据时保护对称密钥的安全性。它通过两层密钥层次结构实现。

信封加密的名称来源于其操作过程类似于传统的信封邮寄。在信封加密中，首先使用一个临时生成的对称密钥（也被称为会话密钥）来加密明文数据，然后使用另一个密钥（通常是主密钥）来加密这个临时生成的对称密钥。这个过程就像把一封信（明文数据）放入一个信封（临时生成的对称密钥）中，然后用一个更大的信封（主密钥）来封装这个已经装有信的信封。这样，即使外面的信封被打开，里面的信也无法被阅读，除非拥有打开内部信封的钥匙（临时生成的对称密钥）。

信封加密中有两个级别的密钥。

（1）主密钥（Key Encryption Key，KEK）：主密钥用于保护数据密钥的安全，通常是一个长期存在的密钥。主密钥可以存储在受信任的密钥管理系统（如 AWS KMS）中，以确保其安全性。

（2）数据密钥（Data Encryption Key，DEK）：数据密钥是在加密数据时使用的临时密钥。每次加密过程中都会生成一个新的数据密钥。数据密钥用于对数据进行加密和解密操作。

在加密每一份数据或资源时，AWS 服务都会生成和使用一个数据密钥，然后该数据密钥被在 KMS 中定义的 KMS 密钥（之前被称为客户主密钥，CMK）实现加密。KMS 跟踪用于加密数据密钥的 KMS 密钥，然后已加密的数据密钥会由 AWS 服务存储在永久存储设备中，如图 7-1 所示。

KMS 密钥既可以是 AWS 托管的密钥，也可以是自己管理的密钥。

AWS 托管 KMS 密钥是由与 KMS 集成的 AWS 服务代表在账户中创建、管理并使用的 KMS 密钥，此密钥对于 AWS 账户和区域而言是唯一的。只有创建了 AWS 托管 KMS 密钥的服务才可以使用它。可在 KMS 内部使用 KMS 密钥直接加密或解密最多 4KB 的数据。它们主要用于加密生成的数据密钥，然后这些密钥用于在该服务外部加密或解密更多数据。KMS 密钥绝不能在未加密的情况下离开 KMS，但数据密钥可以。

在 KMS 中创建一个密钥所拥有的控制权比默认服务主密钥授予的控制权高。在创建

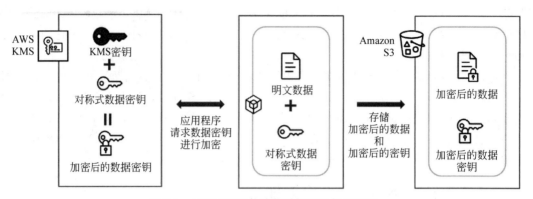

图 7-1　AWS KMS 使用信封加密来保护数据

KMS 密钥时，可以选择使用由 KMS 代表生成的密钥材料或者导入自己的密钥材料，定义别名、描述，并选择让该密钥每年自动轮换一次（如果该密钥受 AWS KMS 生成的密钥材料支持）。还可以定义该密钥的权限，从而控制谁能使用和管理该密钥。可以在 AWS CloudTrail 中审计该密钥相关的管理和使用活动。

提示：在 AWS 术语中，"密钥材料"（Key Material）是指用于数据加密和解密的实际加密密钥。这些密钥材料可以由 AWS KMS 生成，也可以由用户自己提供并导入 KMS 中。无论是 AWS KMS 生成的密钥材料，还是用户导入的密钥材料都会被安全地存储在 AWS KMS 中，并且无法被任何人（包括 AWS 自己）获取密钥材料的原始内容。这是因为密钥材料在使用后会被立即从内存中删除，只有加密的数据密钥（Encrypted Data Key）会被保留下来。

当需要通过 AWS 服务解密或加密数据时，应用程序会请求 KMS 解密由 KMS 密钥下加密的数据密钥，然后可以直接在应用程序内存中使用数据密钥，这就无须将整个数据块发送到 KMS，从而避免了网络延迟。当应用程序加密或解密数据后会尽快地删除存储在内存中的数据密钥。

7.1.3　AWS KMS 密钥管理

在理解了 KMS 工作原理之后，接下来将详细探讨 KMS 如何创建、保护、导入及轮换密钥。这些操作是确保数据安全的关键步骤，要深入了解它们的重要性和实现方式。

1. 密钥的创建

在 KMS 中，可以创建两种类型的 KMS 密钥：客户管理的 KMS 密钥和 AWS 管理的 KMS 密钥。

（1）客户管理的 KMS 密钥：这类密钥的控制权完全在客户手中，包括创建、轮换、禁用、启用和删除。在创建客户管理的 KMS 密钥时，可以选择让 KMS 生成密钥材料，或者自行导入密钥材料。此外，还可以定义别名、描述，并选择让该密钥每年自动轮换一次。还可以定义该密钥的权限，从而控制谁能使用和管理该密钥。

（2）AWS 管理的 KMS 密钥：这类密钥是由与 KMS 集成的 AWS 服务代表在账户中创建、管理并使用的。只有创建了 AWS 管理的 KMS 密钥的服务才可以使用它。AWS 管理的 KMS 密钥不能被删除，并且密钥轮换是自动的。

在创建密钥时，需要根据实际需求选择密钥类型（如图 7-2 和图 7-3 所示），并正确配置密钥的属性和权限。这样，就可以确保密钥的安全性，同时满足业务需求。

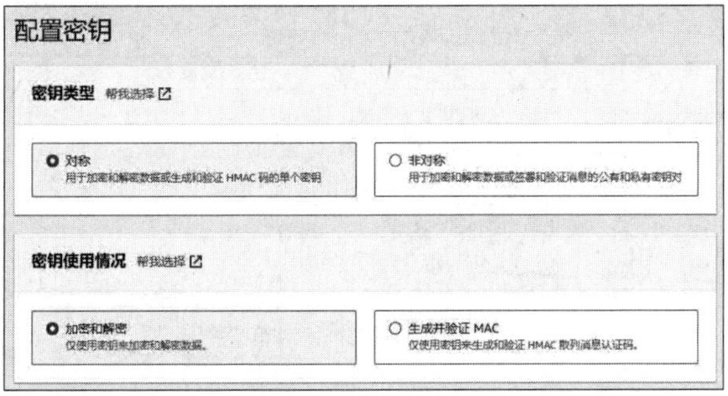

图 7-2　创建 KMS 密钥时指定密钥类型及使用情况

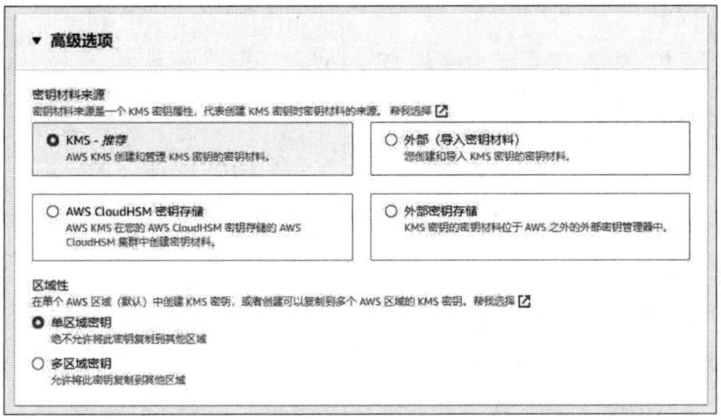

图 7-3　创建 KMS 密钥时设置密钥的高级选项

2. 密钥的保护

除了可以使用 AWS IAM 对密钥的使用进行保护外，KMS 还提供了密钥策略和授权两种安全机制来保护密钥。

如果要定义基于资源的权限，则需要将策略附加到密钥上。通过策略，可以指定谁有权使用密钥及他们可以执行哪些操作。密钥策略指定谁可以管理密钥及哪个用户或角色可以使用密钥进行加密或解密。通常，大多数用户使用 KMS 控制台设置密钥策略，如图 7-4 所示。无论采用哪种方式，密钥策略都与 IAM 策略规范共享公共语法。

在授权时，可以通过编程的方式向其他 AWS 委托人委派使用 KMS 密钥的权限。可以使用它们来允许访问，但无法拒绝。授权通常用于提供临时权限或更加精细的权限。还可以使用密钥策略来允许其他委托人访问 KMS 密钥，但密钥策略最适合相对静态的权限分配。此外，密钥策略为 AWS 策略使用标准权限模型，其中用户可以具有或不具有权限来执

图 7-4　KMS 密钥策略

行对资源的操作。

　　任何具有 KMS 密钥上 kms:RevokeGrant 权限的用户都可以撤销（取消）授权。以下任意用户均可停用授权：

　　(1) 在其下创建授权的 AWS 账户（根用户）。

　　(2) 授权中的停用委托人（如果有）。

　　(3) 被授权委托人（如果授予包括 kms:RetireGrant 权限）。

　　如果单击密钥策略中的"切换到策略视图"按钮，则会将图 7-4 中显示的策略切换为 JSON 格式的策略，代码如下：

```
{
    "Id": "key-consolepolicy-3",
    "Version": "2012-10-17",
    "Statement": [
        {
            "Sid": "Enable IAM User Permissions",
            "Effect": "Allow",
            "Principal": {
                "AWS": "arn:aws:iam::123456789001:root"
            },
            "Action": "kms:*",
            "Resource": "*"
        },
        {
            "Sid": "Allow access for Key Administrators",
            "Effect": "Allow",
            "Principal": {
                "AWS": "arn:aws:iam::123456789001:role/AWSLabsUser-
                axwR9jdoFY8S24SF751yPj"
```

```
        },
        "Action": [
            "kms:Create * ",
            "kms:Describe * ",
            "kms:Enable * ",
            "kms:List * ",
            "kms:Put * ",
            "kms:Update * ",
            "kms:Revoke * ",
            "kms:Disable * ",
            "kms:Get * ",
            "kms:Delete * ",
            "kms:TagResource",
            "kms:UntagResource",
            "kms:ScheduleKeyDeletion",
            "kms:CancelKeyDeletion"
        ],
        "Resource": " * "
    },
    {
        "Sid": "Allow use of the key",
        "Effect": "Allow",
        "Principal": {
            "AWS": "arn:aws:iam::123456789001:role/AWSLabsUser-
            axwR9jdoFY8S24SF751yPj"
        },
        "Action": [
            "kms:Encrypt",
            "kms:Decrypt",
            "kms:ReEncrypt * ",
            "kms:GenerateDataKey * ",
            "kms:DescribeKey"
        ],
        "Resource": " * "
    },
    {
        "Sid": "Allow attachment of persistent resources",
        "Effect": "Allow",
        "Principal": {
            "AWS": "arn:aws:iam::123456789001:role/AWSLabsUser-
            axwR9jdoFY8S24SF751yPj"
        },
        "Action": [
            "kms:CreateGrant",
            "kms:ListGrants",
            "kms:RevokeGrant"
```

```
        ],
        "Resource": "*",
        "Condition": {
            "Bool": {
                "kms:GrantIsForAWSResource": "true"
            }
        }
    }
]
```

3. 密钥的导入

可以将自己的密钥导入 KMS 中。在 AWS 中创建 KMS 密钥时，在默认情况下，AWS 会为 KMS 密钥生成密钥材料，但也可以创建不带密钥材料的 KMS 密钥，然后将密钥材料导入 KMS 密钥中，如图 7-5 所示。

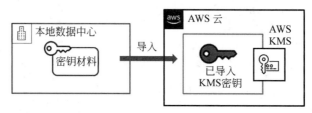

图 7-5　KMS 密钥的导入

在导入密钥材料时，必须设置密钥何时到期，并且还必须提供替换密钥。仍需对密钥管理基础架构上的密钥材料的原始版本负责，同时允许 KMS 使用它的副本。需要注意，带有导入密钥材料的 KMS 密钥与使用密钥材料在 KMS 中生成的 KMS 密钥相同。如果两个区域中的密钥相同，则可以跨区域共享加密数据。

导入的密钥可以更好地控制 KMS 中密钥的创建、生命周期管理和持久性。导入的密钥用于帮助满足合规性要求，其中可能包括能够在基础设施中生成或保留安全的密钥副本，以及在不需要密钥时按需从 AWS 基础设施中删除导入的密钥副本。

4. 密钥的轮换

在 KMS 中，可以为客户托管的密钥启用自动密钥轮换，如图 7-6 所示。启用后，AWS KMS 会每年为该 KMS 密钥生成新的加密材料。自动密钥轮换具有以下优点：在密钥轮换时，KMS 密钥的属性，包括密钥 ID、密钥 ARN、区域、策略和权限，不会发生改变。

KMS 会永久保留所有以前版本的加密材料，以便解密使用该 KMS 密钥加密的任何数据。直至删除 KMS 密钥，KMS 不会删除任何轮换的密钥材料。

当使用轮换的 KMS 密钥加密数据时，KMS 会使用当前的密钥材料。当使用轮换的 KMS 密钥解密密文时，KMS 会使用加密时所用的密钥材料版本。无法请求特定版本的密钥材料。

如果想控制密钥轮换计划，则可以选择手动轮换。对于不符合自动密钥轮换要求的 KMS 密钥，包括非对称 KMS 密钥、HMAC KMS 密钥、自定义密钥存储中的 KMS 密钥及

图 7-6　KMS 密钥的定期轮换

包含导入的密钥材料的 KMS 密钥,这也是一种轮换方式。

7.1.4　AWS KMS 的案例

EBS 卷通过与 KMS 集成实现加密功能。可以选择使用 AWS 托管的 KMS 密钥,也可以使用自定义的 KMS 密钥,如图 7-7 所示。

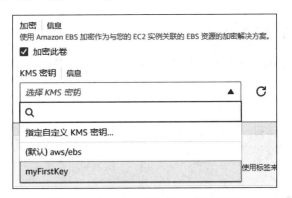

图 7-7　EBS 卷加密的 KMS 密钥选项

EBS 卷加密/解密的基本步骤,如图 7-8 所示。

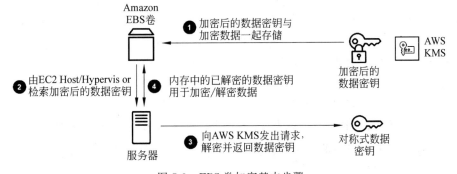

图 7-8　EBS 卷加密基本步骤

（1）创建加密卷：在选择的 KMS 密钥下，EBS 通过 KMS 获取一个新的数据密钥，并对其进行加密，然后将加密后的数据密钥与卷的元数据一起存储。

（2）检索加密密钥：当将加密的 EBS 卷附加到 EC2 实例时，托管 EC2 实例的服务器会从存储中检索加密后的数据密钥。

（3）解密数据密钥：EC2 实例通过 SSL 向 KMS 发送解密请求。KMS 识别出 KMS 密钥，并向硬件安全模块（HSM）发出内部请求以解密加密后的数据密钥，然后 KMS 通过 SSL 会话将解密的数据密钥返给 EC2 实例。

（4）数据加密和解密：已解密的数据密钥存储在内存中，并用于加密和解密附加到 EBS 卷的所有传入和传出数据。

7.2　AWS Secrets Manager 服务

AWS Secrets Manager 是一项安全地存储和管理敏感数据的服务，如 API 密钥、数据库凭据、第三方服务凭据等。用户和应用程序可以通过调用 Secrets Manager API 来检索密钥，无须在代码中硬编码敏感信息。

7.2.1　密钥管理的挑战

设想一下，一名 Python 开发人员可能有两种方式访问 AWS RDS for MySQL 或 Aurora 数据库。

方法 1，使用硬编码凭证连接数据库，代码如下：

```
# 这是一个硬编码的数据库凭证示例
conn =pymysql.connect(
    host="192.168.3.100",
    user="crmuser1",
    password="ChenTao123qaz",
    db="crm",
    port=3306
)
```

在这种方法中，看到数据库的凭证（如用户名、密码等）都被直接硬编码在代码中。这种方式的问题在于，一旦代码被泄露，数据库的凭证也就被泄露了。

一些开发人员可能会选择将凭证信息存储在参数文件中，而不是直接在代码中硬编码。这种做法有一些优点。首先，参数文件可以被配置为只允许特定的用户或服务访问，从而提供了额外的安全保护层，其次，当需要在多个地方使用相同的凭证时，使用参数文件可以避免在代码中重复硬编码相同的信息，然而，这种方法仍然存在一些安全风险，因为凭证是以明文形式存储的。如果有人能够访问存储凭证的代码或参数文件，他们就有可能获取这些凭证。

方法 2，采用 AWS Secrets Manager 等密钥管理解决方案，代码如下：

```
secret = get_secret()
# 这是一个使用 AWS Secrets Manager 的数据库凭证示例
conn = pymysql.connect(
    host=secret['host'],
    user=secret['username'],
    password=secret['password'],
    db=secret['dbname'],
    port=3306
)
```

密钥管理解决方案可以安全地管理敏感信息。在这个示例中，使用 Secrets Manager 获取数据库的凭证。这样，即使代码被泄露，由于凭证并未被直接写在代码中，因此数据库的凭证仍然是安全的。

优秀的密钥管理解决方案可以使用户安全可靠地将数据存储在中央存储库中。借助适当的访问控件，只有特定实体可以检索这些密钥的解密值。此类系统的另一个重要功能是审计日志。为了实现合规性，至关重要的是要知道是谁或哪个对象访问了（或未能访问）密钥及何时尝试访问。

密钥有生命周期，并且生命周期有限。作为密钥管理的一部分，密码轮换是一项必要的功能。如果密钥被错误地共享或以其他方式被人看到，则其泄露的可能性会大大增加。重要的是要定期轮换这些密钥并进行更改。如果没有密钥管理解决方案，则要完成所有这些目标可能很困难。例如，很难控制对密钥的访问，因为它们通常以纯文本形式存储，并通过不太安全的机制（例如电子邮件、便签和纯文本文件）分发给开发人员和应用程序。

因此，对于关键业务应用，采用密钥管理解决方案是一个必选项。

7.2.2 AWS Secrets Manager 概述

使用 Secrets Manager 服务可以方便地管理密钥。这些密钥可以是数据库凭证、密码、第三方 API 密钥，甚至是任意文本。可以使用 AWS 管理控制台、命令行界面或 API 和开发工具包，集中存储这些密钥并控制对它的访问。Secrets Manager 可以将代码中的硬编码凭证（包括密码）替换为对 Secrets Manager 的 API 调用，以便以编程方式检索密钥。这样，即使有人查看代码，也不会泄露密钥，因为代码中根本不包含密钥。此外，还可以配置 Secrets Manager，使其根据指定的计划自动轮换密钥。这可以将长期密钥替换为短期密钥，从而显著降低泄露风险。

当有以下需求时，可以考虑使用 Secrets Manager：

（1）寻找一种安全且可扩展的方式来管理密钥访问权限。

（2）需要满足密钥管理的监管和合规性要求。

（3）希望能安全可靠地实现密钥的自动轮换。

（4）需要一种工具，可以用于审计和监控密钥的使用情况，轮换密钥时不会对应用程序造成破坏。

（5）需要一种方法，可以防止在代码或配置文件中直接存放密钥。

使用 Secrets Manager 的一个重要原因是，它可以帮助改善安全状况，通过从应用程序源代码中删除硬编码凭证或将其存储在配置文件中。如果将凭证存储在应用程序中或与应用程序一起作为配置文件进行存储，则任何能够访问应用程序或其组件的人都可能会泄露这些凭证。这还会使凭证轮换变得困难，因为必须更新应用程序并将更改部署到每个客户端，然后才能弃用旧凭证。借助 Secrets Manager，可以在运行时以编程方式检索加密密钥值，而不是存储密钥值。

可以通过多种方式以编程方式进行检索。Secrets Manager 的 HTTPS 查询 API 可以访问 Secrets Manager 和 AWS。HTTPS 查询 API 可以直接向服务发布 HTTPS 请求。AWS 开发工具包包括多个任务，例如以加密方式对请求进行签名、管理错误及自动重试请求。AWS CLI 可以在系统的命令行中发出命令，以执行 Secrets Manager 及其他 AWS 任务。这比使用控制台更快、更方便。

Secrets Manager 支持 Java 客户端缓存和 Java 数据库连接（JDBC）驱动程序客户端缓存库，以便能够更轻松地将凭证分发到应用程序。客户端缓存可以帮助改进使用密钥的可用性和延迟性。它还可以降低与检索密钥相关的成本。

7.2.3 AWS Secrets Manager 的案例

在某些应用程序中，可能需要使用期限更长的凭证，如数据库密码或其他 API 密钥。在这种情况下，绝对不能在应用程序中对这些密钥进行硬编码或将其存储在源代码中。可以使用 Secrets Manager 来保护数据库凭证，如图 7-9 所示。

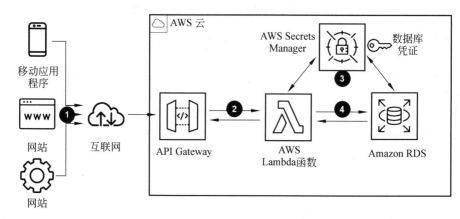

图 7-9 使用 Secrets Manager 来保护数据库凭证

Secrets Manager 可以将凭证发送到 Lambda 函数，该函数可以使用这些凭证访问和查询 Amazon RDS 等数据库服务。在此过程时，无须在代码中硬编码密钥，也无须通过环境变量传递密钥。

（1）API 调用：该过程首先调用托管在 API Gateway 上的 RESTful API。

（2）函数执行：API Gateway 执行 Lambda 函数以查询数据库。

（3）密钥检索：Lambda 函数使用 Secrets Manager API 检索数据库密钥。Secrets Manager 检索密钥，解密受保护的密钥文本，然后通过受保护的通道将其返给函数。

（4）查询结果：最后，Lambda 函数使用 Secrets Manager 中的数据库密钥连接到 Amazon RDS 数据库，并返回查询结果。

7.2.4 密钥的轮换

利用 Secrets Manager，可以自动更新在 AWS 上托管的 Amazon Aurora、MySQL、MariaDB、PostgreSQL 和 Oracle 数据库的密码。这个过程通过 AWS Lambda 函数实现，完全自动化，可以根据设定的计划或者手动触发进行，如图 7-10 所示。

对于 RDS 数据库引擎，AWS 已经提供了预构建的 Lambda 函数。这些函数能够管理 RDS 数据库引擎的凭证，包括自动更新密码。这些 Lambda 函数能与 Secrets Manager 协同工作，实现数据库凭证的自动管理和更新，无须用户手动操作，然而，如果需要管理其他类型的凭证，例如 SAML 登录凭证，就需要创建自定义的 Lambda 函数来处理这些凭证的管理和更新。密钥轮换函数会访问受保护服务的身份验证系统，并生成一组新的凭证以访问数据库。这些凭证通常包含用户名、密码和连接详细信息，但具体内容可能因系统而异，如图 7-11 所示。

图 7-10 Secrets Manager 自动密钥轮换

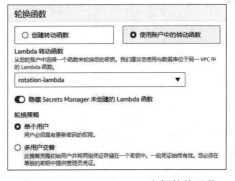

图 7-11 Secrets Manager 密钥轮换函数

7.2.5 密钥安全管理

Secrets Manager 提供了一套完整的工具和服务，以实现密钥的安全管理，主要包括加密存储、访问控制和审计跟踪。

1. 加密存储

在 Secrets Manager 中，所有的"秘密"（例如密码、一组凭证、OAuth 令牌或其他敏感信息）在存储时都会被加密。这种加密使用了 AES-256 算法，确保数据在传输和存储过程中的安全性。加密密钥由 KMS 管理。每当密钥值发生变化时，Secrets Manager 都会从 KMS 请求新的数据密钥以保护它，然后使用 KMS 密钥加密数据密钥，并将其存储在密钥元数据中。

2. 访问控制

Secrets Manager 利用 AWS IAM 来保护密钥的访问权限。IAM 提供了身份验证和访问控制。身份验证用于确认请求者的身份，而访问控制用于确保只有经过授权的人员才能对密钥等 AWS 资源进行操作。Secrets Manager 使用策略来定义谁可以访问哪些资源，以及他们可以对这些资源执行哪些操作。权限策略是一个 JSON 结构化文本，此文本和附加到密钥和身份上的权限策略非常相似。策略中的元素主要包括 Principal、Action 和 Resource。在策略中，通配符（*）有不同的含义：

（1）在附加到密钥的策略中，* 表示该策略适用于此密钥。

（2）在附加到身份的策略中，* 表示该策略适用于账户中的所有资源（包括密钥）。

下面是两个示例，说明了如何授予对密钥的访问权限。

第 1 个示例是可以附加到密钥上的基于资源的策略。当希望向多个用户或角色授予单个密钥的访问权限时，这种方式非常有用，代码如下：

```json
{
  "Version": "2012-10-17",
  "Statement": [
    {
      "Effect": "Allow",
      "Principal": {
        "AWS": "arn:aws:iam::123456789012:role/MyRole"
      },
      "Action": "secretsmanager:GetSecretValue",
      "Resource": "*"
    }
  ]
}
```

第 2 个示例是基于身份的策略，可以将其附加到 IAM 中的用户或角色，如图 7-12 所示。当希望授予对 IAM 用户、组或角色的访问权限时，这种方式非常有用。

3. 审计跟踪

审计跟踪可以帮助了解谁在何时访问了密钥，以及他们进行了哪些操作。这对于维护系统的安全性至关重要，因为它可以及时发现任何不寻常或可疑的行为。

当在 Secrets Manager 中创建一个新的密钥时，可以选择启用审计跟踪。一旦启用，所有对该秘密的访问都将被记录，并可以在 AWS CloudTrail 中查看。审计跟踪记录包括访问者的身份、访问时间、执行的操作（如获取、更新或删除秘密）等信息。这些记录可以帮助回溯事件，理解系统的使用情况，以及在必要时进行故障排查。可以根据需要设置审计跟踪记录的保留期限。

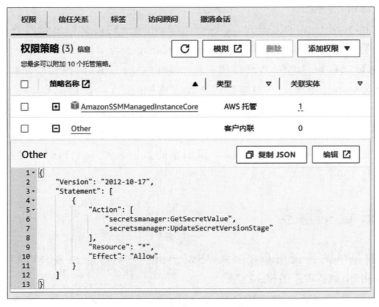

图 7-12　将权限策略附加到角色身份

7.2.6　AWS Secrets Manager 与 SSM ParameterStore

在第 3 章中，已经介绍了 AWS Systems Manager（SSM）及其功能，其中包括 SSM
ParameterStore。ParameterStore 提供了一个集中且安全的存储位置，用于管理配置数据，
包括数据库字符串等纯文本数据或密码等保密数据。Secrets Manager 并不能替代
Parameter Store 的功能。ParameterStore 通过存储环境配置数据或其他必要参数，持续提
供优化和简化应用程序部署功能，然而，这两者之间存在一些不同和相似之处，见表 7-1。

表 7-1　Secrets Manager 与 SSM ParameterStore 特性对照表

特　　性	AWS Secret Manager	SSM ParameterStore
内置密码生成器	√	
自动轮换密钥	√	
无须额外费用		√
跨账户访问	√	
值可以通过 AWS KMS 加密	√	√
存储的值最长可达 4096 个字符	√	√

Secrets Manager 能够生成可由 CloudFormation 或用户应用程序引用的随机密钥。例
如，CloudFormation 可以将 RDS 数据库的用户名和密码存储在只能由管理员访问的
Secrets Manager 密钥中。Secrets Manager 的另一个独特功能是，能够轮换密钥并在数据

库中实际应用新凭证。

SSM Parameter Store 是免费的,而 Secrets Manager 则需要根据每月存储的密钥数量和 API 调用次数支付相应的额外费用。Secrets Manager 与 Parameter Store 的另一种不同之处在于,前者可以在账户之间共享密钥。同一账户中的 IAM 用户和应用程序资源可以访问存储在其他账户中的密钥。当需要与同事共享密钥时,这一点特别有用。

这两种 AWS 服务都可以利用 KMS 加密值。使用 KMS,可以配置密钥策略,以控制 IAM 用户和角色解密的权限。Parameter Store 可以以纯文本形式存储值,或使用 KMS 密钥对值进行加密,而 Secrets Manager 仅存储加密的数据。另一个相似之处是,这两个服务都最多可以存储 4096 个字符。

7.3 AWS 证书服务

AWS 目前提供两种证书服务：AWS Certificate Manager（ACM）和 AWS Private Certificate Authority（AWS Private CA）。

ACM 主要负责证书的生命周期管理,包括创建、存储、部署及管理 AWS 服务（如 ELB、CloudFront 和 API Gateway）的证书续订。

AWS Private CA 则是一个用于创建私有证书颁发机构（CA）层次结构的服务,可以利用它为内部用户、计算机、应用程序、服务、服务器和其他设备颁发私有证书,以实现身份验证和加密通信。

这两个服务在创建和管理用于识别资源并通过互联网、云和私有网络进行安全网络通信的数字证书过程中,各自扮演着不同的角色,可以协同工作以满足需求。例如,如果使用 AWS Private CA 创建了一个 CA,ACM 则可以管理来自该私有 CA 的证书发行,并自动化证书续订。

提示：2018 年,AWS 作为 AWS Certificate Manager 的一个扩展程序推出了 Private CA,所以早期的名称为 AWS Certificate Manager（ACM）Private CA,现在某些文档和资源还使用老的名称,但现在,它们被视为两个独立的服务,各自有其特定的功能和用途。

7.3.1 公钥基础设施概述

公钥基础设施（Public Key Infrastructure,PKI）是一个由硬件、软件、人员、规则、文档和程序组成的系统,用于发布和管理数字证书。

数字证书（Digital Certificate）是证明用户、设备、服务器或网站真实性的电子凭证。这种形式的身份验证使用公钥加密来验证通过网络通信的身份。这些证书包含到期日期及有关持有人或主体的信息,包括域名和组织。它们还包含证书颁发机构及其数字签名。一个现代数字证书通常遵循 x.509 标准,该标准将识别信息绑定到公钥-私钥对。可以将这些证书用于多种目的,包括促进传输中的数据加密。

证书颁发机构（Certificate Authorities,CA）是颁发数字证书并在必要时撤销数字证书的实体,向跨网络通信的各方提供证书。CA 可以分为公共信任 CA 或私人信任 CA。

(1) 公众信任的 CA,或公共 CA,通过与主流浏览器、操作系统和设备制造商合作来赢得公众信任,以满足严格的安全要求。这类似于通过审核被认为值得信赖或合规的企业。如果某个 CA 赢得了信任,则将配置其产品以在根级别信任该 CA。这种固有的信任为公共互联网上的 TLS 加密过程增加了一层安全性。

(2) 私人受信任的 CA,或私有 CA,可保护组织或群组内的内部设备和 Web 系统之间的通信。这些 CA 并不是通过满足外部利益相关者的要求来建立公众信任的。可以使用私有 CA 创建私有证书,用于内部资源相互验证和通信。例如保护具有私有用户群网络应用程序的安全,或向内部网络验证公司工作站和物联网(IoT)设备的身份。

1. 数字证书颁发流程

假设 example.com 的所有者需要为面向公众访问的网站提供证书。

(1) 创建证书签名请求(Certificate Signing Request,CSR)。

它们可能是通过 OpenSSL 生成的 CSR,包括组织名称、电子邮件地址、域名(或通用)名称及 example.com 公钥等详细信息,命令如下:

```
You are about to be asked to enter information that will be incorporated
into your certificate request.
What you are about to enter is what is called a Distinguished Name or a DN.
There are quite a few fields but you can leave some blank
For some fields there will be a default value,
If you enter '.', the field will be left blank.
-----
Country Name(2 letter code)[XX]:US
State or Province Name (full name) []:Any State
Locality Name (eg, city)[Default City]:Any Town
Organization Name(eg, company)[Default Company Ltd]:Example Corp
Organizational Unit Name (eg, section) []:Example
Common Name (eg, your name or your server's hostname)[]:example.com
Email Address []:admin@ examplecorp.com
```

(2) 向证书颁发机构提交 CSR。

创建 CSR 后,将其编码为 Base64 格式。网站所有者通过对文件进行哈希处理并使用 example.com 私钥对其进行加密来签署 CSR。CSR 示例内容如下:

```
-----BEGIN CERTIFICATE REQUEST-----
MIICxzCCAa8CAQAwgYExCzAJBgNVBAYTA1VTMRMWEQYDVQQIDAPXYXNoaW5ndG9u
MRAWDgYDVQQHDAdTZWFOdGx1MRwwGgYDVQQKDBNBbWF6b24gV2ViIFN1cnZpY2Vz
……略……
cybGEgU6kmbQ2UoUIhvYEIZqqjf6VNTiwXPgCyw1GIPeAnhAAYEThzHNwpxwbrWA
j5tSilqo@ z9Sp+UX8hvNynmsr5LIxvJK80h1q78NHt91mxsWmlrVebBrXQ==
-----END CERTIFICATE REQUEST-----
```

然后将 CSR 及其公钥发送到公开信任的 CA。

（3）验证 CSR。

CA 使用 example.com 公钥验证 CSR 是否合法。CA 还验证请求者的身份，并确认请求者拥有 example.com 域。

（4）生成公共证书。

验证后，CA 创建一个数字证书，其中包含身份详细信息、公钥和 CA 的专有名称，如图 7-13 所示。

图 7-13　数字证书示例

（5）CA 签署证书。

CA 还通过对证书进行哈希处理并使用其私钥对哈希值进行加密来创建签名。CA 示例内容如下：

```
-----BEGIN CERTIFICATE---
MIIDnDCCAoSgAwIBAgIRAOFVYKESPeV93QrnRrzBSfwwDQYJKoZIhvcNAQELBQAW
EzERMA8GA1UEAWWIU3ViiENBIDIWWHhcNMjMWODIZMTYZNjMzWhcNMjQwODIyMTcz
……略……
utjwsy0WVyydTuxYNgUk2oKK2o1tz1YidMBT6BzGoATUgdVo19Wi054HveqJUmeIz
v3sNz70b7QgH2RyTWzFpN8M5P6oH7viKS+I1NdxHxLkn4vMQRWH7AuRpum09gqhR
IazsU7cr7qWYQsnOMwqoFw==
-----END CERTIFICATE-----
```

然后 CA 将签名的证书发送给 example.com 所有者。

最后，example.com 所有者可以在与公共互联网交互的基础设施上安装此证书，客户将相信其应用程序是合法的。

2. 使用证书加密传输中的数据

SSL/TLS 加密之所以有效，是因为数字证书提供的身份验证。如果客户端信任为

Web 服务器颁发证书的 CA,并且该证书是合法的,则客户端可以信任该服务器。

双方建立信任后,他们就会话密钥达成一致,以对称加密数据被来回转移。各方通常结合使用非对称和对称加密来交换密钥,以加密传输中的数据。

3. 证书层次结构

大多数证书颁发机构在层次结构中运行,根 CA 作为组织的最终事实来源而存在。根 CA 拥有用于签署证书的公私密钥对和根证书。根证书将服务器标识为根 CA 并将其与其私钥绑定。

根可能有下级或中间 CA 作为单独的服务器存在,以创建逻辑上的职责分离。根 CA 可以为下级 CA 签署 CA 证书,从而授权它们作为 CA 在同一域下执行进一步的签名职责。这可能包括签署终端实体证书等任务,用于在网络上交互时对服务器和网站进行身份验证。

在 TLS 握手过程中,客户端通常配置为信任公开信任的根 CA。信任根 CA 意味着客户端也可以信任其从属 CA 及其签署的证书。借助这条信任链,组织可以在不破坏 TLS 协议的情况下最大限度地减少对其根 CA 的暴露。

7.3.2　AWS Certificate Manager 服务

加密公共互联网上传输中的数据需要使用数字证书。管理这些证书可能是一项繁重、劳动密集型的任务。购买证书、将其上传并安装到网络资源及定期更新等任务往往会占用大量开销。

AWS Certificate Manager(ACM)有助于降低使用这些数字证书以保护网络流量的复杂性。可以使用 ACM 预置、管理和部署 TLS 证书,以便与 AWS 服务和内部连接的资源一起使用,例如在 ELB、CloudFront 分配和 API Gateway 终端节点上部署私有或公有证书。如果有想要与 AWS 资源一起使用的证书,则可以方便地导入它们。ACM 还通过续订等常见管理功能的自动化来提高证书的正常运行时间。

此外,ACM 还可以通过自动续订正在使用且经过 DNS 验证的 ACM 颁发的证书来确保不会损失正常运行时间。这意味着,当证书接近到期时,ACM 会自动进行续订,以防止由于证书过期而导致的服务中断。这样,应用程序或网站可以保持连续的运行时间,不会因为证书问题而中断。

如果有以下任何场景,ACM 则可以为运营增加价值:

(1) 配置和管理 TLS 证书以保护 Web 流量。

(2) 导入现有证书以用于 AWS 资源。

(3) 在 AWS 上使用面向公众的 Web 应用程序部署证书。

(4) 如果通过 AWS Private CA 创建私有证书,则从私有 CA 预置和管理私有证书。

ACM 与越来越多的 AWS 服务合作,简化证书的使用,帮助用户更方便地保护传入和传出 AWS 的数据。AWS 网站有一张图片,可以帮助我们了解 ACM 如何与 AWS 服务配合部署证书,如图 7-14 所示。

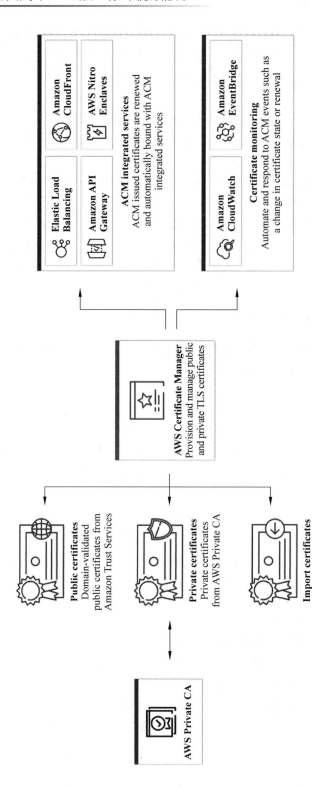

图 7-14　AWS Certificate Manager 服务（图片来自 AWS 官方网站）

可以将 ACM 证书与各种 AWS 资源(例如 ALB、CloudFront 发行版和 AWS Nitro Enclave)关联,以保护进出这些资源的 Web 流量。

可以通过 CloudWatch 等服务配置监控,以随时了解与证书相关的事件并自动响应这些事件。如果使用 AWS Private CA 创建私有 CA,则可以使用私有 CA 通过 ACM 颁发和管理私有证书。

7.3.3 AWS Private CA 服务

私有证书有助于确保业务安全,但运营自己的私有 CA 可能既复杂又昂贵。AWS Private CA 是一种托管的私有 CA 服务,可以以安全的方式轻松管理私有证书的生命周期,有助于保护和识别内部服务器、容器、用户、实例和 IoT 设备。

AWS 提供了功能丰富、文档齐全的 API,可以高效地自动化大规模颁发定制私有证书。AWS 服务(例如 Amazon EKS 和 AWS Certificate Manager)可以使用这些私有证书来保护传输中的数据。可以在 AWS 资源上或 AWS 之外的资源(例如 IoT 设备)上安装私有 CA 颁发的证书。

可以根据需求自定义证书生命周期或资源名称的应用程序,灵活地创建私有证书。AWS Private CA 可以代表自动续订私有证书。借助 AWS Private CA,避免中断、延长正常运行时间并帮助满足当前的安全性和合规性要求。

可以在提供 AWS Private CA 的任何一个 AWS 区域创建安全、高度可用的 CA。无须构建和维护自己的本地 CA 基础设施。AWS Private CA 使用 AWS 托管的硬件安全模块(HSM)实现保护,消除了客户的运营和成本负担。

AWS Private CA 还提供了相关选项,用于管理联机根 CA 和完整的联机 PKI 层次结构。现在,可以将组织的整个私有证书基础设施托管在 AWS 中并进行管理。CA 管理员可以使用 AWS Private CA 创建完整的 CA 层次结构,其中包括根 CA 和从属 CA,无须外部 CA。

AWS 提供了多种与 AWS Private CA 交互的方式。CA 管理员可以是组织中的 IT 管理员或开发人员,可以通过控制台、CLI 或使用 API 访问 AWS Private CA,创建一个颁发 CA 的下属。此从属 CA 用于颁发证书以标识组织中的资源。CA 管理员将证书签名请求(Certificate Signing Request,CSR)转至本地根/中间私有 CA 或 AWS 根 CA,如图 7-15 所示。

使用 AWS Private CA,需要有可用的根或中间 CA。AWS Private CA 链一直串联到中间或根私有 CA。如果环境中的根 CA 或中间 CA 没有提供 PKI,则可以在 AWS 上创建一个,但以这种方式创建的根将仅用于测试目的。

一旦 CSR 已使用组织中的受信任根或中间 CA 签名,已签名证书就会被导入回 AWS Private CA。这允许使用 AWS Private CA 颁发的证书在组织内获得信任。随后,这些证书将颁发给服务器、IoT 设备或 AWS 资源,如希望访问内部资源的 Amazon EC2 或 ECS 实例。

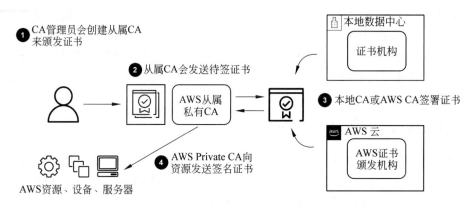

图 7-15　AWS Private CA 工作原理

AWS Private CA 使用硬件安全模块（HSM）实现安全保护。这些 HSM 遵循 FIPS（Federal Information Processing Standard）140-2 Level 3 安全标准，以帮助保护私有 CA。CA 管理员也可以使用 AWS IAM 策略控制对服务的访问。AWS Private CA 会自动向 S3 存储桶发布和更新证书撤销列表（CRL），以防用户使用撤销的证书。例如，IoT 应用程序可以在接受来自传感器的数据之前检查该传感器的私有证书是否有效。AWS Private CA 还会创建另一个 S3 存储桶，以生成审计报告。

7.4　AWS CloudHSM 服务

结合了云计算的优势和硬件安全模块（Hardware Security Module，HSM）的安全性，AWS CloudHSM 提供了一个高可用、低延迟且安全可信的环境。

7.4.1　HSM 简介

数据加密和密钥管理可以通过软件或专门的硬件实现。硬件安全模块是一种专用硬件设备，它在防篡改的硬件环境中提供安全的密钥存储和加密操作。HSM 被设计为安全的存储加密密钥，并在不暴露于设备加密边界之外的情况下使用这些密钥。HSM 被广泛应用于金融、医疗保健、政府和云计算等行业，以防止敏感数据和加密密钥被未经授权的访问和攻击。

软件加密的优点在于其灵活性和成本效益。它可以在各种设备和平台上运行，无须专门的硬件支持，然而，软件加密的安全性相对较低，因为密钥是在设备的内存中生成和存储的。这意味着，如果设备受到攻击，密钥则可能会被泄露，从而威胁到数据的安全性。此外，软件加密可能需要定期更新以防范新的威胁。

相比之下，HSM 提供了一种更安全的方式来生成和使用加密密钥。它们通常被设计为防篡改设备，可以抵抗物理和逻辑攻击。由于密钥是在硬件设备中生成和存储的，因此即使系统受到攻击，密钥也不会被泄露。这大大提高了数据的安全性，然而，硬件加密设备通常比软件解决方案更昂贵,并且可能需要专门的硬件和软件来集成和管理。

选择 HSM 还是软件加密主要取决于具体需求,包括安全需求、预算及系统的兼容性和灵活性需求。虽然在很多情况下软件加密和密钥管理解决方案都是足够的,但在需要更高级别的安全性或满足特定合规性要求的场景中,HSM 可能是更好的选择。例如,对于处理高度敏感数据的金融机构或政府机构,它们可能需要 HSM 的额外安全保护,以满足严格的合规性要求。

选择 HSM 时,需要注意各国、地区及行业相关机构制定的标准,以确保 HSM 的安全性和可靠性。以下是一些常见的与 HSM 相关的标准。

(1) GB/T 39786—2021:中国国家标准《信息安全技术 信息系统密码应用基本要求》。

(2) FIPS 140-2:美国国家标准与技术研究院(NIST)制定的一项标准,用于验证加密模块的安全性。

(3) Common Criteria(CC):这是一个国际标准,用于评估计算机安全产品的安全性。

(4) PCI HSM:支付卡行业安全标准委员会(PCI SSC)制定的一项标准,专门针对处理支付卡数据的 HSM。

(5) ISO/IEC 19790:这是一个国际标准,用于评估加密模块的安全性。

(6) EVITA:这是一个针对汽车行业的 HSM 标准,将 HSM 分为 3 个等级,Full、Medium 和 Light。

7.4.2 AWS CloudHSM 概述

AWS 云硬件安全模块(CloudHSM)是一种运行在云中的 HSM 解决方案,它与 AWS KMS 一样都是密钥管理和数据加密的解决方案,但它们在使用和功能上有一些区别。

使用 KMS 这个托管服务,可以轻松地创建和控制在 AWS 云中用于加密数据的密钥。这是一个多租户的密钥存储服务,由 AWS 拥有和管理。KMS 适合需要简单、集成的密钥管理和加密服务的用户。

CloudHSM 提供了一个专用的环境,通过在 AWS 云中使用专用的硬件安全模块设备,允许生成和使用自己的加密密钥。这是一个单租户的密钥存储服务,满足 FIPS 140-2 Level 3 的合规性要求。CloudHSM 适合需要更高级别的安全控制和密钥管理的场景,以便满足数据安全方面的企业、合同和监管合规性要求。

AWS 和 AWS Marketplace 合作伙伴为保护 AWS 平台中的敏感数据提供了多种解决方案,但对于在管理加密密钥方面需要符合严格的合同或监管要求的某些应用程序和数据,有必要提供额外的保护。CloudHSM 让可以保护按照政府安全密钥管理标准设计和验证的 HSM 中的加密密钥。可以安全地生成、存储和管理用于数据加密的加密密钥(确保只有有权获取密钥)。CloudHSM 可帮助在不牺牲应用程序性能的情况下符合 AWS 云中严格的密钥管理要求。

提示:全球 HSM 主要厂商有 Thales、Entrust Datacard、Utimaco、ATOS SE 和 Marvell Technology Group 等,前五大厂商共占有接近 45% 的市场份额。AWS CloudHSM

服务目前使用的是 Thales 公司生产的 SafeNet Luna Network HSM 产品。

HSM 设备在设计之初就考虑到了职责分离和基于角色的访问控制（RBAC）。AWS 具有设备的管理凭证，但这些凭证只能用于管理设备，而非设备上的 HSM 分区。AWS 使用这些凭证来监控和维护设备的运行状况和可用性。

AWS 控制设备的可用性，但无法访问密钥。例如，AWS 可以根据请求删除对设备的网络访问，或者重新初始化设备，此操作会导致密钥受到破坏，但是，AWS 无法提取密钥，或者使用设备密钥执行加密操作。AWS 不参与 HSM 中存储的密钥材料的创建和管理过程。只可以控制 HSM 分区中的数据。

AWS 每天都会备份 CloudHSM 集群。只要密钥的生成方式不是"不可导出"的，就可以将其从集群中导出（或打包）并存储在本地。虽然 AWS 负责管理和监控 HSM 设备，但它并不能访问密钥。如果无法访问自己的凭证，则 AWS 也无法帮助恢复密钥材料。只有当有备份且备份中包含所需的凭证时，才能从备份中恢复。值得注意的是，备份文件中含有密钥材料，这些备份文件是加密的，因此得到了保护。

7.4.3　AWS CloudHSM 的架构

CloudHSM 位于 AWS 云中，靠近用户在 AWS 云中的工作负载，因此可以实现最低的网络延迟访问。CloudHSM 设备位于 VPC 内部，可以使用熟悉的网络安全组和 ACL 来限制对它的访问。

使用 CloudHSM 服务时，需要创建一个 CloudHSM 集群，如图 7-16 所示。

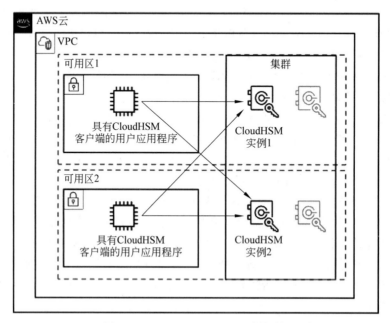

图 7-16　AWS CloudHSM 示例架构

这个架构是使用 CloudHSM 的最低推荐配置。在不同的可用区中部署了两个 HSM，以便为密钥提供最低标准的冗余可用性。由于丢失 HSM 设备意味着丢失密钥，因此需要备份 HSM 设备，以确保一台设备的故障不会导致失去对所有加密数据的访问权限。可以将多个 HSM 分组到一个集群中，形成一个虚拟设备或逻辑单元，类似于传统的集群或 RAID 技术。在为 HA 配置的集群中，即使一个或多个 HSM 不可用，服务也能够维持运行。

CloudHSM 集群采用主动-主动架构，提供跨所有成员 HSM 的负载均衡，以提高性能并改进响应时间，同时提供 HA 服务保证。基于最小繁忙的原则，调用会通过 HSM 客户端软件(库)从每个客户端应用程序传递到其中一个成员 HSM。

为 HA 配置 CloudHSM 集群时，每个 HSM 都加入一个 HA 组，并通过 HSM 客户端进行管理。对于 HSM 客户端来讲，集群显示为单个 HSM，然而，从运营角度看，集群中的成员共享事务负载，相互同步数据，并在某个成员 HSM 发生故障时能够从容地重新分发并处理容量，从而保持客户端服务的连续性。

负载均衡意味着 CloudHSM 客户端会根据每个 HSM 的容量跨所有集群中的所有 HSM 分发加密操作以进行额外处理。CloudHSM 软件库将应用程序与集群中的 HSM 集成。这些库使应用程序能够在 HSM 上执行加密操作。

单个 CloudHSM 集群最多可包含 32 个 HSM，这些 HSM 会自动同步并进行负载平衡。根据账户服务限制，客户最多可以创建 28 个实例，剩余的容量是预留给内部使用的，例如在替换出现故障的 HSM 实例时使用。

各个 HSM 的性能不同，具体取决于特定的工作负载。可以向集群中添加或从中删除 HSM，以满足需求。性能可能会因具体的配置和数据的大小而异，建议对应用程序进行负载测试，以确定准确的规模需求。

7.4.4　AWS CloudHSM 与 AWS KMS 的结合使用

KMS 和 CloudHSM 可以结合使用，提供更高级别的密钥管理和数据加密解决方案。这种结合方式充分利用了 KMS 的灵活性和易用性，以及 CloudHSM 的安全性和控制能力。

KMS 支持使用 CloudHSM 集群进行自定义密钥存储。这种自定义密钥存储将 KMS 与 CloudHSM 集成在一起，在享受 KMS 的便利性和全面的密钥管理界面的同时，拥有并控制密钥材料和加密操作。

在这个过程中，首先需要创建一个 KMS 密钥(客户管理的密钥，CMK)，然后这个密钥会被存储在控制的 CloudHSM 中。接下来，KMS 会使用存储在 CloudHSM 中的密钥进行密钥管理操作。最后，这些密钥可以被用于与 Amazon S3 等 AWS 服务的加密数据操作，如图 7-17 所示。

这种结合方式充分利用了 AWS KMS 的灵活性和易用性，以及 CloudHSM 的安全性和控制能力，在享受云服务的便利性的同时，满足严格的安全性和合规性要求。

自定义密钥存储适用于需要满足严格的数据安全和合规性要求的场景。例如，如果操

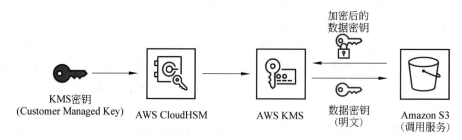

图 7-17　密钥材料存储在客户控制下的 AWS CloudHSM

作所依据的规则和条例要求直接控制密钥材料,则自定义密钥存储可能是一个不错的选择。此外,对于需要与 S3 等 AWS 服务进行便捷集成的场景,自定义密钥存储也非常适用。

　　自定义密钥存储的一个主要优势是它提供了更高级别的安全性。由于密钥材料是在控制的 CloudHSM 中生成和存储的,因此即使系统被攻击,密钥也不会被泄露。此外,由于对密钥有完全的控制权,因此可以更好地满足特定的安全和合规性要求。

　　总体来讲,CloudHSM 与 KMS 的结合提供了一种灵活而安全的密钥管理和数据加密解决方案,在满足严格的安全和合规性要求的同时,享受云服务的便利性。

7.5　本章小结

　　本章全面探讨了 AWS 密钥与证书管理的各方面。详细介绍了 KMS 服务的概述、工作原理、密钥管理,并通过一个 EBS 卷加密的案例,展示了其在实际应用中的使用。同时,讲解了 Secrets Manager 服务,包括密钥管理的挑战、Secrets Manager 的基本功能,以及如何安全地提供数据库凭证的案例。还讨论了密钥的轮换和安全管理,以及 Secrets Manager 与 SSM ParameterStore 的关系。在 AWS 证书服务部分,重点介绍了公钥基础设施的概述,以及 Certificate Manager 服务和 Private CA 服务的功能和应用。了解了 CloudHSM 服务,包括 HSM 的简介、CloudHSM 的概述和架构,以及 CloudHSM 与 KMS 的结合使用。

第 8 章

监控、日志收集和审计

在云计算环境中,监控、日志收集和审计是确保数据和应用程序安全的重要环节。无论是系统性能的监控,日志的收集、分析,还是系统行为的审计都离不开这些功能的支持。在 AWS 中,有多种服务可以帮助实现这一目标,如 Amazon CloudWatch 服务、Amazon EventBridge 服务、AWS CloudTrail 服务等。在本章中,将深入探讨这些服务的功能和使用方法,以便更好地理解和实现监控、日志收集和审计的管理。

本章要点:

(1) Amazon CloudWatch 服务。

(2) Amazon EventBridge 服务。

(3) AWS CloudTrail 服务。

(4) Amazon Config 服务。

(5) AWS Systems Manager 服务。

(6) VPC 流日志。

(7) 负载均衡器访问日志。

(8) S3 访问日志。

(9) Amazon Macie 服务。

(10) 其他高级服务。

8.1 Amazon CloudWatch 服务概述

AWS CloudWatch 是一项监控和管理服务,用于收集和追踪 AWS 资源和应用程序的指标,同时提供数据可视化、告警和自动响应功能。在 AWS 管理控制台中,CloudWatch 导航菜单共有 8 项,可以将它们分为 4 类。

1. 监控与告警

(1) 警报(Alarms):创建警报以监视指标,当超出阈值时发送通知或自动更改资源。

(2) 指标(Metrics):收集和追踪相关资源和应用程序的可衡量变量。

2. 日志与分析

(1) 日志(Logs):收集和存储日志文件,方便进行分析。

（2）洞察（Insights）：分析、探索和可视化日志数据。

3. 应用程序与网络性能监控

（1）应用程序监控（Application Monitoring）：提供深入的应用程序性能监控和见解。

（2）网络监控（Network Monitoring）：监控网络性能，帮助识别网络瓶颈。

4. 事件响应与微服务调试

（1）事件（Events）：对 AWS 环境中的变化作出响应，实现自动化的工作流。现在，CloudWatch Events 控制台已被弃用，新控制台改名为 EventBridge 控制台。

（2）X-Ray 跟踪（X-Ray Traces）：分析和调试微服务应用，包括基于 AWS Lambda 的无服务器应用。

本章将主要介绍与安全相关的警报、日志和事件功能。

8.2　Amazon CloudWatch 服务的警报功能

在云计算的环境中会面临着一个重要的挑战：如何有效地监控和管理云资源。当出现可能影响安全和性能的问题时，如何迅速得到通知并采取行动？ Amazon CloudWatch 服务的警报功能提供了一种强大的解决方案。

8.2.1　CloudWatch 警告功能概述

1. 威胁指标

威胁指标（Indicators of Compromise，IoC）是网络安全术语，用于描述网络或系统中可能存在的安全威胁迹象。这些迹象可能包括异常网络流量、未授权访问尝试、可疑系统日志记录等。检测到这些迹象可能意味着系统已被恶意软件、黑客或其他威胁因素侵入或损害，因此，监控和报警这些威胁指标有助于及时发现并应对网络安全威胁。

威胁指标在云环境中的表现与传统 IT 环境中的表现大致相同。警报异常情况有助识别潜在的恶意软件、恶意活动或其他系统被侵犯的指标。通过 CloudWatch 警报，可以识别到的一些异常类型包括以下几种。

（1）CPU 使用率异常。

（2）数据库读取量显著或突然增加。

（3）HTML 响应大小。

（4）端口-应用程序流量不匹配。

（5）DNS 请求异常。

（6）出站网络流量异常。

（7）特权用户账户活动异常。

（8）地理位置异常（流量的源或目的地）。

（9）非正常时间段内的高流量。

（10）多次、重复或不规则的登录尝试。

CloudWatch 会本地捕获和汇总 AWS 资源的利用率指标,但也可以将其他日志发送到 CloudWatch 以进行监控。可以在 EC2 实例上安装代理软件,将操作系统、应用程序和自定义日志文件路由到 CloudWatch 日志中,只要愿意,它们将永久存储在其中。

可以配置 CloudWatch 来监控任何所需符号或消息的传入日志条目,并将结果显示为 CloudWatch 指标。例如,可以监控 Web 服务器的日志文件以查找 404 错误,检测无效入站链接或无效用户消息,从而检测对 EC2 实例操作系统的未经授权登录尝试。可以设置 CloudWatch 警报(在超出特定阈值时通知)或采取其他自动化操作(如在配置 Auto Scaling 时添加或移除 EC2 实例)。

2. 警报的类型

在 CloudWatch 中,可以创建两种类型的警报:指标警报(Metric Alarm)和复合警报(Composite Alarm)。

指标警报用于监视单个 CloudWatch 指标或基于 CloudWatch 指标的数学表达式的结果。警报根据结果执行一项或多项操作,例如向 SNS 主题发送通知、执行 EC2 操作或 EC2 Auto Scaling 操作,或者在 AWS Systems Manager 中创建 OpsItem 或事件。

指标警报具有以下可能的状态。

(1) OK:指标或表达式在定义的阈值内。

(2) ALARM:指标或表达式超出定义的阈值。

(3) INSUFFICIENT_DATA:警报刚刚启动,指标不可用,或者指标没有足够的数据来确定警报状态。

复杂环境中的单个事件可能会产生多个警报。连续的大量警报可能会让人不知所措或误导分类,从而影响调查过程。如果发生这种情况,则最终可能会遇到警报疲劳或浪费时间进行检查。

通过复合警报,可以将多个警报组合成警报层次结构,如图 8-1 所示。当同时启动多个警报时,仅启动一次,从而减少警报噪声。可以使用它来提供一组资源(例如应用程序、AWS 区域或可用区)的总体状态。

图 8-1　为单个指标警报创建复合警报

提示:警报噪声(Alarm Noise)是指在监控系统中,由于过多的无效或不重要的警报信息的产生,导致真正重要的警报信息被忽视或淹没的现象。这种现象可能会导致真正的威胁或问题缺乏足够的关注,从而影响到系统的正常运行和安全。降低警报噪声,提高警报的准确性和有效性,是监控系统设计和管理的重要任务。

复合警报是使用一种或多种警报状态与布尔运算符 AND、OR 和 NOT 及常量 TRUE 和 FALSE 相结合来创建的。当其表达式计算结果为 TRUE 时，将启动复合警报。

通过复合警报，可以将逻辑和分组警报添加到单个高级警报中，并在满足基本条件时启动。这意味着可以引入明智的决策并最大限度地减少误报。复合警报可以帮助平衡捕获的内容以减少误报，并可以根据其他指标的累积来捕获误报。

目前，复合警报的唯一操作是通知 SNS 主题，而不能执行如 EC2 Auto Scaling 等其他操作。

3. 异常检测

当启用指标的异常检测功能时，CloudWatch 会运用统计和机器学习算法，如图 8-2 所示。这些算法会持续分析系统和应用程序的指标，确定正常基线，并在最小的干预下发现异常情况。

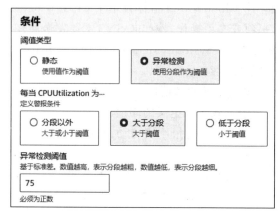

图 8-2　采用异常检测的指标

这些算法会生成一个异常检测模型，该模型会产生一系列代表正常行为的预期值。通过此功能，可以根据指标的预期值创建异常检测警报。这种类型的指标警报没有静态阈值，而是对指标值与基于异常检测模型的预期值进行比较。当指标值高于或低于预期值范围时，可以触发警报。

在使用异常检测的图表中，预期的值范围显示为宽阔的灰色带，如图 8-3 所示。如果指标的实际值超出了这个带，则在那个时间点，就会显示为超出宽阔灰色带的点。

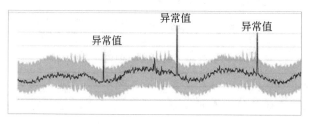

图 8-3　CPU 利用率图

异常检测算法还会考虑指标的季节性和趋势变化,如图 8-4 所示。这种季节性变化可能是每小时、每日或每周的。

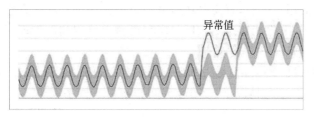

图 8-4　具有基线变化的 CPU 利用率图

4. 报警动作

可以指定警报在 OK、ALARM 和 INSUFFICIENT_DATA 状态之间更改状态时采取的操作。这些操作可能包括以下一项或多项:

(1) 通过向 SNS 主题发送消息来通知一个或多个人,如图 8-5 所示。

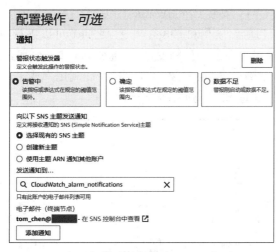

图 8-5　警告的操作为 SNS 通知

(2) 执行 EC2 操作(针对基于 EC2 指标的警报)。

(3) 执行操作以扩展 Auto Scaling 组。

(4) 启动 Lambda 函数。

(5) Stems Manager Ops Center 中创建 OpsItems 或在 AWS Systems Manager Incident Manager 中创建事件(仅当警报进入 ALARM 状态时执行)。

可以通过 SNS 给 IT 支持团队发送消息,以提醒存在需要人工干预的情况,如潜在的安全漏洞。此外,还可以通过执行自动纠正措施的脚本或应用程序进行监控,例如重新启动无法访问的 EC2 实例。通知也可以反馈到第三方系统,如自定义问题跟踪系统。

提示:通过 CLI 或 API,可以以编程方式读取 CloudWatch 指标,从而利用自定义脚本或应用程序构建个性化的主动警报系统。

8.2.2 CloudWatch 警告功能的案例

为了提供最佳的用户体验，就需要在检测到应用程序运行状况存在潜在问题时迅速作出响应。CloudWatch 警告能够通知应用程序和资源中检测到的情况，并可以执行操作，以优化应用程序的运行状况。

CloudWatch 通过监控 AWS 内置的服务指标和自定义的指标来监控 AWS 资源。在没有安装 CloudWatch 代理的情况下，EC2 实例可以提供一些基本的指标，包括以下几种。

（1）CPU 使用率。

（2）网络流量。

（3）磁盘读写操作。

（4）磁盘读写字节。

（5）状态检查。

如果需要更详细的指标，例如操作系统或应用程序级别的指标，或者需要收集和监控日志文件，就需要在 EC2 实例上安装 CloudWatch 代理。

安装 CloudWatch 代理后，实例和 CloudWatch 之间就可以进行通信了，如图 8-6 所示。CloudWatch 警报可以通过指标的变化触发，发送通知，也可以根据定义的规则自动更改正在监控的资源。在这个案例中，监控 EC2 实例，当 CPU 利用率或 HTTPD 内存利用率达到指定阈值时，触发警报并通过 SNS 通知。

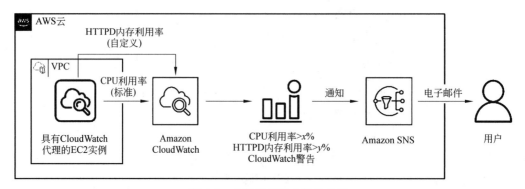

图 8-6　内置指标与自定义指标

通过利用 AWS 资源中的内置指标和自定义指标，可以检测潜在的运行故障；借助异常检测功能，可以尽早并主动地发现潜在问题，可以自动扩展 EC2 和服务，以适应不断变化的需求。同时，需要全面考虑各种警报，以便在复杂情况触发之前做好充分准备。

8.3　Amazon CloudWatch 日志功能

CloudWatch 不仅能高效地收集和存储日志信息，还能帮助实时监控和分析这些日志，从而更深入地理解和优化云环境。

8.3.1　CloudWatch 日志功能概述

日志在理解安全问题发生后的事件的过程中,具有与凭证和加密终端节点在防止安全问题中相同的重要性。有效的安全工具所需的日志不仅需要记录事件及其发生的时间,还需要标识事件的来源。日志记录的信息必须受到保护,以防止篡改和未经授权的访问,因为管理员和操作员的日志往往会成为攻击者清除活动痕迹的目标。只有具备相关工作需求的人员才能查看和管理日志文件。

以下是一些适用于所有形式日志记录的最佳实践。

(1) 集中存储:将所有日志文件保存在一个安全的集中存储库中,以便进行实时监控和分析。

(2) 保留日志:由于日志文件体积小,而当前的存储技术提供的容量大,因此几乎没有理由删除历史日志文件。它们可以作为应用程序效率长期分析的一部分,因此应予以保留。审计可能也需要日志文件。

(3) 记录尽可能多的内容:只要能记录的内容就记录下来。尽管可能从未实际分析过记录的所有信息,但永远不知道将来什么时候可能需要它们。

在 AWS 云中,全面的日志记录方法可以在事件响应策略的每个阶段提供帮助。这包括访问日志、应用程序日志、系统日志、事件日志、API 调用日志和数据库日志。可以利用各种 AWS 工具和功能,自动收集和存储来自 AWS 资源的不同组件的日志。例如,VPC 流日志可以用于捕获 VPC 的信息,CloudWatch 日志功能可以用于捕获应用程序和系统日志。所有的日志都可以集中存储在 S3 存储桶中,然后使用 AWS 服务或第三方解决方案(包括 AWS 合作伙伴解决方案)进行分析。

借助 CloudWatch 的日志,可以近乎实时地收集和存储来自资源、应用程序和服务的日志。日志主要分为以下 3 类。

(1) Vended logs:这些是由 AWS 服务代表发布的。目前,VPC 流日志和 Route 53 日志是两种受支持的类型。

(2) 由 AWS 服务发布的日志:目前,超过 30 个 AWS 服务将日志发布到 CloudWatch,例如 API Gateway、Lambda、CloudTrail 等。

(3) 自定义日志:这些是来自应用程序和本地资源的日志。

提示:目前 AWS 中文文档对 Vended logs 没有一个统一的中文名称。它与"由 AWS 服务发布的日志"类似,但是无须进行任何额外的配置或操作就可以使用这些日志。Vended logs 的定价有一些针对大量使用的折扣。这可能也是为什么 AWS 选择使用 Vended logs 这个词来描述这类日志的一个原因。将来会有更多 AWS 服务日志类型被添加到 Vended Log 类型。

为了更好地收集 EC2 实例和本地数据中心计算机中的日志,需要在其中安装 CloudWatch 代理软件,有适用于 Linux 和 Windows 操作系统的软件包。

可以使用 CloudWatch 日志功能来监控现有系统、应用程序和自定义日志文件,并进行故障排除。例如,CloudWatch 日志功能能够追踪应用程序日志中的错误次数,并在错误率超过指定阈值时发送通知。或者,可以监控应用程序日志,查找特定的字词(如 failure)或日志数据中特定位置处的字词(如 Apache 访问日志中的“404”状态码)出现的次数,如图 8-7 所示。

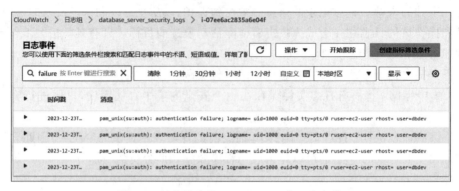

图 8-7　搜索特定的 CloudWatch 的日志事件

可以使用“指标筛选条件”将日志数据转换为可操作的指标,如图 8-8 所示,使用“订阅筛选条件”将日志事件路由到其他 AWS 服务,如图 8-9 所示,以及使用 Live Tail 以实时交互的方式查看提取的日志。

图 8-8　通过“指标筛选条件”以触发警告

图 8-9　通过"订阅筛选条件"将日志事件路由到其他 AWS 服务

　　筛选条件模式构成了筛选日志事件、指标筛选条件、订阅筛选条件和 Live Tail,用来匹配日志事件中的字词的语法。字词可以是单词、准确的短语或数字值。正则表达式(Regex)可用于创建独立的筛选条件模式,也可以与 JSON 和以空格分隔的筛选条件模式合并。

　　CloudWatch 日志功能会将日志数据存储在 S3 存储桶中,实现持久性和存档功能。它还可以用于监控和收集来自本地服务器的日志,并通过 CloudWatch Logs Insights 功能实现交互式查询和分析。

8.3.2　CloudWatch 日志功能的配置

　　配置 CloudWatch 日志功能的第 1 步是安装 CloudWatch 代理并附加一个角色,为 CloudWatch 日志分配权限。代理会收集日志,然后由 CloudWatch 日志进行处理并存储。CloudWatch 代理支持在 Linux 和 Windows 服务器上运行,可以在 EC2 实例或本地主机上监控各种日志文件。

　　以 Amazon Linux release 2(Karoo)为例,下面是配置的操作步骤。

　　(1) 安装 CloudWatch 代理程序包,命令如下:

```
$ sudo yum install -y amazon-cloudwatch-agent
```

　　(2) 启动 CloudWatch 代理配置向导,命令如下:

```
$ sudo /opt/aws/amazon-cloudwatch-agent/bin/amazon-cloudwatch-agent-config
-wizard
```

　　该向导将打开以下菜单:

```
================================================================
=Welcome to the AWS CloudWatch Agent Configuration Manager =
================================================================
On which OS are you planning to use the agent?
1. linux
2. windows
3. darwin
default choice: [1]:
……略……
```

（3）启动 CloudWatch 代理服务，命令如下：

```
$ sudo /opt/aws/amazon-cloudwatch-agent/bin/amazon-cloudwatch-agent-ctl -a
fetch-config -m e
```

（4）验证 CloudWatch 代理服务的状态，命令如下：

```
$ sudo /opt/aws/amazon-cloudwatch-agent/bin/amazon-cloudwatch-agent-ctl -m
ec2 -a status
```

输出应该会显示 CloudWatch 代理正在运行，类似于以下内容：

```
{
  "status": "running",
  "starttime": "2024-07-27T08:43:14+0000",
  "configstatus": "configured",
  "version": "1.300028.1"
}
```

接下来，需要创建指标筛选器来自动将监控发送至 CloudWatch Logs 的日志。可以使用指标筛选器，从已插入的事件中提取指标以观察数据，并将它们转换为 CloudWatch 指标中的数据点。可以在 CloudWatch 中存储和查看使用 CloudWatch Logs 代理收集的指标，就像任何其他 CloudWatch 指标一样。CloudWatch 代理收集的指标的默认命名空间为 CWAgent，但可以在配置该代理时指定不同的命名空间。最后一步是访问和查看发送并存储在 CloudWatch Logs 中的日志数据。

一旦 CloudWatch 代理完成安装并启动，并且指标筛选器已配置，则所监控的实例或服务器会将日志事件发送到 CloudWatch Logs。日志事件是由受监视的应用程序或资源对一些活动的记录。CloudWatch Logs 理解的日志事件记录包含两个属性：事件发生时的时间戳和原始事件消息。

来自同一源的日志事件会被放入日志流中，如图 8-10 所示。具体来讲，日志流通常用于表示来自受监控的应用程序实例或资源的事件序列。例如，日志流可能与特定主机上的 Apache 访问日志关联。当不再需要日志流时，可以将其删除。此外，AWS 可能会删除两个

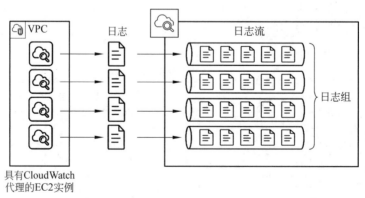

图 8-10　CloudWatch 日志功能工作原理

月以前的空日志流。日志组可定义共享相同保留期、监控和访问控制设置的日志流组。这些设置应用于日志组级别。每个日志流必须属于一个日志组。例如，如果每个主机上的 Apache 访问日志都有一个单独的日志流，则可以将这些日志流分组到一个名为 example.com/Apache/access_log 的单独日志组。一个日志组的日志流数没有限制。

8.3.3 CloudWatch 日志功能的案例

AWS IAM 的最佳实践建议使用 IAM 用户或角色访问 AWS 资源，而非根账户，然而，一旦遵循此最佳实践，如何监控根账户活动，并在发生此类活动时采取措施呢？

如果将 CloudTrail、CloudWatch 和 SNS 结合使用，当检测到根账户访问密钥活动时，SNS 就会发送一封通知电子邮件，如图 8-11 所示。

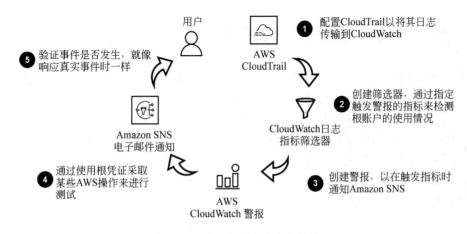

图 8-11 监控根用户活动的案例

（1）在 CloudTrail 控制台中授权 CloudTrail 将其日志传输到 CloudWatch，并配置与 CloudWatch 日志集成。在此步骤中，还可以创建或选择一个 CloudWatch 日志组，用于保存从 CloudTrail 接收的日志。

（2）在 CloudWatch 控制台中创建筛选条件，用于检测根账户的使用情况，如图 8-12 所示。

图 8-12 创建指标筛选条件

筛选模式的代码如下：

```
{$.userIdentity.type = "Root" && $.userIdentity.invokedBy NOT EXISTS && $.
eventType !="AwsServiceEvent"}
```

（3）指定触发警报的参数，以及提供通过 SNS 接收警报通知的电子邮件的地址、主题等。

（4）进行测试。可以通过根账户凭证执行某些 AWS 操作来测试警报，例如，在 AWS 管理控制台中运行一个实例。

（5）在 AWS 管理控制台中，可以使用其 API 活动历史记录功能来查找事件。在真实场景中，将使用此信息来采取纠正措施或进一步调查。

通过这个案例，明白了 CloudWatch 日志功能是一种强大的工具，它能收集、存储和分析日志数据。有效地利用 CloudWatch 日志功能，可以更深入地理解和优化云环境。

8.4 Amazon EventBridge 服务

Amazon EventBridge 是 CloudWatch 事件功能的进一步发展，不仅保留了"规则"和"事件总线"功能，还形成了一个完整的事件驱动架构。EventBridge 通过事件将应用程序组件连接在一起，能够更便捷地构建可扩展的事件驱动应用程序。事件驱动架构是一种构建松散耦合软件系统的方式，这些系统通过发出和响应事件来协同工作。事件驱动架构有助于提高敏捷性，构建出可靠且可扩展的应用程序。

EventBridge 是一种无服务器服务，可以将来自 AWS 服务、第三方软件和本地应用程序等的事件路由到组织中的消费者应用程序。EventBridge 提供了一种简单且一致的方式来提取、筛选、转换和传递事件，从而能够快速地构建应用程序。

尽管 EventBridge 功能丰富，但本书仅介绍与安全性更密切相关的"事件"功能。

提示：在当前的 AWS 管理控制台中，CloudWatch 服务的导航菜单已经将"事件"的链接重定向到了 EventBridge 服务，并且它会提示："您已被重定向，CloudWatch Events 控制台现已弃用。请使用 EventBridge 控制台来创建和管理事件总线和规则。"

8.4.1 Amazon EventBridge 服务概述

EventBridge 是一项完全托管的事件处理服务，负责事件的摄取、传递、安全性和授权。使用 EventBridge，可以将事件生产者与事件使用者分离，使系统的每个组件都能在过滤和路由事件时独立扩展。EventBridge 让服务集成变得更简单，无须编写自定义的集成逻辑来连接各个服务，如图 8-13 所示。

EventBridge 的设计目标是提供一种简单、可靠且高效的方式来处理大量的事件，并确保这些事件能够准确无误地被传递给需要它们的服务。EventBridge 的核心价值在于，可以将复杂的业务逻辑分解为更小、更易于管理的部分，这些部分可以独立地进行扩展和更新，而不会影响其他部分。

EventBridge 的另一个重要特性是其与 AWS 的无缝集成。它可以接收来自 AWS 服务

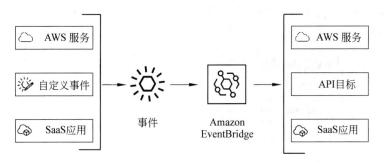

图 8-13　事件生产者通过 EventBridge 发送事件，以便传递给其他事件使用者

（如 S3、Lambda 等）的事件，并将这些事件路由到其他 AWS 服务或者自定义应用。这种集成可以在 AWS 的生态系统中构建强大的事件驱动应用，而无须担心事件的传递和处理。

EventBridge 还支持对事件进行过滤和转换。这意味着可以根据事件的内容或者来源来决定如何处理这个事件，从而使应用更加灵活和强大。

EventBridge 可以用于异步启动下游服务的进程。这些操作可能包括为报告、审计、通知或通过 AWS 服务提供的其他功能而设计的服务。

8.4.2　Amazon EventBridge 服务的组件

EventBridge 的主要组件包括事件、事件总线、规则和目标，如图 8-14 所示。

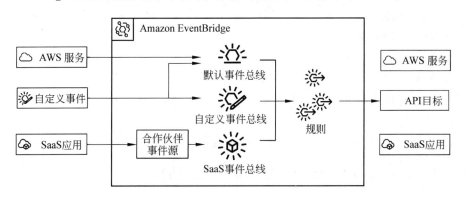

图 8-14　事件总线接收事件、按规则处理事件及将事件发送到目标

1.事件

事件是环境变化的指示器，是过去发生的不可改变的事实。事件通常有 3 个来源：AWS 服务、SaaS 合作伙伴服务或自定义应用程序或服务。

（1）CloudWatch：当 CloudWatch 警报状态从 OK 变为 ALARM 时会发送一个事件。

（2）EBS：当发生 EBS 卷快照通知时会触发一个事件。

（3）S3：新创建的 S3 对象会发送一个事件。

2.事件总线

事件总线是接收和分发事件的管道。事件总线有以下 3 种类型。

（1）默认事件总线：每个 AWS 账户都有一个默认的事件总线，用于接收来自该账户中的 AWS 服务的事件，如图 8-15 所示。

图 8-15　默认事件总线

（2）自定义事件总线：自定义事件总线用于接收来自自定义应用程序、同一 AWS 区域中的不同 AWS 账户或来自不同区域的事件。

（3）合作伙伴事件总线：通过合作伙伴事件源接收来自 SaaS 合作伙伴的事件。

3. 规则

规则负责评估事件并将其发送给感兴趣的消费者或目标。每个规则都被分配给单个事件总线，并在满足以下两种情况之一时被调用。首先，当事件总线上的事件与规则的事件模式匹配时，规则会被触发，其次，如果定义了计划并在指定的时间调用了 EventBridge，则规则也会被触发。

许多 AWS 服务可以在账户中创建这些服务中的这些功能所需的规则，这些内置的规则也被称为托管规则。

4. 目标

目标是 EventBridge 在规则的事件模式匹配时发送事件的资源。可以将一个规则与多个目标关联，这样就可以将同一事件发送给多个接收者，而无须创建多个规则，如图 8-16 所示。

EventBridge 可以直接与 AWS 服务、SaaS 应用程序和外部 API 目标集成。

8.4.3　Amazon EventBridge 服务的案例

EventBridge 提供了近乎实时的系统事件流，这些事件流描述了 AWS 资源的变化情况。每个事件都代表了 AWS 环境中的一次改变，而 AWS 资源在其状态发生更改时就会生成相应的事件。

1. S3 存储桶的公开访问

以 AWS Config 为例，可以创建规则来检测 S3 存储桶是否被错误地设置为可公开读取。如果发现存在这样的情况，则可以调用 Lambda 函数来删除 S3 的公共访问属性，以确保符合合规性要求，如图 8-17 所示。

启用 AWS Config 规则 s3-bucket-public-read-prohibited 后，任何被设置为可公开读取的 S3 存储桶都会触发 AWS Config 规则状态的更改，从而将状态更改为不合规。这将触发

图 8-16 创建规则时可以指定一个或多个目标

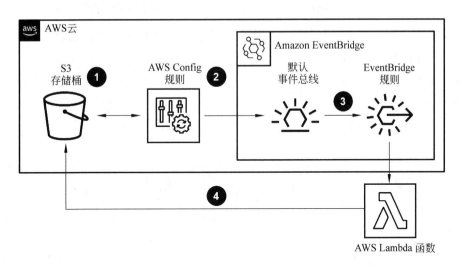

图 8-17 响应 AWS Config 事件并调用 AWS Lambda 函数

一个事件,该事件会被发送到账户中的默认事件总线。可以在规则中定义事件模式来匹配此事件。事件模式可以将事件源确定为 AWS Config,并且标识符为 S3_BUCKET_PUBLIC_READ_PROHIBITED。如果事件与模式匹配,则会调用 AWS Lambda 函数来删除存储桶的公共读取访问权限。

(1) 用户错误地创建了一个具有公共读取访问权限的 S3 存储桶。

(2) AWS Config 规则 s3-bucket-public-read-prohibited 将状态更改为"不合规",并将

事件发送到 EventBridge 的默认事件总线。

（3）EventBridge 规则检测到 AWS Config 的状态更改。

（4）EventBridge 规则匹配事件，并将其发送到目标 Lambda 函数。Lambda 函数通过将 S3 存储桶的访问控制列表设置为私有来修复不合规的规则。

2. EC2 实例的状态变化

EventBridge 是 CloudWatch 事件功能的进一步发展。这是一个早期 CloudWatch 事件功能的案例，如图 8-18 所示。原有的事件模式、规则定义及调用目标，在 EventBridge 中都可以直接使用。

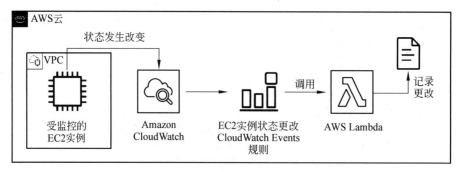

图 8-18　响应 EC2 实例状态变化并调用 AWS Lambda 函数

在这个案例中，Lambda 函数负责记录 EC2 实例的状态更改。可以创建一个规则，以便在状态发生任何转换，或者在状态转换为一个或多个相关状态时运行函数。

在创建规则时，可以选择监控特定实例，也可以选择监控区域中的所有实例，后者是系统默认设置，如图 8-19 和图 8-20 所示。

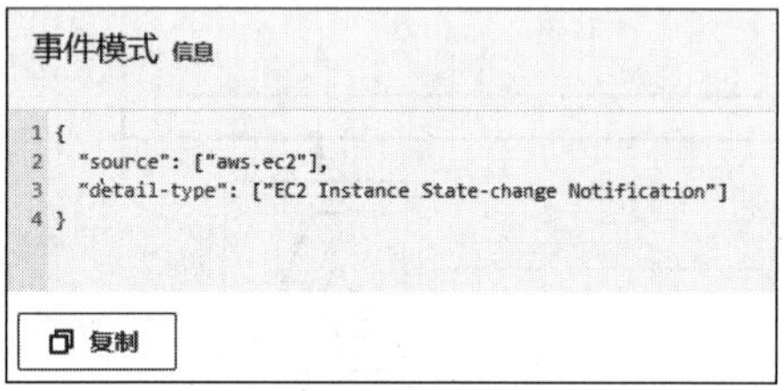

图 8-19　匹配所有 EC2 实例的事件模式 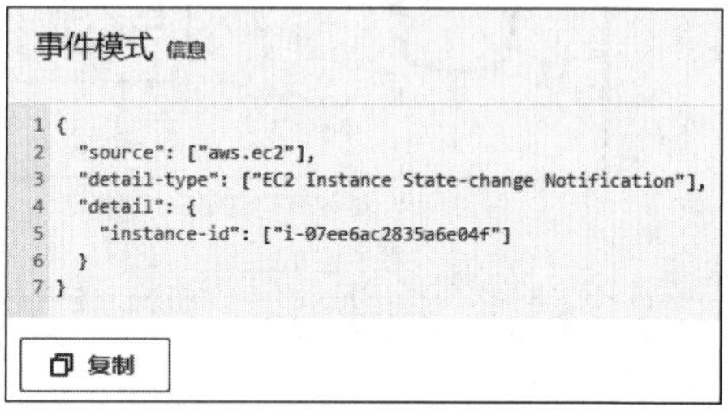　　　图 8-20　匹配特定 EC2 实例的事件模式

在本案例中，目标是 Lambda 函数，它负责记录状态更改。当实例的状态从待处理更改为正在运行时，将会触发事件规则，从而调用 Lambda 函数，如图 8-21 所示，然后该函数会在 CloudWatch Logs 中创建一个日志。

除了用于安全管理之外，EventBridge 还有广泛的应用场景。

（1）基础设施自动化：有多种方法可以使用 EventBridge 来自动化基础架构。例如，运行计算密集型工作负载（例如财务分析、基因组研究或媒体转码）可以调用 EventBridge 规则，然后此规则可以部署额外的计算资源，这些计算资源可以扩展以实现高度并行处理，在

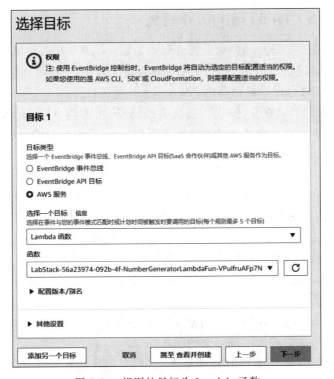

图 8-21 规则的目标为 Lambda 函数

作业完成后缩小规模。

（2）事件驱动架构：事件驱动架构使用事件在解耦的生产者和消费者之间进行通信，并且在使用微服务构建的现代应用程序中很常见。生产者将事件发布到事件路由器（例如 EventBridge），事件路由器过滤事件并将其推送给消费者。

在电商零售业务中，客户访问并下订单。该命令生成一个事件，该事件被发送到 EventBridge。EventBridge 将订单事件传递给下游微服务进行处理，例如提交订单、授权付款及将订单详细信息发送给运输提供商的微服务。由于每个微服务都可以独立扩展和失败，因此不存在单点故障。

（3）SaaS 集成：为了解锁孤立的数据，客户可以构建由事件驱动的架构，以摄取 SaaS 应用程序事件或使用 EventBridge 将事件发送到 SaaS 应用程序。

8.5 AWS CloudTrail 服务

AWS CloudTrail 服务专门用于监控、记录日志和审计 AWS 环境中的活动。它详细地记录了 AWS 账户中所有 API 的活动，包括用户、角色及 AWS 服务的操作，从而能够轻松地审计和监控 AWS 资源的使用情况和安全性，更好地理解和管理 AWS 环境。

8.5.1 AWS CloudTrail 服务概述

通过 CloudTrail,可以记录、持续监控并保留与整个 AWS 基础设施中的操作相关的账户活动。CloudTrail 提供了 AWS 账户活动的事件历史记录,这些活动包括通过 AWS 管理控制台、AWS SDK、命令行工具和其他 AWS 服务执行的操作。

使用 CloudTrail,可以查看、搜索、下载、归档、分析和响应 AWS 基础设施中的账户活动。CloudTrail 能够识别谁或哪个组件执行了哪项操作、操作针对的是哪些资源、事件发生的时间及其他细节,从而可以分析和响应 AWS 账户中的活动。CloudTrail 主要包括以下功能。

(1)事件历史记录:这是一个即开即用的功能,无须任何配置。它提供了对 AWS 区域中过去 90 天发生的管理事件的可查看、可搜索、可下载和不可变记录。

(2)Trails:Trails 会捕获 AWS 活动记录,将这些事件传送并存储在 S3 存储桶中,还可以选择传送到 Amazon CloudWatch Logs 和 Amazon EventBridge。

(3)CloudTrail Lake:这是一个托管数据湖,用于捕获、存储、访问和分析 AWS 上的用户和 API 活动,用于审计和安全目的。

(4)CloudTrail Insights:自动分析事件历史记录以识别不寻常和意外的活动,使可以更快地发现并响应可能影响操作或安全的问题。

可以将 CloudTrail 的功能归纳为两大类:提供对用户和资源活动的全面可见性,以及通过自动记录和存储活动日志进行审计和排查问题。CloudTrail 的典型使用案例包括以下几种。

(1)审计活动:CloudTrail 能够集中收集活动数据,帮助管理多区域和多账户环境。这能够了解谁在使用数据,以便检测泄露并分析现有使用情况,从而限制 AWS IAM 角色的权限。此外,CloudTrail 还可以通过跟踪和响应威胁来构建安全自动化,并使用 CloudTrail Insights 来检测异常活动。通过监控、存储和验证活动事件的真实性,可以快速地生成内部政策和外部法规可能需要的审计报告。

(2)识别安全事件:使用 CloudTrail 事件中的人员、内容和时间信息,可以检测未经授权的访问,并且可以使用基于规则的 EventBridge 警报和自动工作流进行响应。

(3)排查操作问题:通过 ML 模型持续监控 API 使用历史记录,可以发现 AWS 账户中的异常活动,然后确定根本原因。此外,CloudTrail 还可以与 Amazon CloudWatch Logs 集成,以便检测操作问题。

CloudTrail 可以与其他 AWS 服务相结合,如图 8-22 所示。可以将 CloudTrail 事件发送到 CloudWatch Logs,然后使用 CloudWatch Logs Insights 在日志中搜索和分析数据。使用 CloudWatch Logs Insights 可以对日志数据执行查询操作,以收集 CloudTrail 捕获和记录的特定信息。例如,可以创建一个查询来显示在特定时间段内发生的控制台登录次数。

(1)执行操作:通过 AWS 管理控制台、AWS SDK 或 AWS CLI,在 AWS 服务中执行操作。

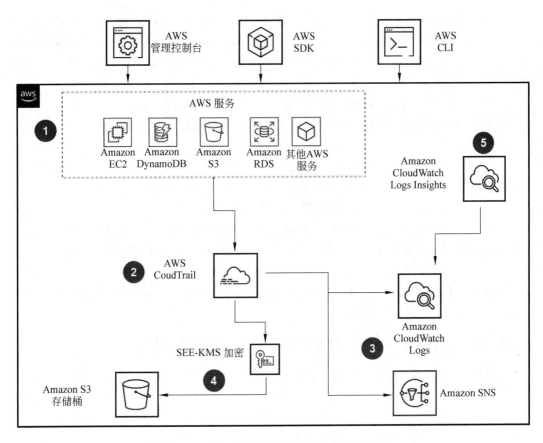

图 8-22 CloudTrail 与其他 AWS 服务相结合

（2）CloudTrail 记录操作：CloudTrail 将操作记录为管理事件、数据事件或 CloudTrail Insights 事件。

（3）CloudWatch Logs/SNS：选择性地将记录的事件发送到 CloudWatch Logs 或 Amazon SNS。

（4）S3 存储桶：将记录的事件发送到 S3 存储桶中。

（5）CloudWatch Logs Insights：将查询、分析发送到 CloudWatch Logs 的 CloudTrail 事件。

8.5.2 AWS CloudTrail 服务的基本概念

CloudTrail 主要包括以下基本概念。

（1）CloudTrail 事件：CloudTrail 事件是 AWS 账户中活动的记录。CloudTrail 可以记录三类事件：管理事件、数据事件和 CloudTrail Insights 事件。

（2）事件历史记录：可以查看、搜索和下载 AWS 账户中过去 90 天的活动。

（3）CloudTrail 跟踪：CloudTrail 跟踪是一种配置，它可以帮助归档、分析和响应

AWS 资源中的更改。通过跟踪，可以将事件发送到指定的 S3 存储桶，并可以选择使用 CloudWatch Logs 和 CloudWatch Events 来交付和分析事件。可以创建三类跟踪：多区域跟踪（适用于所有区域）、单区域跟踪（适用于一个区域，但建议使用多区域跟踪）和组织跟踪（适用于整个组织）。

（4）管理事件：管理事件提供了对 AWS 账户资源执行的控制层面操作的信息。例如，配置安全组、启动实例或设置日志记录时执行的操作都会被记录为管理事件。

（5）数据事件：数据事件提供了关于针对资源或在资源内执行的数据层面操作的信息。例如，针对 S3 存储桶和对象执行的对象级操作、DynamoDB 表上的对象级活动、Lambda 函数活动及其他支持数据事件的 AWS 服务的操作都会被记录为数据事件。

（6）Insights 事件：CloudTrail Insights 事件用于捕获 AWS 账户中的异常活动。只有当账户的 API 使用变化与账户的典型使用模式明显不同时，CloudTrail 才会记录 Insights 事件。这是通过先建立 AWS 活动的基准，然后在超过该基准阈值时创建 Insight 事件实现的。

此外，还可以使用 CloudWatch Logs Insights 对日志数据执行查询操作，以收集 CloudTrail 捕获和记录的特定信息。

8.5.3　AWS CloudTrail 服务的事件历史记录功能

AWS 账户默认启用了 CloudTrail，因此可以自动访问 CloudTrail 的事件历史记录。事件历史记录提供了对 AWS 区域中过去 90 天发生的管理事件的可查看、可搜索、可下载和不可变记录。这些事件是通过 AWS 管理控制台、CLI、SDK 和 API 进行的活动的记录。查看事件历史记录不会产生 CloudTrail 费用。

可以在 CloudTrail 控制台的事件历史记录页面中，按区域查找与 AWS 账户中的创建、修改或删除资源（例如 IAM 用户或 EC2 实例）相关的事件。也可以通过运行 aws cloudtrail lookup-events 命令或使用 LookupEvents API 来查找这些事件。

在 CloudTrail 控制台的事件历史记录页面中，可以查看、搜索、下载、归档、分析和响应 AWS 基础设施中的账户活动，如图 8-23 所示。

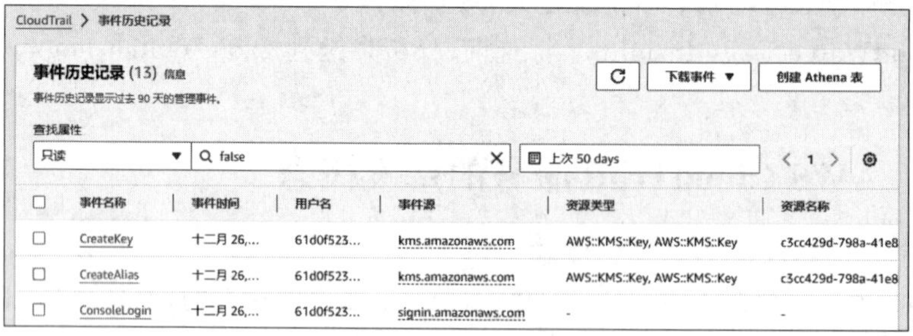

图 8-23　CloudTrail 的事件历史记录列表

可以选择要在每个页面上显示的事件数量，以及要在控制台中显示或隐藏的具体列，可以自定义事件历史记录的视图,可以查找适用于特定服务的事件并按资源类型筛选这些事件,还可以选择最多 5 个事件,然后并排比较它们的详细信息。

事件分为读取事件或写入事件。默认的属性筛选条件是只读的,值为 false,表示显示的事件列表中不包含读取事件。可以删除此筛选条件以同时显示读取和写入事件。还可以按其他属性筛选事件,例如访问密钥、事件 ID、事件名称、事件源、资源名称、资源类型、时间范围和用户名称。

选择结果列表中的事件可以显示其详细信息,如图 8-24 所示。页面中的"参考资源"会引用一些资源,有些资源还提供了链接。如果选择该链接,则可以打开此资源的控制台。

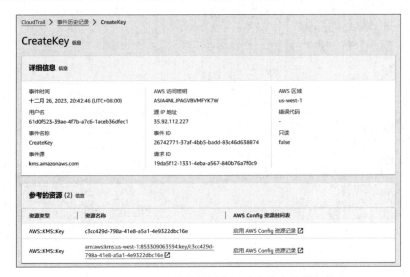

图 8-24　CloudTrail 的事件历史记录中的事件详细信息

滚动到详细信息页面上的事件记录,可以查看 JSON 事件记录,也称为事件负载。无论是此处的事件历史记录中的 JSON 数据,还是 Trails 中的 JSON 数据,格式都是相似的。在阅读的时候,要注意以下 4 个核心信息:

(1) 谁发出的请求?

(2) 何时及从何处执行?

(3) 请求了哪些内容?

(4) 有什么响应?

【示例 8-1】 这是一个简化过的记录。显示一个名为 Alice 的 IAM 用户,通过 AWS CLI 中的 ec2-stop-instances 命令调用了 EC2　StopInstances 操作,代码如下:

```
01. {
02.   "Records": [{
03.     "eventVersion": "1.0",
04.     "userIdentity": {
05.       "type": "IAMUser",
06.       "principalId": "EX_PRINCIPAL_ID",
```

```
07.          "arn": "arn:aws:iam::123456789012:user/Alice",
08.          "accountId": "123456789012",
09.          "accessKeyId": "EXAMPLE_KEY_ID",
10.        "userName": "Alice"
11.      },
12.      "eventTime": "2023-01-18T21:01:59Z",
13.      "eventSource": "ec2.amazonaws.com",
14.      "eventName": "StopInstances",
15.      "awsRegion": "us-west-2",
16.      "sourceIPAddress": "202.102.11.22",
17.      "userAgent": " aws-cli/2.10.0 Python/3.1 Windows/10 botocore/2.1",
18.      "requestParameters": {
19.        "instancesSet": {
20.          "items": [{
21.            "instanceId": "i-abcdef9e2"
22.          }]
23.        },
24.        "force": false
25.      },
26.      "responseElements": {
27.        "instancesSet": {
28.          "items": [{
29.            "instanceId": "i-abcdef9e2",
30.            "currentState": {
31.              "code": 64,
32.              "name": "stopping"
33.            },
34.            "previousState": {
35.              "code": 16,
36.              "name": "running"
37.            }
38.          }]
39.        }
40.    }]}
41. }
```

下面是日志记录的逐行解读。

(1) `{`：这是 JSON 格式的开始标记。

(2) `"Records"：[{`：这是一个名为"Records"的数组，它包含了所有的事件记录。

(3) `"eventVersion"："1.0",`：这是事件的版本号，当前版本为 1.0。

(4) `"userIdentity"：{`：这是一个名为"userIdentity"的对象，它包含了发出请求的用户的信息。

(5) `"type"："IAMUser",`：这是用户的类型，当前用户是一个 IAM 用户。

(6) `"principalId"："EX_PRINCIPAL_ID",`：这是用户的主体 ID。

(7)`"arn"："arn：aws：iam：：123456789012：user/Alice"，`：这是用户的 Amazon 资源名称（ARN）。

(8)`"accountId"："123456789012"，`：这是用户的 AWS 账户 ID。

(9)`"accessKeyId"："EXAMPLE_KEY_ID"，`：这是用户的访问密钥 ID。

(10)`"userName"："Alice"`：这是用户的用户名，当前用户的用户名是"Alice"。

(11)`}，`：这是"userIdentity"对象的结束标记。

(12)`"eventTime"："2023-01-18T21：01：59Z"，`：这是事件发生的时间。

(13)`"eventSource"："ec2.amazonaws.com"，`：这是事件的来源，当前事件来自 EC2 服务。

(14)`"eventName"："StopInstances"，`：这是事件的名称，当前事件是停止实例。

(15)`"awsRegion"："us-west-2"，`：这是事件发生的 AWS 区域。

(16)`"sourceIPAddress"："202.102.11.22"，`：这是发出请求的 IP 地址。

(17)`"userAgent"："aws-cli/2.10.0 Python/3.1 Windows/10 botocore/2.1"，`：这是发出请求的用户代理。这表明 Alice 使用命令行工具进行操作，而不是通过管理控制台进行操作。如果是通过管理控制台操作，则"userAgent"字段的值通常会包含"signin.amazonaws.com"或者"console.amazonaws.com"。

(18)`"requestParameters"：{`：这是一个名为"requestParameters"的对象，它包含了请求的参数。

(19)`"instancesSet"：{`：这是一个名为"instancesSet"的对象，它包含了要操作的实例的集合。

(20)`"items"：[{`：这是一个名为"items"的数组，它包含了要操作的所有实例。

(21)`"instanceId"："i-abcdef9e2"`：这是实例的 ID。

(22)`}]`：这是"items"数组的结束标记。

(23)`}，`：这是"instancesSet"对象的结束标记。

(24)`"force"：false`：这是一个名为"force"的参数，它表示是否强制执行操作。

(25)`}，`：这是"requestParameters"对象的结束标记。

(26)`"responseElements"：{`：这是一个名为"responseElements"的对象，它包含了响应的元素。

(27)`"instancesSet"：{`：这是一个名为"instancesSet"的对象，它包含了操作后的实例的集合。

(28)`"items"：[{`：这是一个名为"items"的数组，它包含了操作后的所有实例。

(29)`"instanceId"："i-abcdef9e2"，`：这是实例的 ID。

(30)`"currentState"：{`：这是一个名为"currentState"的对象，它包含了实例当前的状态。

(31)`"code"：64，`：这是状态的代码，当前代码为 64，表示实例正在停止。

(32)`"name"："stopping"`：这是状态的名称，当前状态为"stopping"，表示实例正在停止。

（33）`}`,`：这是"currentState"对象的结束标记。

（34）`"previousState"`：`{`：这是一个名为"previousState"的对象，它包含了实例之前的状态。

（35）`"code"`：16,`：这是状态的代码，当前代码为 16，表示实例之前正在运行。

（36）`"name"`："running"`：这是状态的名称，当前状态为"running"，表示实例之前正在运行。

（37）`}`：这是"previousState"对象的结束标记。

（38）`}]`：这是"items"数组的结束标记。

（39）`}`：这是"instancesSet"对象的结束标记。

（40）`}]}`：这是"Records"数组的结束标记。

（41）`}`：这是 JSON 格式的结束标记。

8.5.4　AWS CloudTrail Trails 功能简介

CloudTrail 的事件历史记录功能允许查看、搜索和下载 AWS 账户中过去 90 天的管理事件活动。这项功能是免费的，但并非永久记录。

CloudTrail 的 Trails 功能则将管理和数据事件持续传送到指定的 S3 存储桶中。此外，还可以利用 CloudWatch Logs 和 EventBridge 来交付和分析这些事件。需要注意的是，CloudTrail 的 Trails 功能是付费的，它具有以下 4 个主要优势。

（1）捕获特定事件：可以通过 Trails 过滤要传送的 CloudTrail 事件，包括管理事件、数据事件和 CloudTrail Insights 事件。此外，还可以创建 Trails 来捕获来自特定 AWS 服务的只写事件或数据事件。

（2）聚合事件：可以在整个 AWS 组织中配置多区域和多账户 Trails，以实现广泛的可见性。

（3）存档事件：虽然 CloudTrail 事件历史记录只提供过去 90 天的管理事件记录，但在创建 Trails 后，可以存储超过 90 天的事件。

（4）搜索和分析功能：通过创建 Trails，可以利用 CloudWatch 日志、CloudTrail Lake、Amazon Athena 等工具查询日志并分析 AWS 服务活动。可以筛选相关时间段、API 操作、用户身份或资源。此外，还可以利用 AWS 合作伙伴集成实现运营安全解决方案。

CloudTrail 提供了 3 种类型的 Trails，用于监控和记录 AWS 基础设施中的账户活动。

（1）多区域 Trails：在默认情况下，通过 AWS 管理控制台创建的 Trails 会捕获所有 AWS 区域的活动。

（2）单区域 Trails：仅在 AWS CLI 中可用，用于捕获特定区域中的活动。

（3）多账户 Trails：在使用 AWS Organizations 服务时，组织 Trails 适用于组织内的所有 AWS 账户。这种类型的 Trails 在多账户环境中提供全面的覆盖和集中监控。

8.5.5 AWS CloudTrail Trails 功能的基本概念

CloudTrail Trails 功能主要包含 4 个基本概念。

（1）管理事件：管理事件提供了对 AWS 账户中资源执行的控制平面操作的信息。例如，配置安全组、启动实例或设置日志记录时的操作都会被记录为管理事件，如图 8-25 所示。

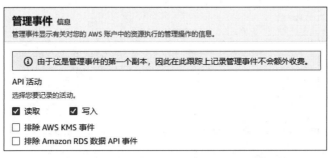

图 8-25　CloudTrail 的管理事件

（2）数据事件：数据事件提供了在资源上或资源中执行的数据平面操作的信息。例如，针对 S3 存储桶和对象执行的对象级操作及表上的 DynamoDB 对象级活动都会被记录为数据事件。此外，Lambda 函数活动和支持数据事件的其他 AWS 服务也会被记录，如图 8-26 所示。

（3）基本事件选择器：可以使用事件选择器来指定 Trails 的管理和数据事件设置。基本事件选择器可以用于记录 S3 存储桶和存储桶对象、Lambda 函数和 DynamoDB 表的数据事件。基本事件选择器允许指定是否要记录读取事件、写入事件，或者两者都记录，如图 8-26 所示。

（4）高级事件选择器：如果需要记录除 S3 存储桶和存储桶对象、Lambda 函数和 DynamoDB 表之外的其他数据事件类型，就需要使用高级事件选择器。高级事件选择器提供了更多的灵活性，可以为事件记录字段创建细粒度选择器，选择要存储的特定事件，如图 8-27 所示。

CloudTrail 可以通过与其他 AWS 服务集成以获取数据。CloudTrail Trails 的日志文件有两种命名方式：

（1）日志文件对象名称，例如 bucket_name/prefix_name/AWSLogs/AccountID/CloudTrail/region/YYYY/MM/DD/file_name.json.gz。

（2）组织的 Trails，对于组织的 Trails，日志文件对象名称在路径中会包含组织单位 ID。例如 bucket_name/prefix_name/AWSLogs/OID/AccountID/CloudTrail/region/YYYY/MM/DD/file_name.json.gz。

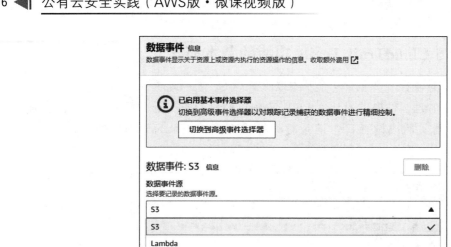

图 8-26　CloudTrail 的数据事件（使用基本事件选择器）

图 8-27　CloudTrail 的数据事件（使用高级事件选择器）

8.5.6 AWS CloudTrail Trails 功能的应用场景

CloudTrail Trails 功能可以存储所有账户活动的详细日志,以确保合规性,帮助组织满足审计要求并证明对行业法规的遵守,其主要应用场景包括以下几种。

(1)审计活动:监视、存储和验证活动事件,快速生成满足内部政策和外部法规要求的审计报告。

(2)识别安全事件:利用 CloudTrail 事件中的人员、内容和时间信息检测未经授权的访问,并使用基于规则的 EventBridge 警报和自动化工作流程进行响应。

(3)解决操作问题:使用机器学习模型持续监控 API 使用历史记录,以发现 AWS 账户中的异常活动,并确定根本原因。

需要注意 CloudTrail Trails 功能的安全最佳实践,包括以下几点。

(1)将 Trails 应用到所有区域:为捕获 AWS 账户中的 IAM 身份或服务执行的所有操作,每个 Trails 都应被配置为记录所有区域中的事件。这样可以确保记录 AWS 账户中发生的所有事件,无论它们在哪个区域发生。

(2)将 CloudTrail 日志传送到中央 S3 存储桶:应将 CloudTrail 日志配置为传送到具有有限访问权限的单独 AWS 账户中的中央 S3 存储桶。可以定义 Amazon S3 访问策略来限制谁可以访问 CloudTrail 传送的日志,从而最大限度地减少对日志的未经授权的访问。

(3)在存储日志文件的 S3 存储桶上配置数据保护:包括启用多重身份验证(MFA)为 S3 存储桶添加额外的安全级别,启用版本控制以帮助从不需要的删除或更改中恢复对象,启用 CloudTrail 日志文件加密以添加额外的保护措施来加密传送到 S3 存储桶的日志文件,以及配置日志文件验证,确保 CloudTrail 下发的日志文件下发后没有发生变化,如图 8-28 所示。

图 8-28　CloudTrail 日志文件的保护

(4)在 S3 存储桶上配置对象生命周期管理:CloudTrail Trails 默认将日志文件无限期地存储在为 Trails 配置的 S3 存储桶中。可以使用 S3 对象生命周期管理规则来定义自己的保留策略,以便更好地满足业务和审计需求。例如,希望将超过 1 年的日志文件存档到 Amazon S3 Glacier,或者在经过一定时间后删除日志文件。

（5）对 AWSCloudTrail_FullAccess 策略的访问应受到限制：拥有 AWSCloudTrail_FullAccess 策略的用户能够禁用或重新配置 AWS 账户中的关键且重要的审计功能。此策略不应被共享或被广泛应用于 AWS 账户中的 IAM 身份。此策略的应用范围应被限制为希望担任 AWS 账户管理员的个人。

（6）将 CloudTrail 与 AWS CloudFormation 结合使用。

8.5.7 AWS CloudTrail Lake 功能简介

CloudTrail Lake 是在 2022 年发布的一种托管的数据湖服务，能够聚合、不可变地存储和查询摄取的事件。它将数据收集、存储、准备和分析集成在一个平台中，简化了工作流程。可以选择 AWS 活动，例如 CloudTrail 记录的操作或 AWS Config 记录的配置项，也可以选择来自非 AWS 来源的 AWS Audit Manager 证据或事件等活动。这些事件可以用于组织进行审核、安全调查和运营调查。CloudTrail Lake 还支持 CloudTrail Insights，帮助识别 AWS 账户中的异常操作活动，例如资源预置高峰或 AWS IAM 操作突发。

此外，CloudTrail Lake 仪表板在 CloudTrail Lake 控制台中提供开箱即用的可见性及来自审核和安全数据的顶级见解。可以借助 Lake 查询联合使用 Amazon Athena 分析 CloudTrail Lake，并使用 Amazon QuickSight 或 Amazon Managed Grafana 进行可视化以获取合规性、成本和使用情况报告。

CloudTrail Lake 通过在同一产品中集成分析和查询的收集、存储、准备和优化，简化了分析工作流程。有了 CloudTrail Lake，无须维护跨团队和产品的单独数据处理管道。

可以使用 SQL 查询 CloudTrail 数据。CloudTrail Lake 包含常见场景的示例查询，例如识别用户完成的所有活动的记录，以便加速安全调查，如图 8-29 所示。凭借不可变的事件数据存储和灵活的保留期，CloudTrail Lake 可帮助组织满足合规性要求。

图 8-29　CloudTrail Lake 包含常见场景的示例查询

CloudTrail Lake 在审计过程中提供了一种重要的帮助机制。它不仅有助于安全事件和操作问题的调查，还可以识别问题并提供相应的解决方案。通过 CloudTrail Lake，可以监控、存储和验证活动事件的真实性，确保其符合内部策略。

借助 Amazon Athena，可以对 CloudTrail Lake 进行深入分析，利用查询联合进行可视化，从而获取关于合规性、成本和使用的综合报告。CloudTrail Lake 在回顾性调查中发挥着关键作用，能够回答"谁对资源进行了哪些配置更改"等问题，为调查提供有力支持。

在处理数据泄露或未经授权访问 AWS 环境等安全事件时，CloudTrail Lake 所提供的信息尤为重要。这些信息有助于及时发现潜在的安全风险，并采取相应的措施来预防或减轻潜在的损害。

CloudTrail Lake 仪表板传来的信息可以概述账户中的异常行为，包括在账户上生成的见解类型或这些见解的来源。

借助 CloudTrail Lake，可以执行以下操作：

（1）将事件存储长达 10 年以进行回顾性调查。

（2）实现审计日志管理现代化并满足审计要求。

（3）了解活动日志。

（4）验证用户活动是否符合内部和外部策略。

（5）简化安全性和操作。

（6）调查不合规的变更。

（7）对配置项进行历史资产库存分析。

（8）近乎实时地调查运营问题。

CloudTrail Lake 的主要优势有以下几点。

（1）存储和监控：CloudTrail Lake 是一个用于审计、安全和操作调查的数据湖。它会自动将事件（包括管理事件、数据事件和来自 AWS Config 的配置项）存储在湖中。必须首先启用 AWS Config 记录，才能在 CloudTrail Lake 中摄取配置项。

（2）不可变和加密的活动日志：在默认情况下，CloudTrail 在事件数据存储中对所有事件进行加密。在配置事件存储时，可以选择使用自有的 AWS KMS 密钥。这样做将产生 KMS 的加密和解密成本。一旦将事件数据存储与 KMS 密钥关联，KMS 密钥就不能被移除或更改。CloudTrail Lake 授予只读访问权限以防止对日志文件的更改。只读访问意味着事件自动不可变。可以使用 CloudTrail 查询结果完整性验证来验证导出查询结果中的数据的完整性。此功能使用行业标准算法 SHA-256 进行哈希和 SHA-256 与 RSA 进行数字签名，这使在不被检测的情况下修改、删除或伪造 CloudTrail 查询结果文件在计算上不可行。

（3）洞察和分析：可以在湖中对活动日志运行基于 SQL 的查询进行审计。CloudTrail Lake 支持 CloudWatch 指标。CloudWatch 提供了关于在过去的一小时内及在其保留期内向事件数据存储摄取的数据量的信息。湖查询联邦特性允许使用 Athena 查询 CloudTrail Lake 中的活动日志，并使用 Amazon QuickSight 和 Amazon Managed Grafana 进行可视化。

（4）多数据源：可以合并来自 AWS 和非 AWS 源（如云中或本地运行的内部应用程序和 SaaS 应用程序）的活动事件。不需要维护多个日志聚合器和报告工具。可以在 CloudTrail

控制台中找到并添加合作伙伴集成，以开始在几个步骤中接收这些应用程序的活动事件。对于除可用合作伙伴集成之外的源，客户可以使用 CloudTrail Lake API 设置自己的集成并将事件推送到 CloudTrail Lake。

（5）多区域：CloudTrail Lake 有助于捕获和存储来自多个 AWS 区域的事件。

（6）多账户：还可以使用 CloudTrail Lake 将来自 AWS Organizations 中的组织的事件存储在事件数据存储中，包括来自多个区域和账户的事件。此外，可以最多指定 3 个委派管理员账户在组织级别创建、更新、查询或删除 CloudTrail Lake 事件数据存储。

8.5.8　AWS CloudTrail Lake 功能的基本概念

（1）事件数据存储：事件数据存储是一种不可变的事件集合，基于通过高级事件选择器设置的条件。可以选择将事件数据存储 3653 天（约 10 年）或 2557 天（约 7 年），具体取决于选择的定价选项，如图 8-30 所示。事件数据存储的生命周期从创建开始，直到删除它。一旦设置了删除，事件数据存储将进入 7 天的待处理状态，然后将被永久删除。

（2）高级事件选择器：使用数据事件时，高级事件选择器可以提供对数据事件日志记录的更精细控制，如图 8-31 所示。高级事件选择器支持在部分字符串上包含或排除具有模式匹配的值，类似于正则表达式。这有助于更好地控制想要记录哪些 CloudTrail 数据事件并为其付费。可以使用 CloudTrail Lake 中的高级事件选择器来管理提取到数据存储中的数据量。这些事件选择器可供查询。

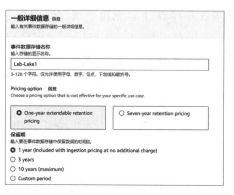

图 8-30　CloudTrail Lake 存储选项

图 8-31　CloudTrail Lake 数据事件选择

（3）CloudTrail Lake 集成：集成功能可以在混合环境中记录和存储来自非 AWS 源的用户活动数据。数据源可以包括本地或云、虚拟机或容器中托管的内部或 SaaS 应用程序。

（4）合作伙伴集成：对于 AWS 合作伙伴集成，可以为合作伙伴创建事件数据存储和通道，并将资源策略附加到该通道，然后将通道 ARN 提供给合作伙伴应用程序。集成有两种类型：直接集成和解决方案集成。

（5）管理事件：管理事件提供有关 AWS 账户中 AWS 资源的控制平面操作的信息。例如，管理事件包括配置安全组、启动实例或设置日志记录时采取的操作。

（6）数据事件：数据事件提供有关在资源上或资源中执行的数据平面操作的信息。示例数据事件包括针对 S3 存储桶和对象执行的对象级操作及 DynamoDB 表上的对象级活动，其他示例包括 Lambda 函数活动和支持数据事件的其他 AWS 服务。

（7）Lake 查询联合：查看与 AWS Glue 数据目录中的事件数据存储相关联的元数据，并使用 Athena 对事件数据运行 SQL 查询。这可以使用 Amazon QuickSight 或 Amazon Managed Grafana 关联和可视化合规性、成本和使用数据。

8.5.9　AWS CloudTrail Lake 功能的应用场景

CloudTrail 日志事件在云中传输和分析的流程如图 8-32 所示。可以使用 CloudTrail Lake 创建事件数据存储，然后利用事件数据存储查看和分析数据。SQL 查询语言优化了对存储在事件数据存储中的事件的查询。例如，可以通过查询事件数据存储来查看控制台登录。

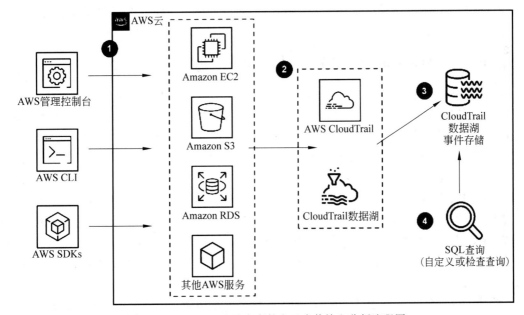

图 8-32　CloudTrail 日志事件在云中传输和分析流程图

（1）从 AWS 服务采取的操作：用户或应用程序通过 AWS 管理控制台、AWS 开发工具包或 AWS CLI 在 AWS 服务中执行操作。

（2）CloudTrail 记录操作：CloudTrail 将操作记录为管理事件或数据事件。

（3）事件数据存储：高级事件选择器筛选 CloudTrail 收集的事件，然后 CloudTrail Lake 事件数据存储会根据指定的保留期存储这些事件。

（4）SQL 查询：通过 AWS 管理控制台、AWS CLI 或 AWS 开发工具包，可以使用 SQL

访问事件数据存储以检索和分析数据。

CloudTrail Lake 的典型应用场景有以下几种。

（1）进行安全审核：监视、存储和验证活动事件的真实性以增强安全状况。使用 Amazon Athena 分析 CloudTrail Lake，并使用 Amazon QuickSight 或 Amazon Managed Grafana 进行可视化，使用 Lake 查询联合获取合规性、成本和使用情况报告。

（2）调查安全事件：通过回答谁对与安全事件相关的资源进行了哪些配置更改，帮助分析未经授权的访问或受损的用户凭据。

（3）运营事件调查：调查操作问题，例如 EC2 实例无响应或访问被拒绝的资源。

8.6　AWS Config 服务

要保护资产，首先得清楚拥有哪些资产。无须猜测 IT 资产有哪些、谁可以访问这些资源，以及他们对资源执行了哪些操作。AWS 提供了工具来追踪和监控 AWS 资源，从而能够即时了解资产、用户和应用程序活动。例如，使用 AWS Config，可以找到现有的 AWS 资源，导出 AWS 资源的完整清单和所有配置详情，并确定任意时间点的资源配置情况。这些功能对于合规性审计、安全分析、资源变更跟踪和故障排除都非常重要。

8.6.1　AWS Config 服务概述

AWS Config 是一种持续监控和评估服务，提供了 AWS 资源清单，并记录了资源配置的更改。可以查看资源的当前和历史配置，利用这些信息进行故障排除和安全攻击分析。在任何时间点都可以查看配置，并根据这些信息重新配置资源，使其在中断期间保持稳定。

AWS 资源是通过管理控制台、CLI、SDK 或合作伙伴工具创建和管理的实体。例如，EC2 实例、安全组、Amazon Redshift 集群、VPC 组件和 EBS 等都是 AWS 资源。AWS Config 使用资源 ID 或 Amazon 资源名称（ARN）等唯一标识符标记每个资源。

AWS Config 为 AWS 上的许多其他安全性和合规性服务提供基础设施。例如，AWS Security Hub、AWS Firewall Manager 和 AWS Control Tower 等服务通过无缝集成使用 AWS Config 进行评估和提供结果。这种集成及可视化合规性和资源数据的能力使 AWS Config 成为中央合规中心。

此外，AWS Config 还包含多账户、多区域数据汇总功能，实现集中审核和管理，从而减少收集整个企业范围合规状态视图所需的时间和费用。

1. AWS Config 服务的核心功能

AWS Config 可以帮助了解云中的资源配置更改，改进合规性、安全性和运营变更管理，其核心功能包括以下几种。

（1）了解 AWS 资源的配置历史记录。

（2）遵守合规框架。

（3）配置和自定义规则。

（4）聚合多账户、多区域数据。

（5）管理 AWS 合作伙伴解决方案。

（6）管理云治理仪表板。

为满足合规性和审计需求，AWS Config 会对所有资源进行全面快照。它通过审核和评估 AWS 资源的任何不需要的更改，提供账户中完整的资源清单。

2. AWS Config 服务的优势

（1）持续监控：借助 AWS Config，可以持续监控和记录 AWS 资源的配置更改。还可以使用 AWS Config 随时清点 EC2 实例中的 AWS 资源、AWS 资源配置和软件配置。一旦 AWS Config 检测到之前状态的变化，它就会提供一个 SNS 主题供查看并采取行动。

（2）变更管理：借助 AWS Config，可以跟踪资源之间的关系并在进行更改之前检查资源依赖关系。发生更改后，可以查看资源配置的历史记录并确定过去任何时间点的资源配置。AWS Config 提供信息来评估资源配置的更改将如何影响其他资源，从而最大限度地减少与更改相关的事件的影响。

（3）操作故障排除：可以使用 AWS Config 捕获 AWS 资源配置更改的全面历史记录，以帮助解决操作问题。AWS Config 通过与 CloudTrail 集成来帮助确定操作问题的根本原因。AWS Config 利用 CloudTrail 记录将配置更改与账户中的特定事件关联起来。AWS Config 高级查询功能提供了一种针对 AWS Config 支持的所有资源的当前 AWS 资源状态元数据执行一次性、基于属性的查询方法。可以使用高级查询进行库存管理、成本优化、合规性数据及安全和运营智能。

（4）持续评估：AWS Config 提供了一种持续审核和评估 AWS 资源配置与组织策略和准则的整体合规性的方法。可以定义用于预置和配置 AWS 资源的规则。这些规则可以独立配置，也可以与合规性补救操作一起打包在一个包（称为一致性包）中，只需单击一下便可以在整个组织中部署。偏离规则的资源配置或配置更改会自动触发 SNS 通知和 CloudWatch 事件，以便可以持续收到警报。还可以利用可视化仪表板检查整体合规状态并发现不合规资源。

（5）企业范围内的合规性监控：通过 AWS Config 中的多账户、多区域数据聚合，可以查看整个企业的合规状态并识别不合规的账户。可以检查特定区域或跨区域的特定账户的状态。可以从中央账户中的 AWS Config 控制台查看此数据，从而无须从每个账户和每个区域单独检索此信息。

（6）支持第三方资源：AWS Config 旨在成为对 AWS 和第三方资源执行配置审核和合规性验证的主要工具。可以将第三方资源（例如 GitHub 存储库、Microsoft Active Directory 资源或任何本地服务器）的配置发布到 AWS，然后可以使用 AWS Config 控制台和 API 查看和监控资源清单和配置历史记录，就像对 AWS 资源所做的那样。还可以创建 AWS Config 规则或一致性包，以根据最佳实践、内部策略和监管策略评估这些第三方资源。

3. AWS Config 服务的典型应用场景

（1）配置历史记录：借助 AWS Config，可以查看配置更改及 AWS 资源之间的关系、探索资源配置历史记录并使用规则来确定合规性。

（2）合规性：评估资源配置和资源更改是否符合内置或自定义规则，然后自动修复不合规的资源。可以使用包含多个规则和修复操作的一致性包，可以通过 AWS Organizations 在单个账户、区域或跨组织中部署这些规则和修复操作。

（3）可视化变化：聚合器能够将多个账户和区域的配置和合规性数据收集到单个账户和区域中。这提供了资源库存和合规性的集中视图，并使对聚合数据运行高级查询成为可能。此功能提供了更大的灵活性，并且无须多个团队访问管理账户即可使用组织范围的数据。

AWS Config 规则是许多其他服务（例如 AWS Control Tower、AWS CloudTrail、AWS Security Hub 等）的支柱。

4. AWS Config 服务的价格

AWS Config 的费用是按照每月所记录的配置项的数量收取的，没有预先消费承诺，而且可以随时停止记录配置项。它的费用主要由以下几部分组成。

（1）配置项费用：根据账户中记录的配置项数量收取。配置项是对 AWS 账户中资源配置状态的记录。

（2）规则评估费用：AWS Config 规则评估是由 AWS 账户中的 AWS Config 规则对资源执行的合规性状态评估。

（3）一致性包评估费用：一致性包评估是由一致性包内的 AWS Config 规则对资源进行的一次评估。

（4）额外费用：配置快照和配置历史文件将被传送到指定的 S3 存储桶中，而配置更改通知将通过 SNS 发送。适用 S3 和 SNS 的标准费率。使用 Lambda 编写自定义规则。AWS 将按 Lambda 的标准费率收费。

8.6.2　AWS Config 服务的组件

AWS Config 主要包含 6 个基本组件。

（1）配置项：配置项是对账户中受支持的 AWS 资源在某一时间点的各种属性的视图。每当 AWS Config 检测到其记录的资源类型发生更改时，它都会创建一个新的配置项。例如，如果 AWS Config 正在记录 S3 存储桶，则每当创建、更新或删除存储桶时，它都会创建一个新的配置项。

（2）配置记录器：配置记录器将账户中支持的资源的配置存储为配置项。必须先创建并启动配置记录器，然后才能开始记录。可以随时停止和重新启动配置记录器。在默认情况下，配置记录器会记录运行 AWS Config 的区域中所有支持的资源。也可以创建自定义配置记录器，仅记录指定的资源类型，如图 8-33 所示。

（3）AWS 配置规则：AWS Config 规则代表所需的特定 AWS 资源或整个 AWS 账户

图 8-33　AWS Config 的资源类型设置

的配置设置。AWS Config 提供了一些可自定义的预定义规则以便于使用,如图 8-34 所示。如果资源违反规则,AWS Config 则会将该资源和规则标记为不合规,并通过 SNS 进行通知,如图 8-35 所示。

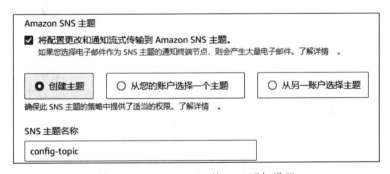

图 8-34　AWS Config 的托管规则

图 8-35　AWS Config 的 SNS 通知设置

(4) 一致性包:一致性包是 AWS Config 规则和修复操作的集合,可以作为单个实体部署在账户和区域中,或者跨 AWS Organizations 中的组织部署。

(5) 聚合器:聚合器是 AWS Config 中的一种新资源类型,用于从多个源账户和区域收集 AWS Config 配置和合规性数据。可以在想要查看聚合的 AWS Config 配置和合规性数据的区域中创建聚合器。

(6) 高级查询:可以使用 AWS Config 根据单个账户和区域或跨多个账户和区域的配置属性查询 AWS 资源的当前配置状态。可以针对 AWS Config 支持的所有资源的当前

AWS 资源状态元数据执行基于属性的查询。从而可以准确查询所需的当前资源状态,而无须执行特定于 AWS 服务的 API 调用。

8.6.3 AWS Config 服务的案例

AWS Config 可以对云资源实施控制,从而管理整个云环境的风险。AWS 提供了 50 多个运营最佳实践和监管框架的预设规则和可自定义模板。

在这个案例中,AWS Config 规则可以在任何匹配规则范围的资源发生配置更改时按照选择的频率触发。对于配置更改,AWS Config 会在创建、更改或删除某些类型的资源时对规则运行评估。可以通过定义规则的范围来选择哪些资源会触发评估。当使用定期触发类型时,AWS Config 会按照选择的频率(例如,每 24h)对规则运行评估。如果选择配置更改和定期,AWS Config 则会在检测到配置更改时调用 Lambda 函数,并按照指定的频率进行。此外,还可以运行 AWS Systems Manager 的 Automation Runbook 功能进行手动或自动修复,如图 8-36 所示。

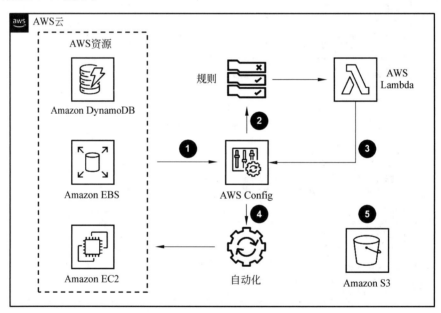

图 8-36   AWS Config 架构示意图

(1) 资源变化:当检测到资源发生更改时,将调用 AWS Config 来评估资源。

(2) 基于规则的评估:应用 AWS Config 托管或自定义规则,然后 Config 评估资源状态并将其更改为所需的设置。

(3) 评估:Lambda 将合规或不合规的结果发回。

(4) 补救措施:如果资源被标记为不合规,Config 则将通过 AWS Systems Manager Automation Runbook 运行手动或自动修复。

(5) 配置快照:任何资源配置快照或对资源的更改都被存储在 S3 存储桶中。

8.7 AWS Systems Manager 服务

AWS Systems Manager 是一种管理和运维 AWS 资源及在 AWS 上运行的应用程序的服务。该服务提供了一个集中的界面,可以对 AWS 环境进行可视化、控制和自动化管理,其功能丰富,第 3 章已经介绍过使用 Systems Manager 管理实例。接下来,将简单介绍 Systems Manager 服务与监控、日志收集和审计相关的一些主要功能。

(1) 状态管理器:Systems Manager 的状态管理器功能可以在大量实例上自动化常见的操作任务。可以创建策略来确保实例组始终符合配置基准。所有的状态更改都会被记录和审计,以便随时查看和跟踪。

(2) 库存:Systems Manager 的库存功能可以收集实例的配置详细信息,并将其作为元数据存储。可以使用这些信息来跟踪配置,并在需要时进行审计。

(3) 更改日历:Systems Manager 的更改日历功能可以防止在关键时间(如业务高峰期)进行可能会影响性能的更改。可以创建日历来阻止或管理更改,所有的更改请求都会被记录和审计,以便随时查看和跟踪。

(4) 自动化:Systems Manager 的自动化功能可以自动化常见的 IT 操作任务,如停止未使用的 EC2 实例或创建 AMI。可以创建自动化文档来定义操作任务,并使用 Automation 执行这些任务。所有的自动化执行都会被记录和审计,以便随时查看和跟踪。

8.8 VPC 流日志

主动监控网络,收集和分析日志,以便及时发现并处理可能的安全威胁,这是很重要的任务。在 AWS 环境中,VPC 流日志是重要的工具之一。它记录网络流量,有助于理解网络行为,发现异常流量,从而及时防止和应对网络攻击。

8.8.1 VPC 流日志概述

VPC 流日志是一项服务,捕获有关进出网络接口的 IP 流量的信息,提供 VPC 中的可见性。可以使用 VPC 流日志作为集中源来监控不同的网络方面,并提供整个 VPC、子网或特定弹性网络接口(ENI)内的网络流量历史记录。VPC 流日志收集工作负载使用的所有 VPC 网络的元数据。创建流日志后,可以在所选目标中检索并查看其数据。

VPC 流日志在网络安全方面有着广泛的应用。除了可以诊断过于严格的安全组规则、监控到达实例的流量、确定进出网络接口的流量方向等任务外,VPC 流日志还可以完成以下任务。

(1) 检测和防止网络攻击:通过分析 VPC 流日志,可以发现异常的网络流量模式,这可能是网络攻击的迹象,如 DDoS 攻击、端口扫描等。一旦发现这些迹象,可以立即采取行动,如更新安全组规则,以防止攻击。

（2）合规性审计：对于需要遵守特定 IT 安全标准或法规的组织，VPC 流日志可以提供网络流量的详细记录，帮助证明网络环境符合相关的安全要求。

（3）故障排除：如果应用出现问题，则可以通过查看 VPC 流日志来确定问题是否由网络问题引起。例如，如果看到某个实例的入站流量突然减少，则可能是因为安全组规则过于严格。

（4）优化网络性能：通过分析 VPC 流日志，可以了解网络流量的模式和趋势，从而优化网络配置以提高性能。例如，如果发现某个网络接口的流量经常达到峰值，则可以考虑增加带宽或使用负载均衡来分散流量。

VPC 流日志数据是在网络流量路径之外（带外）收集的，因此不会影响网络吞吐量或延迟。可以创建或删除流日志，而不会对网络性能产生任何影响。

虽然名称叫"VPC 流日志"，其实受监控的对象是网络接口。网络接口的流日志数据被记录为流日志记录，流日志记录是由描述流量的字段组成的日志事件，可以监控 3 个不同级别的所有活动。

（1）VPC 级别：监控云环境中的所有操作活动。

（2）子网级别：监视特定子网的所有活动。

（3）网络接口级别：监控 Amazon EC2 实例上的特定接口并从该接口捕获流日志。

在 VPC 或子网级别启用 VPC 流日志会记录 VPC 或子网中的所有接口，这会生成大量日志，因此应该考虑是否必要，另外还可以进行过滤。

8.8.2　VPC 流日志的配置

创建 VPC 流日志时，需要考虑网络设计，包括选择要记录的资源、定义日志记录参数和选择流日志数据的发布目的地。创建 VPC 流日志，需要设置以下参数。

（1）日志名称：指定日志的功能名称。

（2）筛选条件：可以按所有、接受或拒绝的流量过滤流日志。

（3）目标：指定在何处发布流日志数据。

图 8-37　VPC 流日志的发送目标

（4）IAM 角色：确保日志所有者具有 IAM 权限来发布和使用流日志。

可以将 VPC 流日志数据发布到 CloudWatch Logs、S3 存储桶、同一个账户中的其他账户中的 Kinesis Firehose 中，如图 8-37 所示。

可以使用 S3 生命周期策略通过将日志移动到适当的存储层或使不再需要的日志文件过期来管理大量日志数据，还可以使用 Athena 查询 S3 中的日志。如果使用 CloudWatch Logs 存储流日志，就可使用 CloudWatch Logs Insights 搜索和分析日志数据。

在下面的示例中，同时使用的 S3 存储桶和用 CloudWatch Logs 存储流日志，如图 8-38

所示。

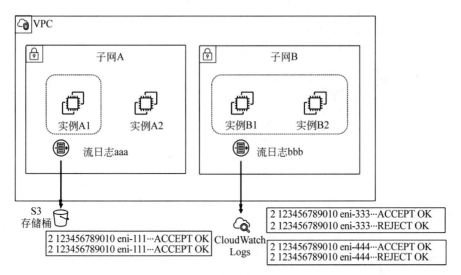

图 8-38　VPC 流日志配置示例拓扑

（1）创建流日志 aaa 以捕获实例 A1 的网络接口接受的流量。将日志记录发布到 Amazon S3 存储桶。

（2）创建流日志 bbb 以捕获子网 B 的所有流量。这些流日志记录将被发布到 CloudWatch Logs。流日志 bbb 捕获子网 B 中所有网络接口的流量。

（3）没有捕获实例 A2 网络接口实例流量的流日志。

8.8.3　VPC 流日志的格式

每个生成流日志的网络接口都有自己唯一的日志流。日志可以通过两种格式收集和存储，分别是 AWS 默认格式和自定义格式，如图 8-39 所示。

AWS 默认格式的字段含义如图 8-40 所示。

使用自定义格式，可以指定流日志记录中包含的字段及顺序。这样，可以创建特定于需求的流日志并省略不相关的字段。使用自定义格式可以简化日志处理及从已发布的流日志中提取特定的信息。可以指定任意数量的可用流日志字段，但必须至少指定一个，其他字段包括各种信息，例如区域、可用区、TCP-flags、流量路径、流向等。

图 8-39　VPC 流日志的格式

创建流日志的配置或流日志记录的格式后，无法对其进行更改。如果创建的流日志没有收集期望的数据，或者需要收集的内容的性质发生了变化，则必须删除现有的流日志并创建新的流日志。例如，无法在创建后更改与流日志关联的 IAM 角色。要关联不同的 IAM

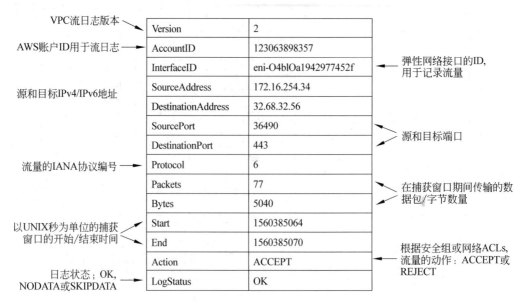

图 8-40　VPC 流日志的默认格式说明

角色，必须重新创建流日志。

与 Wireshark 类抓包软件不同，VPC 流日志不提供流量的有效负载可见性。同时，VPC 流日志并非捕获流经网络的所有流量，例如以下流量类型：

（1）实例联系 AWS DNS 服务器时生成的流量；如果使用自己的 DNS 服务器，则会记录到该 DNS 服务器的所有流量。

（2）Windows 实例生成的用于 Amazon Windows 许可证激活的流量。

（3）实例元数据进出 169.254.169.254 的流量。

（4）Amazon Time Sync Service 进出 169.254.169.123 的流量。

（5）DHCP 流量。

（6）镜像流量。

（7）流向默认 VPC 路由器保留 IP 地址的流量。

（8）端点网络接口和网络负载均衡器网络接口之间的流量。

8.8.4　VPC 流日志的应用场景

VPC 流日志在安全性、合规性、性能优化和故障排除等多个场景中都有重要应用。

（1）安全场景：VPC 流日志能记录 VPC、接口或子网的所有流量，以便进行根因分析，找出安全漏洞。例如，当部署新应用程序时，数据托管在专用的安全 VPC 中，可以设置警报，一旦有尝试使用特定协议连接 VPC 或来自非批准的 CIDR 的子网的行为，就通知相关团队。

（2）合规场景：VPC 流日志能证明组织遵守了国家、地区和特定行业的法规。例如，如果组织需要保存数据并进行年度审计,以证明已遵守限制数据访问的规定,则可以为整个 VPC 配置 VPC 流日志,并将流日志的副本保存在 S3 存储桶中,以满足审计要求。

(3)性能场景:VPC 流日志提供了流持续时间、延迟和发送的字节数等信息,有助于识别延迟、建立性能基线和优化应用程序。例如,如果组织有一个托管在 VPC 内的内部网站,员工则可以通过专用的 AWS 站点到站点 VPN 将公司的主要办公室连接到 AWS 环境访问该网站。如果 AWS Site-to-Site VPN 连接出现间歇性断开,或者内部网站的加载速度间歇性地慢于正常速度,则可以利用 VPC 流日志来诊断并解决这些问题。

(4)故障排除场景:VPC 流日志能提供关于网络流量的详细信息,帮助进行故障排除。例如,如果应用程序无法与数据库建立连接,则可以查看 VPC 流日志,找出是否有被拒绝的流,这可能是连接失败的原因。此外,如果网络负载均衡器后面的 EC2 实例的性能下降,则可以查看 VPC 流日志,检查是否有过多的拒绝流,这可能是性能问题的原因。通过这种方式,VPC 流日志能帮助快速定位并解决网络问题。

8.9　负载均衡器访问日志

AWS 负载均衡器(Elastic Load Balancing,ELB)的访问日志是一种可选功能,能够捕获发送到负载均衡器的请求的详细信息。这些信息包括请求的接收时间、客户端的 IP 地址、延迟、请求路径及服务器响应。

8.9.1　负载均衡器访问日志概述

当客户请求通过 ELB 传递到后端服务器时,客户端的连接信息(如 IP 地址和端口)通常会丢失。这是因为 ELB 作为“代理”,代表客户端将请求发送到服务器,对服务器来讲,看起来就像 ELB 是发起请求的客户端,然而,原始客户端 IP 地址的信息非常重要,如果需要收集连接统计数据、分析流量日志或管理 IP 地址的白名单,获取原始客户端的 IP 地址就显得尤为重要。这是因为原始 IP 地址提供了关于请求来源的重要信息,有助于更深入地进行分析和管理,如图 8-41 所示。

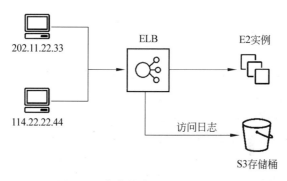

图 8-41　负载均衡访问日志的原理

启用 ELB 日志功能后,可以实现以下功能。

(1) 确定客户端原始 IP 地址:无论使用 HTTPS 还是 TCP 负载均衡,ELB 都能确定连接到服务器的客户端的原始 IP 地址。这意味着,即使请求通过 ELB 代理,也可以获取发起请求的客户端的真实 IP 地址。

(2) 记录所有请求:所有发送给负载均衡器的请求都会被记录下来,包括那些从未到达后端实例的请求。这意味着,即使请求由于某种原因没有成功到达目标服务器,仍然可以在日志中看到这个请求的记录,这对于故障排查和安全审计非常有用。

启用访问日志后,ELB 会捕获日志并将其作为压缩文件存储在指定的 S3 存储桶中。每 5min,ELB 会为每个负载均衡器节点发布一次日志文件。日志文件可以在存储桶中存储任意长时间,不过也可以定义 S3 生命周期规则以自动存档或删除日志文件。

8.9.2　负载均衡器访问日志的配置与应用

如果要为负载均衡器启用访问日志,则需要在管理控制台中选择负载均衡器,然后在属性选项卡上选择编辑。在监控部分,打开访问日志,并指定负载均衡器将在其中存储日志的 S3 存储桶的名称,如图 8-42 所示。存储桶必须具有为 ELB 授予写入存储桶的权限的存储桶策略。可以随时禁用访问日志。

图 8-42　负载均衡器访问日志的配置

对于 S3 URI,输入日志文件的 S3 URI。指定的 URI 取决于是否使用前缀。

(1) 带有前缀的 URI:s3://bucket-name/prefix。

(2) 不带前缀的 URI:s3://bucket-name。

访问日志的文件名采用特定的格式,包括存储桶名称、AWS 账户 ID、负载均衡器和 S3 存储桶所在的区域、传输日志的日期、负载均衡器的资源 ID、日志记录间隔结束的日期和时间、处理请求的负载均衡器节点的 IP 地址及系统生成的随机字符串。

访问日志文件是压缩文件。如果使用 S3 控制台打开这些文件,则将对其进行解压缩,并且将显示信息。如果下载这些文件,则必须对其进行解压才能查看信息。

如果需求量大,则负载均衡器可能会生成包含大量数据(以 GB 为单位)的日志文件。对于如此庞大的数据量,可能无法通过逐行处理进行处理,因此,可能需要使用提供并行处理解决方案的分析工具。例如,可以使用以下分析工具来分析和处理访问日志。

(1) AWS 的工具:Amazon Athena 是一种交互式查询服务,能够轻松地使用标准 SQL 分析 S3 中的数据。

(2) 开源软件:Elasticsearch+Logstash+Kibana(ELK Stack)、Loginsight。

(3) 商业软件:Loggly、Splunk、Sumo Logic。

8.9.3　负载均衡器访问日志的应用场景

AWS 负载均衡器的访问日志在安全方面有多种应用。

(1) 流量分析:访问日志提供了详细的请求信息,包括客户端 IP 地址、请求路径、服务器响应等。这些信息可以帮助分析和理解正在访问应用程序的流量模式。

(2) 异常检测:即使客户端发送的请求格式错误或者没有正常的目标响应,请求仍会被记录。这意味着可以使用访问日志来检测和调查任何异常或可疑的活动。

(3) 安全组管理:如果网络负载均衡器关联了安全组,则流日志将包含安全组允许或拒绝的流量条目。这可以帮助审计和优化安全组规则。

(4) 安全审计:访问日志可以作为安全审计的一部分,帮助追踪和记录所有向负载均衡器发出的请求。这对于满足各种合规性要求可能是必需的。

(5) 故障排除:访问日志可以帮助解决与目标相关的问题。例如,如果某个特定的目标出现问题,则可以查看访问日志以确定问题的性质和范围。

(6) 性能监控:访问日志中的延迟信息可以帮助监控应用程序的性能。如果发现任何性能下降的迹象,则可以使用这些信息来确定问题的根源。

总体来讲,访问日志是一个强大的工具,可以提供有关应用程序和其用户的深入洞察,从而帮助保持应用程序的安全性和性能。

8.10　S3 访问日志

在实施了 S3 对象存储的安全措施后,需要持续地对数据和配置的访问权限进行评估和审计。审计有助于发现潜在的安全事件,识别任何安全漏洞或配置更改,并满足法规要求。

8.10.1　S3 日志记录简介

启用 S3 日志记录后,AWS 会记录用户和服务对 S3 资源的操作,然后可以将这些日志记录用于审计和合规性检查。可以选择服务器访问日志或 AWS CloudTrail 日志来记录 S3 的操作。

1. 服务器访问日志

服务器访问日志是一种记录向 S3 存储桶发出请求的详细信息的机制。系统默认禁用了服务器访问日志记录。启用后，就可以开始接收日志。系统会尽最大努力传输日志，以确保日志的完整性及及时性，但不能保证这一点。日志记录通常在几小时内传输，很少会丢失。启用访问日志记录及对日志文件执行的 PUT 操作均不收费。只需为日志存储和对这些文件执行的 GET 操作付费。可以使用对象生命周期管理将存储成本降至最低，如图 8-43 所示。

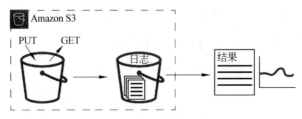

图 8-43 记录 S3 访问的服务器访问日志

在 S3 存储桶上执行的操作会以服务器访问日志的形式记录到另一个 S3 存储桶。服务器访问日志有助于通过访问审计确保账户安全，并了解对 S3 中的数据执行的对象级操作。服务器访问日志还有助于深入了解用户和应用程序的行为，并提供有关 S3 账单的解释说明信息。

2. AWS CloudTrail 日志

CloudTrail 服务提供了用户、角色或服务在 AWS 账户中执行的操作的记录。可以使用 CloudTrail 来记录和监控所有活动、审计账户，还可以使用 CloudTrail 来检测账户中的异常活动，如图 8-44 所示。

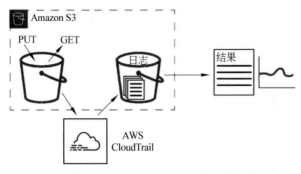

图 8-44 使用 AWS CloudTrail 记录 S3 访问的日志

CloudTrail 会记录在 S3 存储桶上执行的操作，然后将日志放入另一个 S3 存储桶中。使用 CloudTrail 记录 S3 操作，通过提供访问审计和分析，帮助确保账户的安全。

3. 使用 Amazon Athena 分析日志

Amazon Athena 是一项交互式查询服务，可以使用标准 SQL 分析 S3 中的数据，无须管理任何 Athena 基础设施，只需为执行的查询付费。

S3 不会自动分析日志。如果有大量的数据需要分析，则可以使用 Athena。

8.10.2 服务器访问日志记录使用

服务器访问日志包含以下 3 部分。

（1）源存储桶：正在被审计和记录的 S3 存储桶。

（2）目标存储桶：用于接收日志文件的目标 S3 存储桶。

（3）日志传输组（Log Delivery Group）：S3 使用一个特殊的账户，称为日志传输组，以此来写入服务器访问日志。日志传输组需要写入权限才能将日志写入目标 S3 存储桶。当在控制台启用日志记录时，AWS 会自动更新目标存储桶的 ACL，以便向日志传输组授予写入权限。

服务器访问日志可以提供对数据进行的详细对象级操作的视图。日志文件是文本文件，每行对应一条日志记录。每条日志记录表示一个请求，由空格分隔的字段组成。

这些字段与操作、请求者、资源和会话信息相关。示例日志记录如下：

```
79a59df900b949e55d96a1e698fbacedfd6e09d98eacf8f8d5218e7cd47ef2be
awsexamplebucket1[06/Feb/2024:00:00:38 +0000] 192.0.2.3
79a59df900b949e55d96a1e698fbacedfd6e09d98eacf8f8d5218e7cd47ef2be
3E57427F3EXAMPLE REST.GET.VERSIONING - "GET /awsexamplebucket1?versioning HTTP/
1.1" 200 -113 - 7 -"-" "S3Console/0.4" -
s9lzHYrFp76ZVxRcpX9 + 5cjAnEH2ROuNkd2BHfIa6UkFVdtjf5mKR3/eTPFvsiP/XV/VLi31234
=SigV2 ECDHE-RSA-AES128-GCM-SHA256 AuthHeader
awsexamplebucket1.s3.us-west-1.amazonaws.com TLSV1.1
```

可以通过 AWS 管理控制台、CLI、REST API 或 AWS SDK 等多种方式启用服务器访问日志记录。以 AWS 管理控制台为例，在存储桶属性选项卡的"服务器访问日志记录"中，选择"编辑"，然后选择"启用"，设置目标存储桶。目标存储桶必须位于源桶所在的相同区域中，必须与源桶相同的 AWS 账户拥有，并且不得启用对象锁定或具有默认的保留期配置，如图 8-45 所示。

一段时间后（可能是 10 多分钟或数小时），可以在目标存储桶中看到日志，然后就可以使用 Athena 分析服务器访问日志了。在 Athena 中，需要创建一个结构，创建数据库之后再创建指向目标 S3 存储桶的表。设置表后，就可以使用 Athena 中的 SQL 命令来查询访问日志了。

图 8-45 启用服务器访问日志记录

8.10.3　AWS CloudTrail 日志记录使用

AWS CloudTrail 可以为 S3 中的用户、角色或 AWS 服务所采取的操作提供记录。CloudTrail 会捕获对 S3 的 API 调用子集作为事件,包括来自 S3 控制台的调用和对 S3 API 的代码调用。

如果创建了跟踪,就可以将事件持续传送到 S3 桶。如果没有配置跟踪,则仍然可以在 CloudTrail 控制台中的事件历史记录中查看最新的事件。通过 CloudTrail 收集的信息,可以确定请求 S3 的内容、请求的 IP 地址、请求的发出者、请求的发出时间及其他详细信息。

CloudTrail 日志可以与 S3 的服务器访问日志配合使用。CloudTrail 日志提供了 S3 桶级别和对象级操作的详细 API 跟踪。S3 的服务器访问日志可以让人们了解对 S3 中数据的对象级别操作。

CloudTrail 日志包含针对操作的详细 API 跟踪。日志文件是 JSON 文件,可以包含每个事件的记录。CloudTrail 可以记录 3 种不同级别的 S3 API 调用。

(1) 账户级操作:这些是 S3 中适用于完整账户而不是特定对象或存储桶的操作,例如获取账户的 PublicAccessBlock 配置。

(2) 存储桶级操作:这些是在 S3 存储桶上执行的操作,例如更改存储桶策略。

(3) 对象级操作:这些是对 S3 存储桶中的对象执行的操作,例如放置、获取或删除对象。

在默认情况下,账户级和存储桶级操作会使用 CloudTrail 进行记录。可以通过在存储桶的属性中配置 CloudTrail 来启用对象级操作的 CloudTrail 日志记录。

在控制台中配置跟踪以记录某个 S3 桶的数据事件,既可以在 CloudTrail 中配置,也可以在 S3 存储桶属性中配置。如果要配置跟踪 AWS 账户中所有 S3 桶数据事件,则在 CloudTrail 中配置会更轻松。

在 CloudTrail 中启用对象级日志记录,选择"创建跟踪",为日志选择跟踪属性,包括跟踪名称和目标 S3 存储桶。对于对象级日志记录,需要选中"数据事件"的复选框,如图 8-46 所示。在"数据事件"下,选择 S3 作为数据事件源,如图 8-47 所示。可以为所有存储桶保持数据事件日志记录功能,也可以选择单个存储桶。

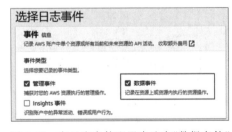

图 8-46　在日志事件配置中选中"数据事件"

图 8-47　在日志事件配置中设置数据事件类型

与服务器访问日志类似,也可以将 Athena 与 CloudTrail 日志结合使用,而且它使用起来比服务器访问日志更容易。使用服务器访问日志,必须转到 Athena 控制台才能创建数据库和表,但如果使用 CloudTrail 日志记录,Athena 则将自动创建表。

除了可以将 CloudTrail 日志发送到 S3 之外,还可以将其发送到 CloudWatch。使用 CloudWatch,可以监控日志并根据日志执行特定操作,例如调用 Lambda 函数或发送 SNS 通知。还可以使用 CloudWatch 搜索日志,以根据特定条件筛选事件。CloudWatch 日志见解也可用于查询特定的日志字段,以便对日志进行排序或筛选。这可以帮助可视化数据。

8.10.4　服务器访问日志与 CloudTrail 日志的比较

S3 服务器访问日志和 CloudTrail 对象级日志在某些方面可能相似,但实际上,它们之间存在着一些重要的区别。

CloudTrail 日志比服务器访问日志更具详细性和结构化。虽然 CloudTrail 日志的级别更高,但可能会带来额外的成本。这两种日志都记录了一些特定的事件和字段,这些信息在另一种日志中并未被记录,见表 8-1～表 8-4。

表 8-1　服务器访问日志与 CloudTrail 日志的对比表(1)

服务器访问日志记录	CloudTrail 日志记录
使用 Amazon S3 API 记录存储桶和对象操作	
仅在存储桶级启用,因此不包括创建或删除存储桶等操作	可以启用账户、存储桶和对象级以进行记录
记录生命周期过渡、过期和恢复	
在批量删除操作中记录对象键	
包含日志记录的 Object Size(对象大小)、Total Time(总时间)、Turn-Around Time(周转时间)和 HTTP Referrer(HTTP 引用链接)字段	
记录身份验证失败	不为身份验证失败的请求传输日志,但包括授权失败的请求日志和匿名用户发出请求的日志
	包括完整的负载详细信息(例如 ACL 定义)
仅为用户提供规范用户 ID	提供更多用户身份详细信息,例如用户名、ARN 和账户 ID
	能够记录对象的子集(前缀)而不是完整的存储桶
	能够筛选应该记录的事件

表 8-2　服务器访问日志与 CloudTrail 日志的对比表（2）

服务器访问日志记录	CloudTrail 日志记录
在 10 多分钟或数小时内传输	每 5min 传输一次数据事件，每 15min 传输一次管理事件
传输的完整性和及时性无法保证。丢失日志记录的情况很少，但服务器日志记录并不是所有请求的完整记录	受保证的日志传输
	能够将日志传输到多个目标。例如，将相同的日志发送到两个不同的存储桶
必须传输到同一账户中的存储桶	能够进行跨账户日志传输（由不同账户拥有的目标存储桶和源存储桶）
	能够转发到其他系统（CloudWatch Logs、CloudWatch Events）

表 8-3　服务器访问日志与 CloudTrail 日志的对比表（3）

服务器访问日志记录	CloudTrail 日志记录
仅收取日志存储费	管理事件（首次传输）是免费的。除了日志存储外，数据事件也会产生费用

表 8-4　服务器访问日志与 CloudTrail 日志的对比表（4）

服务器访问日志记录	CloudTrail 日志记录
结构松散、空格分隔、换行符分隔	JSON 格式
	有一个可搜索的日志 UI

8.11　Amazon Macie 服务

Amazon Macie 是一种数据安全服务，利用机器学习和模式匹配技术，发现并保护敏感数据。Macie 能够提供数据安全风险的可见性，并支持自动防护。

8.11.1　Amazon Macie 服务概述

Macie 能自动发现在 S3 中存储的敏感数据，例如个人身份信息和财务数据。同时，Macie 会自动评估和监控存储桶的安全性和访问控制，提供 S3 存储桶的清单。

如果 Macie 检测到敏感数据、数据安全或隐私方面的潜在问题，则会创建详细的发现结果，以便根据需要进行检查和修复。可以直接在 Macie 中查看和分析这些结果，或者使用其他服务、应用程序和系统来监控和处理它们，如图 8-48 所示。

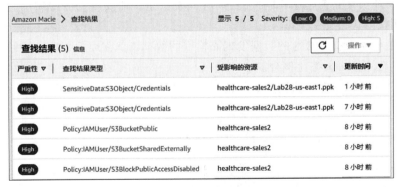

图 8-48　Macie 可以识别并报告过于宽松或未加密的存储桶

借助 Macie,可以管理组织的 S3 数据资产的安全状况。Macie 可提供 S3 存储桶的清单,并自动评估和监控存储桶的安全性和访问控制。如果 Macie 检测到数据存在安全或隐私方面的潜在问题(例如可公开访问的存储桶),则该服务会生成一个结果供查看并根据需要进行修复。

Macie 还可以自动发现和报告敏感数据,让人们更好地了解 S3 中存储的数据。如果要检测敏感数据,则可以使用 Macie 提供的内置条件和技术、自定义条件或两者的组合。如果 Macie 检测到 S3 对象中的敏感数据,Macie 则会生成一个结果来通知 Macie 发现的敏感数据。可以使用 Macie 来完成以下任务。

(1)自动发现敏感数据:自动发现敏感数据提供了对敏感数据可能驻留在 S3 数据资产中的位置的广泛可见性。通过此选项,Macie 会持续评估 S3 存储桶中的对象,并使用采样技术来识别和选择存储桶中具有代表性的 S3 对象,然后由 Macie 检索并分析所选对象,检查它们是否有敏感数据。

(2)评估 S3 存储桶中对象的安全性和访问控制:Macie 会自动生成并维护当前 AWS 区域中 S3 存储桶的完整清单。Macie 还监控和评估存储桶的安全性和访问控制。如果 Macie 检测到降低 S3 存储桶的安全性或隐私性的事件,Macie 则会创建一个策略结果供查看并根据需要进行修复。

(3)通过报告 S3 中发现的敏感数据来缩短分类时间:借助 Macie,可以生成可操作的结果并将其发送到 Amazon EventBridge 和 AWS Security Hub,以进行自动修复和工作流程集成。

(4)以经济高效的方式了解存储在 S3 中的敏感数据:从多个账户和 S3 存储桶中发现敏感数据并分析这些来源的结果是一项复杂、昂贵且及时的任务。借助 Macie 自动敏感数据发现,可以经济高效地在 S3 存储中持续采样数据。

每个 AWS 账户都会获得 30 天的 Macie 试用期,即使在多账户配置中也是如此,但是创建的任何敏感数据发现作业将不包含在 30 天试用期内。

Macie 的价格基于以下 3 个维度:

（1）持续评估存储桶库存和监控的 S3 存储桶数量。需要根据账户中的存储桶总数付费，并且费用按每天按比例分配。

（2）用于自动和有针对性的数据发现而检查的数据量。需要根据账户中检查的数据总量付费，并且费用按每天按比例分配。

（3）为自动数据发现而监视的对象数量。需要根据账户中 S3 对象的总量付费，并且费用按每天按比例分配。

8.11.2　Amazon Macie 服务的组件

Macie 能够扫描 S3 存储桶中的敏感数据，了解敏感信息的存储位置，这对于保持强大的安全态势至关重要。Macie 的自动化数据发现功能可以持续扫描所有 S3 存储桶，查找敏感数据和潜在的安全风险。结合其他 AWS 服务，可以自动地完成相应的操作，如图 8-49 所示。

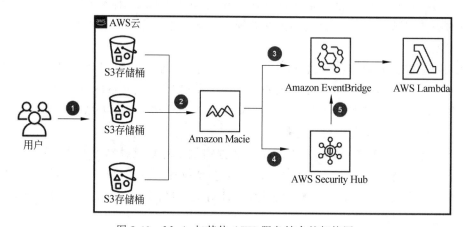

图 8-49　Macie 与其他 AWS 服务结合的架构图

（1）S3：将对象推送到 S3 存储桶。

（2）Macie：Macie 会评估每个 S3 存储桶的敏感度级别，检查数据安全风险，并引入优化的采样率，以减少需要分析的数据量并降低成本。

（3）EventBridge：Macie 结果可以发送到 EventBridge，以便可将特定类型的结果发送到 Lambda 函数，然后 Lambda 函数可能会处理数据并将其发送到安全事件和事件管理（SIEM）系统。

（4）Security Hub：Macie 生成的结果可以发送到 Security Hub 以与其他数据聚合，并且可以按优先级对结果进行排序。

（5）自动修复：Security Hub 可以使用 EventBridge 自动修复 Macie 使用自定义操作生成的结果。

在控制台中使用 Macie 的操作很简单，但也应该对以下概念有基本的了解。

（1）账户：包含 AWS 资源及可以访问这些资源的身份的标准 AWS 账户。Macie 中有以下 3 种类型的账户。

- 管理员账户：此类账户管理组织的 Macie 账户。组织是一组相互关联的 Macie 账户，并作为特定 AWS 区域中的一组相关账户进行集中管理。
- 成员账户：此类账户与组织的 Macie 管理员账户关联并由其管理。
- 独立账户：此类账户既不是管理员账户，也不是会员账户。它不是组织的一部分。

（2）允许名单：在 Macie 中，允许名单（白名单）用于指定希望 Macie 在检查 S3 对象是否存在敏感数据时忽略的文本或文本模式。

（3）自定义数据标识符：一组用于检测敏感数据的条件。

（4）发现结果：发现结果是 Macie 在 S3 对象中发现的敏感数据或 S3 存储桶的安全或隐私潜在问题的详细报告。每个发现结果都提供了详细信息，例如严重性评级、有关受影响资源的信息及 Macie 发现数据或问题的时间，如图 8-50 所示。

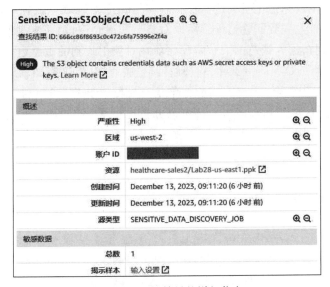

图 8-50　发现结果的详细信息

（5）结果事件：这是一个 EventBridge 事件，其中包含敏感数据发现或策略发现的详细信息。Macie 自动将敏感数据发现和策略发现作为事件发布到 EventBridge。

（6）托管数据标识符：托管数据标识符是一组内置标准和技术，旨在检测特定类型的敏感数据。

（7）敏感数据查找：敏感数据发现是 Macie 在 S3 对象中发现的敏感数据的详细报告。详细信息包括严重性评级、有关受影响资源的信息、Macie 发现的敏感数据的类型和出现次数及 Macie 发现敏感数据的时间。

（8）敏感数据发现工作：这也称为作业或 Macie 执行的一系列自动化处理和分析任务，以分析 S3 对象，检查对象中的敏感数据。创建作业时，可以指定作业运行的频率，并定义作业分析的范围和性质。

8.11.3 Amazon Macie 服务的案例

Macie 可以持续监控 S3 存储桶中数据的安全性和隐私性。如果要评估数据的安全状况并确定在何处采取操作，则可以使用 ASW 控制台上的摘要仪表板，它提供了 S3 数据的聚合统计信息的快照。统计数据包括关键安全指标的数据，例如可公开访问的存储桶数量、在默认情况下不加密新对象或与其他 AWS 账户共享的存储桶数量。

Macie 典型的应用案例主要有 3 种：

（1）发现敏感数据以确保合规性。可以使用数据分析来证明敏感数据已被自动发现和保护。Macie 具有自定义数据标识符，可以使用它来检测、分类和保护组织和合规性要求特有的敏感数据类型。

（2）在迁移过程中保护敏感数据。在数据摄取期间，Macie 可以确定敏感数据在摄取之前是否已通过编辑或标记化得到适当保护。当 Macie 发现敏感数据时，可以通知管理员检查数据并决定是否允许数据管道继续摄取对象。如果允许，则这些对象将使用 S3 对象标签进行标记，以识别在进入管道的下一阶段之前在对象中找到的敏感数据。

（3）提高关键业务数据的可见性。自动持续监控存储在 S3 存储桶中的所有敏感数据。Macie 还提供了清单中各个 S3 存储桶的详细信息和统计数据。这包括每个存储桶的公共访问和加密设置的详细信息，以及 Macie 可以分析以检测存储桶中的敏感数据的对象的大小和数量。该清单还指示是否配置了任何敏感数据发现作业来分析存储桶中的对象，如果是，则指示最近运行其中一项作业的时间。

8.12 其他高级服务

除了 CloudWatch、EventBridge、CloudTrail 等服务在监控和日志收集方面的应用之外，AWS 还提供了一些进阶的服务，它们在解决特定问题时能发挥重要作用。

（1）Amazon Athena 是一种交互式查询服务，可以分析在 S3 中存储的数据。无须预先设置任何基础设施，只需定义模式并开始查询。Athena 使用标准 SQL，可以处理任何规模的数据。在安全方面，Athena 可以用于查询存储在 S3 中的安全日志，以便进行深入的安全分析。

（2）Amazon Kinesis 是一种强大的工具，可以处理和分析实时数据流。它可以收集、处理和分析实时、流式数据，以便可及时获取新的信息并做出快速决策。在安全方面，Kinesis 可以用于收集、处理和分析安全日志，以便实时检测系统和网络中的异常行为。

（3）AWS X-Ray 帮助开发人员分析和调试分布式应用程序。如果应用程序由多个微服务构成，X-Ray 则可以帮助跟踪每个请求的路径并提供端到端视图。在安全方面，X-Ray 的分析能力可以帮助理解数据如何通过应用程序，以便可以识别和解决安全瓶颈问题。

（4）Amazon Detective 可以分析、调查和快速识别可能的安全问题或异常行为。它自动收集日志数据，然后使用机器学习、统计分析和图理论来构建互动式视图，帮助进行更深入的调查。Amazon Detective 是 2020 年新推出的服务。

8.13 本章小结

本章全面探讨了 AWS 监控、日志收集和审计的各方面。详细介绍了 CloudWatch 服务的概述、警报功能和日志功能，以及 EventBridge 服务的作用。讲解了 CloudTrail 服务，它在日志管理中的重要性，以及 Amazon Config 服务和 Systems Manager 服务的功能和应用。还讨论了 VPC 流日志、负载均衡器访问日志和 S3 访问日志的重要性和使用方法。在此基础上，深入了解了 Macie 服务，以及它如何帮助管理和保护数据的。最后，介绍了一些其他高级服务，如 Amazon Kinesis、Amazon Athena、AWS X-Ray 和 Amazon Detective，它们在处理特定问题时能够发挥巨大的作用。

本章全面探讨了 AWS 监控、日志收集和审计的各方面。详细介绍了 CloudWatch 服务的概述、警报功能和日志功能，以及 EventBridge 服务的作用。讲解了 CloudTrail 服务，它在日志管理中的重要性，以及 Amazon Config 服务和 Systems Manager 服务的功能和应用。还讨论了 VPC 流日志、负载均衡器访问日志和 S3 访问日志的重要性和使用方法。在此基础上，深入了解了 Macie 服务是如何帮助管理和保护数据的。最后，介绍了一些其他高级服务，如 Amazon Kinesis、Amazon Athena、AWS X-Ray 和 Amazon Detective，它们在处理特定问题时能够发挥巨大的作用。

第 9 章

事件响应和恢复

在云计算环境中,事件响应和恢复是确保数据和应用程序安全的重要环节。无论是选择适合的事件响应成熟度模型,还是制定安全事件的响应流程,抑或是利用 AWS 提供的各种服务进行事件响应和恢复都离不开这些核心功能的支持。

在本章将详细探讨这些服务的功能和使用方法,以便更好地理解和实施事件响应和恢复的管理。

本章要点:

(1) 事件响应成熟度模型。

(2) 安全事件的响应流程。

(3) AWS Trusted Advisor 服务。

(4) AWS Security Hub 服务。

(5) AWS GuardDuty 服务。

(6) AWS Detective 服务。

(7) AWS Incident Manager 服务。

(8) 安全管理自动化。

(9) AWS 事件响应最佳实践。

9.1　事件响应成熟度模型

事件响应成熟度模型是评估组织在网络安全事件发生时如何检测、分析、缓解、响应和恢复的一种模型。这个模型以安全策略为核心,设计、实施、管理、评估围绕策略形成一个闭环,其中紧急响应是管理的一个重要部分。不同的模型有不同的评估标准和等级,但通常包括以下几方面。

(1) 事件响应策略和流程:定义了组织在发生安全事件时应该采取的步骤和措施,以及各个角色和职责的分配。

(2) 事件响应团队和资源:指定了组织内负责事件响应的人员和部门,以及他们所需的技能、工具和培训。

（3）事件响应技术和工具：涉及了组织使用的安全解决方案，例如安全信息和事件管理（SIEM）、终端检测和响应（EDR）、威胁情报等，以及它们的配置和维护。

（4）事件响应度量和改进：涉及了组织收集和分析事件响应的数据和指标，例如事件数量、类型、严重性、响应时间、恢复时间等，以及根据这些数据和指标进行事件响应的优化和改进。

事件响应成熟度模型可以帮助组织识别事件响应的优势和弱点，制定事件响应的目标和计划，提高事件响应的质量和效率，降低安全事件的风险和影响。事件响应成熟度模型也可以帮助组织与其他组织进行事件响应的基准和对比，以及与行业标准和最佳实践进行事件响应的对齐和符合。

事件响应成熟度模型主要有以下几种。

（1）《信息安全技术 网络安全等级保护基本要求》（GB/T 22239—2019）、《信息安全技术 网络安全等级保护测评要求》（GB/T 28448—2019）和《信息安全技术 数据安全能力成熟度模型》（GB/T 37988—2019）是我国的国家标准，它们从不同的角度对网络安全事件响应提出了要求和指导，有助于提升组织对网络安全事件的应对能力和防护水平。特别是《信息安全技术 数据安全能力成熟度模型》，不仅为数据安全能力建设提供了依据，而且从数据生命周期的角度出发，对数据采集、传输、存储、处理、交换和销毁等阶段的安全能力进行了评估和指导，有助于组织全面提升数据安全保障能力。这些标准为理解和实施网络安全事件响应提供了重要的参考。

（2）《NIST 网络安全事件响应模型》是由美国国家标准与技术研究院（NIST）提出的，它提供了一种框架来指导组织如何准备和响应网络安全事件。该模型提供了系统化、标准化的方法来处理网络安全事件，包括准备、检测、响应和恢复等阶段。

（3）《网络安全能力成熟度模型（C2M2）》是由美国能源部等几个组织共同开发的。这个模型专注于信息技术（IT）和运营技术（OT）资产及其运营环境相关的网络安全实践的实施和管理。这个模型的接受程度和使用情况相对较高，因为它的结构清晰，覆盖面广，而且可以根据组织的具体情况进行灵活应用。

（4）《SANS 漏洞管理成熟度模型》是由 SANS Institute 提出的，它帮助使用者衡量漏洞管理程序的有效性。这个模型的接受程度和使用情况也相对较高，因为它提供了一种系统性的方法来评估和改进漏洞管理的流程。

这些模型都有各自的特点和适用场景，可以根据自己的需求和情况选择合适的模型，或者结合多个模型进行事件响应成熟度的评估和提升。

9.2 安全事件的响应流程

20min

AWS 采用的是其自己的事件响应模型，这是在 AWS Well-Architected Framework 中定义的。这个模型强调了在事件发生期间采取行动、隔离或约束系统并将运行状态恢复到已知的良好状态的能力。它包括准备工作，以及在安全事件发生之前确保相关工具部署到位,而后定期进行响应演练,将有助于确保架构有能力及时进行调查和恢复。

将 AWS 的事件响应模型与《AWS Well-Architected Framework 的安全性支柱》相结合,根据组织的具体情况,可以制定出自己的安全事件的响应流程。安全事件的响应流程是指组织在发现、处理和恢复安全事件时所遵循的一系列步骤和活动。安全事件的响应流程通常包括以下 4 个阶段。

(1) 准备阶段:在这个阶段,组织需要制定和维护事件响应计划,指定事件响应团队的成员、角色和职责,以及事件响应的策略和流程。组织还需要配置和更新事件响应的技术和工具,例如安全监控、日志分析、威胁情报、恢复备份等,以及进行事件响应的培训和演练。

(2) 检测和分析阶段:在这个阶段,组织需要监测和识别网络中的可疑活动和异常行为,收集和分析事件的相关数据和证据,例如事件的来源、类型、时间、范围、影响等,以及确定事件的严重性和优先级。

(3) 遏制、根除和恢复阶段:在这个阶段,组织需要采取适当的措施,阻止事件的扩散和恶化,隔离和清除受影响的系统和数据,恢复正常的业务运行,以及保留事件的取证信息。

(4) 事后活动阶段:在这个阶段,组织需要对事件进行总结和评估,分析事件的原因和后果,识别事件响应的优点和缺点,提出事件响应的改进和优化建议,以及制定预防和应对类似事件的措施和计划。

安全事件的响应流程是一种动态和迭代的过程,需要根据事件的具体情况和变化进行调整和优化。安全事件的响应流程的目的是尽快控制事件和解决问题,减少事件对组织的损害和风险,提高组织的安全能力和水平。

9.3 AWS Trusted Advisor 服务

Trusted Advisor 犹如聘请的在线专家团队,能够协助优化 AWS 环境,降低成本,提高性能并增强安全性。它提供了实时指导,协助根据 AWS 最佳实践配置资源。当存在节省资金、提高系统可用性和性能或减少安全漏洞的需求时,Trusted Advisor 会进行检查并给出建议。

9.3.1 AWS Trusted Advisor 服务概述

Trusted Advisor 是一项服务,汇集了 AWS 在为数十万 AWS 客户提供服务的过程中积累的运营经验和最佳实践。它会检查 AWS 环境,并给出节省成本、提高系统性能或消除安全漏洞的建议。可以设置 Trusted Advisor 通知,以便每周接收关于检查结果变化的电子邮件。还可以订阅业务和企业级支持,以获取全套 Trusted Advisor 最佳实践检查项目、API 访问及许多其他支持功能,如电话和聊天访问支持人员、架构指南、API 访问及第三方软件配置的帮助。

Trusted Advisor 包括一个不断扩大的检查项目列表,分为以下 5 类。

(1) 成本优化:提醒未使用的资源和降低资费的机会,提供可能节省成本的建议。

（2）性能：提供可以提高应用程序速度和响应能力的建议。

（3）安全：识别可能对 AWS 解决方案构成安全隐患的安全设置。

（4）容错：通过突出显示冗余不足、当前服务限制和资源过度利用等情况，提供提高 AWS 解决方案弹性的建议。

（5）服务限制：集中显示多个 AWS 产品的主要服务限制信息，并在使用超过 80% 的资源分配（如 EC2 实例和 EBS 卷）时发出警报。

在 AWS 管理控制台中，由 Trusted Advisor 提供每类检查的结果，如图 9-1 所示。控制面板页面上的颜色和图标显示每个安全检查项目的状态。红色图标表示建议采取行动，黄色图标是警告，表示建议进行调查，绿色图标表示一般信息，无须采取进一步措施。对号图标表示良好，三角形感叹号图标表示警告，圆圈感叹号表示需要注意。对于每个检查项目都可以查看详细说明，包括该主题的建议最佳实践、警报条件集、操作指南和实用资源列表。

图 9-1　Trusted Advisor 的 5 类检查结果示例

9.3.2　AWS Trusted Advisor 在安全方面的应用

Trusted Advisor 提供了一系列建议，协助遵循 AWS 的最佳实践。它通过检查评估账户，确定了优化 AWS 基础设施、提高安全性和性能、降低成本及监控服务配额的方法，然后可以根据这些检查的建议来优化服务和资源。需要注意的是，Trusted Advisor 是一种被动服务，它不能对发现的问题进行修复。

AWS Trusted Advisor 的收费模式取决于选择的 AWS 支持计划。

（1）所有客户：所有 AWS 客户都可以免费访问两个最常用的性能和安全建议，即"服务限制（性能类别）"和"安全组 - 特定端口不受限制（安全类别）"。

（2）AWS 基本支持和 AWS 开发人员支持客户：这两类客户可以访问所有的核心安全检查和服务配额检查。

（3）AWS 业务支持和 AWS 企业支持客户：这两类客户可以访问所有检查，包括成本优化、安全性、容错、性能和服务配额。

目前，Trusted Advisor 能够进行 30 多项安全检查，这些安全检查可以大致分为以下几类，如图 9-2 所示。

（1）基础设施安全检查：这类检查主要关注 AWS 基础设施的安全配置，例如 CloudWatch 日志组保留期、EBS 公共快照、RDS Aurora 存储加密已关闭、RDS 公共快照、

图 9-2　Trusted Advisor 的安全
检查结果示例

RDS 安全组访问风险、RDS 存储加密已关闭等。

（2）网络安全检查：这类检查主要关注网络层面的安全配置，例如 Route 53 不匹配的 CNAME 记录直接指向 S3 存储桶、Route 53 MX 资源记录集和发件人策略框架、VPC 对等连接的 DNS 解析已禁用等。

（3）数据安全检查：这类检查主要关注数据的安全性，例如 S3 存储桶权限、AWS 备份保险库没有基于资源的策略来防止删除恢复点等。

（4）身份和访问管理检查：这类检查主要关注身份和访问权限的管理，例如暴露的访问密钥、IAM 访问密钥轮换、IAM 密码策略、IAM 使用、根账户上的 MFA 等。

（5）应用安全检查：这类检查主要关注应用层面的安全配置，例如使用已弃用的运行时的 Lambda 函数、IAM 证书存储中的 CloudFront 自定义 SSL 证书、源服务器上的 CloudFront SSL 证书等。

（6）安全组和网络访问检查：这类检查主要关注网络访问的安全性，例如安全组 - 特定端口不受限制、安全组 - 不受限制的访问等。

（7）系统和软件版本检查：这类检查主要关注系统和软件的版本更新，例如不再提供技术支持的 Microsoft SQL Server 的 Amazon EC2 实例、不再提供技术支持的 Microsoft Windows Server 的 EC2 实例、不再提供标准技术支持的 Ubuntu LTS 的 EC2 实例等。

（8）数据传输安全检查：这类检查主要关注数据传输的安全性，例如未使用数据传输加密的 EFS 客户端等。

9.3.3　AWS Trusted Advisor 服务的案例

4min

根据信息安全的最佳策略，需要持续监控并减少非必要的公共访问，确保访问仅限于特定资源。例如，需要及时了解 AWS 资源中哪些是共享的，以及与谁共享。对共享资源进行持续监控和审计，以验证它们仅与授权的主体共享。

可以设置监控和警报，以确定 S3 存储桶是否已变得能够公开访问。需要设置监控和警报，以确定何时禁用 S3 屏蔽公共访问权限，以及 S3 存储桶是否已变得能够公开访问。此外，如果使用 AWS Organizations，则可以创建一个服务控制策略来防止更改 S3 公共访问策略。

使用 Trusted Advisor，可以检查是否存在具有开放访问权限的 S3 存储桶。如果向每个人授予"上传/删除"权限，则任何人都可以向存储桶添加项目、修改或删除存储桶中的项目，这样会产生潜在的安全问题。Trusted Advisor 可以检查存储桶明确拥有哪些权限，以及是否存在可能能够覆写这些权限的相关存储桶策略。

提示：还可以使用 AWS Config 来监控 S3 存储桶是否具有公共访问权限。如果考虑 S3 存储桶中包含哪些类型的数据，则可以使用 Amazon Macie 来发现和保护敏感数据。

9.4 AWS Security Hub 服务

数据是业务的核心，保护数据至关重要。要了解数据是否安全，最好的方式就是清晰地掌握安全和合规状况。使用 AWS Security Hub，可以全面地了解 AWS 账户的高优先级安全警报和合规状态，它能对来自多个 AWS 服务及第三方解决方案的警报或结果进行聚合、组织和按优先级排序。

9.4.1 AWS Security Hub 服务概述

Security Hub 是一项完全托管的服务，提供了 AWS 中安全状态的全面视图，以便判断是否符合行业标准和最佳实践。Security Hub 能够跨越各 AWS 账户、服务和受支持的第三方合作伙伴产品，收集安全数据，从而帮助分析安全趋势并确定最高优先级的安全问题。通过查看安全性和合规性检查的当前状态，可以发现趋势、识别潜在问题并采取必要的补救措施。

AWS 推出 Security Hub 服务的主要目的是帮助组织解决 4 个安全挑战。

（1）多种格式的数据：组织通常需要使用 15～60 种不同的安全工具。这些工具通常会以不同的格式发出警报。必须对这些格式的数据进行解析并标准化为通用格式，这需要花费数小时或数天的时间才能开始分析警报。

（2）警告的优先顺序：组织每天要处理数十、数百或数千个警报。需要对大量格式进行分析并确定优先级，以便解决最关键的安全威胁和合规性问题。

（3）安全状态的可视化：组织通常拥有许多安全工具，但没有一个仪表板可以同时查看所有不同的安全警报。由于缺乏对整个组织安全状况的可见性，他们正在寻找跨安全和合规性工具的单一管理平台。

（4）满足合规性要求：许多组织有各种内部和外部合规要求，并且很难满足这些要求，其中一些合规性要求是监管性的，例如美国国家标准与技术研究院（NIST）网络安全框架、健康保险流通与责任法案（HIPAA）标准和支付卡行业数据安全标准（PCI DSS）。有些合规性要求是组织内部的，有些是行业最佳实践。客户需要有方法来跟踪这些合规性要求。

图 9-3　Security Hub 支持的安全标准

Security Hub 目前支持的安全标准有 4 类共 5 种，如图 9-3 所示。

每个标准都有其特定的应用和优势。

（1）AWS 基础安全最佳实践：这是一组控制措施，用于检测 AWS 账户和资源是否偏离安全最佳实践。可以使用此标准持续评估所有 AWS 账户和工作负载，以快速确定偏离最佳实践的领域。它就如何改善和维护组织的安全状况提供了可行的规范性指导。

（2）CIS AWS Foundations 基准：CIS 的全名为互联网安全中心（Council of Internet Security），是一个非营利性的全球组织。CIS 的目标是识别、开发、验证、推广和维护网络防御的最佳实践解决方案。多年来，CIS 面向各种规模的企业制作并分发了若干免费的工具和解决方案，旨在加强他们的网络安全准备工作。CIS AWS Foundations 是由 CIS 开发的一套针对 AWS 的安全配置最佳实践。这些业界认可的最佳实践提供了清晰的实施和评估程序。从操作系统到云服务和网络设备，此基准测试中的控件可帮助保护组织使用的特定系统。Security Hub 支持 CIS AWS Foundations 基准测试的 v1.2.0 和 v1.4.0。这些基准测试涵盖了各种 AWS 服务和账户级别的设置。

（3）美国国家标准与技术研究所 SP 800-53 修订版 5：这是由隶属于美国商务部的美国国家标准与技术研究所开发的网络安全与合规框架。此合规框架可帮助保护信息系统和关键资源的可用性、机密性和完整性。美国联邦政府机构和承包商必须遵守 NIST SP 800-53 来保护其系统，但私营公司可以自愿将其用作降低网络安全风险的指导框架。

（4）支付卡行业数据安全标准：Security Hub 中的支付卡行业数据安全标准为处理持卡人数据提供了一套 AWS 安全最佳实践。可以使用此标准来发现及处理持卡人数据的资源中的安全漏洞。

这些标准都是为了提高信息安全性和保护用户数据而制定的，每个标准都有其独特的应用场景和优点。

9.4.2 AWS Security Hub 服务的使用

使用 Security Hub 服务，需要先启用 AWS Config 服务。AWS Config 是一项能评估、审核和评价 AWS 资源配置的服务。它持续监控和记录 AWS 资源配置，并自动评估记录的配置，以满足安全控制的要求。

启用 Security Hub 有两种方式：集成 AWS Organizations 或手动启用。如果选择集成 AWS Organizations，则大部分组织账户会自动启用 Security Hub。组织管理账户选择 Security Hub 管理员账户，所选账户将自动启用 Security Hub。这样可以扩大 Security Hub 检查和调查结果的覆盖范围，从而更全面、准确地了解整体安全状况。未使用 AWS Organizations 集成的账户需要手动启用 Security Hub。

在 Security Hub 控制台，可以看到一个总览面板，显示当前 AWS 环境的安全状况，如图 9-4 所示。可以查看和管理安全警告，以及运行自动化的安全检查。

根据配置中选择的标准，Security Hub 会进行合规性检查。

（1）确保不存在根账户访问密钥。

（2）确保所有拥有控制台密码的 IAM 用户启用了多重身份验证（MFA）。

图 9-4　Security Hub 控制台

（3）确保 CloudTrail 记录到的 S3 存储桶不可公开访问。

Security Hub 提供了多种方式展示合规性规则调查结果和详细信息，如图 9-5 所示。

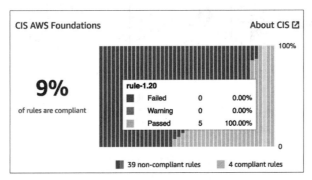

图 9-5　来自 Security Hub 的 CIS AWS Foundations 合规性统计数据示例

　　提示：AWS 官方文档列出了所有的检查项目。以"AWS 基础安全最佳实践标准"为例，目前共有 248 个检查项目。这些检查项目不仅适用于 Security Hub，也是日常操作的参考，例如对于 EC2 实例，就有 25 个相关的检查项。

9.4.3　AWS Security Hub 服务的案例

1. 服务集成

　　Security Hub 能够利用标准数据格式，自动从 AWS 服务和 AWS 合作伙伴产品中收集并提取检测结果，无须进行烦琐的数据转换。每个检测结果都代表一个可能的安全问题。例如，与 Security Hub 集成的 Firewall Manager 会向 Security Hub 发送以下 4 种类型的检测结果：

（1）未被 AWS WAF 规则正确保护的资源。

（2）未被 AWS Shield Advanced 正确保护的资源。

（3）AWS Shield Advanced 检测到的正在遭受分布式拒绝服务(DDoS)攻击的结果。

（4）未正确使用的安全组。

Security Hub 可以在控制面板中提供关键的安全性和合规性状态及趋势的概览，简化了安全问题的监控和可视化过程。

2.自动修复

Security Hub 与 EventBridge 集成，可以帮助创建自定义的响应和修复工作流程。响应和补救操作可以完全自动化，也可以在控制台中手动启动。还可以使用 Systems Manager Automation 文档、AW Step Functions 和 Lambda 函数来构建可从 Security Hub 启动的自动化修复工作流程。

当账户中的工作负载产生的风险较低时，自动修复是最佳选择，如图 9-6 所示。

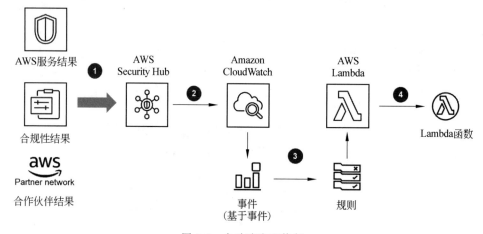

图 9-6　自动响应和修复

（1）集成服务将检测结果发送到 Security Hub。支持的数据源包括 AWS 合作伙伴集成、合规性基准和某些 AWS 服务，如 Amazon GuardDuty、Amazon Inspector、AWS Firewall Manager、AWS IAM Access Analyzer 和 Amazon Macie。

（2）在 Security Hub 控制台中，需要先为检测结果选择自定义操作，然后每个自定义操作都将作为 CloudWatch 事件发出。

（3）CloudWatch 事件规则触发 AWS Lambda 函数。此函数根据自定义操作的 AWS 资源编号(ARN)标识符映射到相应的自定义操作。

（4）调用的 Lambda 函数将根据特定规则执行修复操作。

需要注意的是，自动修复并非适用于所有场景。例如，不希望自动修复停止的 EC2 实例，因为这可能会影响正常的工作负载，所以需要手动修复。

手动修复最适合可能影响业务目标的情况。这种类型的干预速度较慢，但通知可以帮助加快响应速度。这也是一个应该用于在将新创建的自动修复投入生产环境之前对其进行测试的选项。

即使对于影响较小的工作负载,自动修复也应在部署到生产环境之前进行彻底测试。

9.5　AWS GuardDuty 服务

GuardDuty 是一种智能威胁检测服务,能持续监控和保护 AWS 账户和工作负载。GuardDuty 利用集成的威胁情报源识别可疑攻击者,并运用机器学习检测账户和工作负载活动中的异常。它能够检测出一些活动,这些活动可能表明账户已经被盗用(如异常 API 调用或未经授权的部署等),以及直接威胁(如遭到攻击的实例或攻击者侦测等),并生成详细的安全警报,然后可以根据警报采取措施,并将警报集成到现有的事件管理和工作流系统中。

9.5.1　AWS GuardDuty 服务概述

日志是自动威胁检测的重要信息来源。GuardDuty 能分析和处理来自多个来源的事件,例如 VPC 流日志、CloudTrail 管理事件日志、CloudTrail S3 数据事件日志和 DNS 日志,如图 9-7 所示。它利用威胁情报源(如恶意 IP 地址和域列表)及机器学习来识别 AWS 环境中的异常和潜在的未经授权的恶意活动。

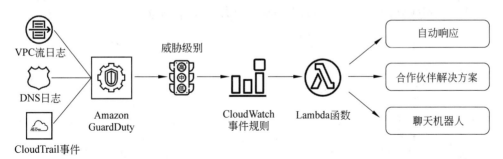

图 9-7　GuardDuty 与其他服务集成

GuardDuty 会持续分析云环境,并能快速发出可能面临的多种威胁的警报。

(1)侦查:攻击者进行侦查的活动,例如不寻常的 API 活动、VPC 内部端口扫描、失败登录请求的不寻常模式,或者来自已知恶意 IP 的未被阻止的端口探测。

(2)实例被盗用:发现被盗用实例的活动,例如加密货币挖矿、使用域生成算法(DGAs)的恶意软件、出站拒绝服务活动、网络流量的异常高量、不寻常的网络协议、实例与已知恶意 IP 的出站通信、外部 IP 地址使用的临时 EC2 凭证,以及使用 DNS 进行数据泄露。

(3)账户被盗用:指出被盗用的账户。常见的账户被盗用的模式包括来自不寻常地理位置或匿名代理的 API 调用、试图禁用 CloudTrail 日志记录、不寻常的实例或基础设施启动、在不寻常的区域部署基础设施,以及来自已知恶意 IP 地址的 API 调用。

（4）存储桶被盗用：指出存储桶被盗用的活动，例如凭证被滥用的可疑数据访问模式、来自远程主机的不寻常的 S3 API 活动、来自已知恶意 IP 地址的未经授权的 S3 访问，以及 API 调用以从没有访问过该存储桶的用户或从不寻常的位置调用的用户那里检索 S3 存储桶中的数据。GuardDuty 持续监控和分析 CloudTrail S3 数据事件（如 GetObject、ListObjects、DeleteObject），以检测所有 S3 存储桶中的可疑活动。

（5）Amazon EKS 集群被盗用：指出 Amazon EKS 集群内部被盗用的活动，例如已知恶意行为者或来自 Tor 节点的访问、可能表明配置错误的匿名用户执行的 API 操作，或者与提升特权技术一致的模式。

GuardDuty 是一种被动服务，不会对正常的业务有影响。它可以在多服务工作流程中使用，例如 GuardDuty 与 CloudWatch 和 Lambda 集成。通过这些 AWS 服务，可以自动响应安全威胁。这包括采取简单的操作，例如隔离受损的 EC2 实例或使 AWS 凭证失效。这些类型的行动对于遏制威胁至关重要，可以根据需要进行进一步的调查或取证。GuardDuty 还与安全信息和事件管理（SIEM）系统或其他安全技术集成。

9.5.2　AWS GuardDuty 服务的检测结果

目前，GuardDuty 能够分析多种资源类型的潜在威胁，包括 IAM、EC2、S3、RDS、Lambda、恶意软件防护、Kubernetes 审计日志及容器运行时（Runtime）监控。

一旦检测到威胁，AWS 管理控制台会显示直观的报告，如图 9-8 所示。

图 9-8　GuardDuty 检测到的威胁的列表

严重性级别反映了可能对 AWS 基础设施内的信息机密性、完整性和可用性造成损害的安全问题。GuardDuty 的结果会被分配为高、中等或低的严重性等级。

（1）高：这个严重性级别表示需要优先处理的安全问题，并立即采取纠正措施。

（2）中等：这个级别要求在方便的时候尽早调查涉及的资源。

（3）低：这个严重性级别表示没有立即需要采取的操作，但应记录此信息，作为以后要解决的问题。

对于每个检测到的威胁,可以查看详细的安全检测结果,如图 9-9 所示。结果的详细信息包括以下几项。

(1)发生情况的相关信息。

(2)涉及的 AWS 资源。

(3)活动发生的时间和地点。

(4)操作者是谁。

(5)其他相关信息。

图 9-9 GuardDuty 检测到的某个威胁的详细信息

如果检测到威胁,GuardDuty 则会向 CloudWatch Events 发送详细的安全检测结果。GuardDuty 的检测结果采用常见的 JSON 格式,这种格式也被 Amazon Macie 和 Amazon Inspector 所采用。

可以在 GuardDuty 中创建筛选条件来忽略某些提醒,也可以对与此筛选条件匹配的结果进行自动归档。通过这些功能,可以根据自己的特定环境进一步调整 GuardDuty,而这并不会影响发现威胁的能力。

9.5.3 AWS GuardDuty 服务案例

在这个案例中,某组织收到了一份来自第三方服务商的恶意 IP 地址列表。安全人员使用这份 IP 地址列表在 GuardDuty 中创建并上传了自定义威胁列表。环境中的一台 EC2 主机已受到感染,正在与上传到 GuardDuty 的威胁列表中的 IP 地址进行通信。这种活动在 GuardDuty 中生成了 UnauthorizedAccess:EC2/MaliciousIPCaller.Custom 的结果,如图 9-10 所示。

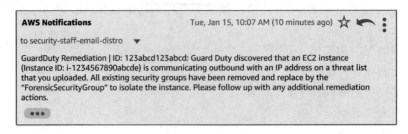

图 9-10　EC2 实例与威胁列表上的 IP 地址通信的电子邮件通知

这个结果是根据 VPC 流日志的分析生成的，其默认严重性为"中"。事件发现过程及其补救措施如图 9-11 所示。

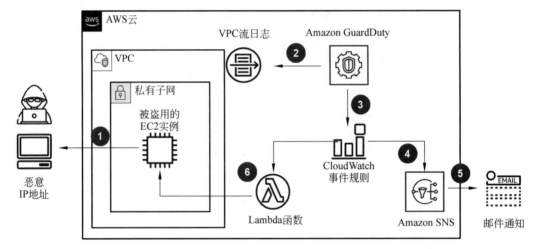

图 9-11　GuardDuty 与 CloudWatch Events 和 AWS Lambda 的联合使用

（1）受损实例与恶意 IP 的联系：环境中的一个受损 EC2 实例开始与互联网上的恶意主机的 IP 进行通信。这个恶意主机的 IP 地址在最近上传到 GuardDuty 的自定义威胁列表中。

（2）记录可疑通信：GuardDuty 监控的 VPC 流日志记录了受损主机和恶意 IP 之间的通信。

（3）生成发现：GuardDuty 根据 VPC 流日志中的信息生成一个发现，并将其发送到 GuardDuty 控制台和 CloudWatch 事件。

（4）触发 SNS 主题：CloudWatch 事件规则触发了一个 SNS 主题和一个 Lambda 函数。

（5）安全人员接收警告：SNS 将一封包含发现信息的电子邮件发送给安全人员。

（6）隔离受损主机：Lambda 函数使用 GuardDuty 发现中的实例和安全组信息来隔离受损的实例，阻止了与恶意 IP 的任何进一步通信。

最后，受损的 EC2 实例被移至名为 ForensicSecurityGroup 的自定义安全组中。现在，安全人员可以对其进行调查,同时安全组会阻止与主机之间的任何进一步通信,以遏制此事件。

9.6 AWS Detective 服务

Amazon Detective 能帮助迅速分析、调查并找出潜在安全问题或可疑活动的根源。它会自动收集 AWS 资源的日志数据,并利用机器学习、统计分析和图论构建一组关联数据,以便进行高效的安全调查。

9.6.1 AWS Detective 服务概述

当面临用户凭证被盗用、资源遭受未授权访问等安全问题时,就需要检查各种日志数据,以了解问题的原因,并评估其对环境的影响。这是一个复杂且耗时的过程。需要从事件发生时开始收集日志,然后使用工具和自定义脚本,甚至手动编辑,将数据整合和整理成可供分析和可视化工具使用的格式,然后分析数据,这需要深厚的数学和工程知识,例如,"这是否正常?",需要将其转换为数学模型、查询和分析,以找出答案。

随着环境中新资源和更新资源、账户及应用程序的不断引入,有必要持续地重新建立正常行为基准,并了解活动的新模式。威胁调查的过程依赖于事件发生的时间和顺序。在进行威胁调查时,需要回答的一些问题必须与正在调查的资源有关。这就需要了解哪些行为对于资源来讲是正常的,然后评估资源发现可疑行为的频率,以及是否同时出现了其他任何异常行为。

为了解决云中威胁调查的挑战,AWS 推出了 Amazon Detective。它是一种完全托管的安全服务,可以轻松地分析、调查并快速确定安全检测结果或可疑活动的根本原因。Detective 可以从 AWS 资源中收集日志数据和检测结果,并利用机器学习、统计数据分析和图论更快速高效地进行安全调查并进行可视化。Detective 支持多个 AWS 账户,可以在数百个 AWS 账户中启用该服务,并可以从一个安全账户管理配置和检测结果。

借助 Detective 的预建数据聚合、一览表和上下文,可以快速分析安全检测结果并确定其根本原因。例如,可以使用 API 调用趋势详细信息及用户尝试登录在地理上的分布情况,快速调查安全检测结果(例如异常控制台登录 API 调用)。这些详细信息有助于快速确定此类行为是合法行为,还是表明已遭到入侵。Detective 可以维护多达一年的历史事件数据。

Detective 利用机器学习、统计数据分析和图论生成定制的可视化内容,帮助回答"这是否是异常的 API 调用?"或"这是否是此实例的预期流量高峰?"等问题,无须整理任何数据,也无须开发、配置或调整自己的查询和算法。Detective 的可视化内容提供详细信息、上下文和指导,以便快速确定可能发生的安全问题的性质和范围。

一旦启用 Detective,就会立即开始收集并提取源数据。使用 Detective 时,无须部署任何代理或其他软件。Detective 会持续聚合此源数据,并且不会对账户或资源的性能或可用性产生任何影响。

然后机器学习算法会处理数据，并汇总 IP 地址、端口、域、响应代码和访问密钥等信息。AWS 托管加密密钥会加密所有日志、检测结果、调查和关联的传输中的数据和静态数据。

最后，Detective 会将处理的数据转换为定制的可视化内容，例如时间序列图、分布图和曲线图，这些图可用于进一步调查安全问题。可以深入调查具体活动，根据时间范围筛选活动，并在整个 AWS 环境中轻松搜索其他相关活动。

在账户中启用 Detective 后，该账户将成为行为图的主账户。一张行为图是一个或多个 AWS 账户中一组关联的提取数据和分析数据。为了更新行为图，Detective 会将 AWS 环境内外的数据汇集在一起，包括 CloudTrail 日志和 VPC 流日志及通过 GuardDuty 生成的结果，如图 9-12 所示。

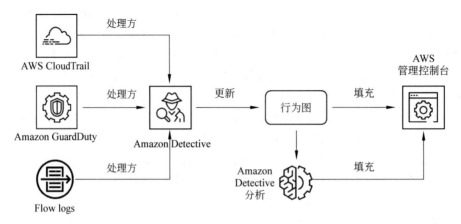

图 9-12　Detective 处理检测结果以供分析

主账户添加成员账户后，Detective 也会开始使用这些成员账户中的数据。一个主账户可以邀请1000 个其他账户成为行为图中的成员账户。一个账户可以是同一区域中多行为图的成员账户。一个账户只能是一个区域中一个行为图的主账户。一个账户可以是不同区域中的主账户。

数据提取基于配置的映射规则。映射规则基本上是"每当看到此部分数据时，就使用此特定方式更新行为图数据"。例如，传入的 Detective 源数据记录可能包含一个 IP 地址。如果包含，Detective 就会使用该记录中的信息来创建新的 IP 地址实体或更新现有的 IP 地址实体。

Detective 分析是一种非常复杂的算法并会深入挖掘数据，以深入调查与实体关联的活动。例如，一种 Detective 分析会分析活动发生的频率。如果实体进行 API 调用，则 Detective 不仅会查找实体不正常使用的 API 调用，还会查找数量剧增的 API 调用。Detective 分析见解通过对主要分析问题提供答案来支持调查，并用于填充 Detective 控制台。

Detective 摄取过程会将数据输入 S3 存储桶的 Detective 源数据存储中。新的源数据存入后，其他 Detective 组件会获取这些数据并启动提取和分析过程。

9.6.2 AWS Detective 服务的检测结果

Security Hub 主要负责管理和整合安全警告，GuardDuty 主要负责威胁检测，而 Detective 则主要负责安全调查和分析。这些服务可以一起使用，以提供全面的安全解决方案。例如，GuardDuty 可以检测威胁，然后将这些威胁的详细信息发送到 Security Hub 进行管理和整合，最后使用 Detective 对这些威胁进行深入调查和分析。

Detective 调查的重点是与所涉及 AWS 资源相关联的活动。当检测结果可能是问题的真正原因时，可以快速使用 Detective，查看关联的资源活动并确定后续步骤，然后如果是误报，则可以存档检测结果，否则需要进一步确定问题的严重性。

GuardDuty 检测到的结果是 Detective 调查过程中最常见的起点。GuardDuty 利用日志数据发现恶意活动或高风险活动的可疑实例，而 Detective 则提供有助于深入调查这些检测结果的资源。在开始调查检测结果时，既可以看到哪些实体（例如 IP 地址和 AWS 账户）与该结果关联，也可以看到与该结果关联的其他结果及发生时间或位置与该结果非常接近的活动。

Detective 也可以从摄取的源数据提取 IP 地址和 AWS 用户等实体。可以使用其中的一个实体作为调查起点。Detective 提供了有关实体的常规详细信息及有关活动历史记录的详细信息。例如，Detective 可以报告实体连接或使用了哪些其他 IP 地址。

可以按照以下标识符在 Detective 中搜索实体：

（1）对于 AWS 账户，标识符为账户 ID。

（2）对于 IP 地址，标识符为地址。

（3）对于 AWS 角色和 AWS 用户，标识符为委托人 ID。

（4）对于用户代理，标识符为用户代理名称。

（5）对于 Amazon EC2 实例，标识符为实例标识符。

图 9-13 显示了与 EKS 集群 detective-test-for-eks 相关的容器详细信息。可以看到一个高危的发现，即一个匿名用户被授予了 EKS 集群的 API 权限。这是不寻常的，因为它可能表明存在未经授权的访问或配置。

9.6.3 AWS Detective 服务的案例

1. 定义基准

Detective 可以帮助定义检测结果基准。例如，可以统计一个账户在一段时间内发出的所有成功和失败的 API 调用。在这种情况下，Detective 将 CloudTrail 日志用作数据源。首先，将该时间序列分成两部分：范围时间和基准时间。范围时间关注时间，例如 GuardDuty 检测结果的时间。基准时间可以在范围时间开始之前 45 天内。

通过整合这些不同部分中的数据，可以得出简单的统计数据，从而在寻找变化的同时，对基准时间和范围时间进行比较。接着，可以深入地了解每个单独的 API 调用类型，并为

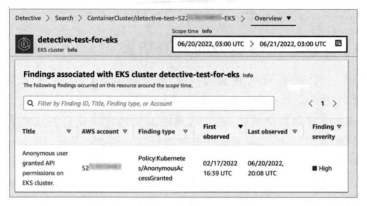

图 9-13　Detective 的检测结果示例

其创建一个时间序列，重点关注可能需要注意的 API 调用。仅在范围时间内发生且在基准时间内未发生的 API 调用可能会提供额外的信息。

2. 遭到攻击的账户

Detective 可以分析日志以确定用户和账户发出 API 调用的地理位置。如果看到 GuardDuty 检测结果中涉用户从某国发出了 API 调用，则对该账户来讲是一个新的位置。用户似乎是新创建的且在过去 45 天未发出任何 API 调用。如果客户在此国家不存在，则此检测结果可能就证明此账户下的多个用户信息已泄露。

9.7　AWS Incident Manager 服务

AWS Incident Manager 是 AWS Systems Manager 的组成部分，主要用于快速解决关键应用程序的可用性和性能问题。它通过自动化的响应计划，协助为事件做好准备，将相关人员和信息整合在一起。当 CloudWatch 警报或 EventBridge 事件检测到关键问题时，Incident Manager 可以自动启动响应，如图 9-14 所示。

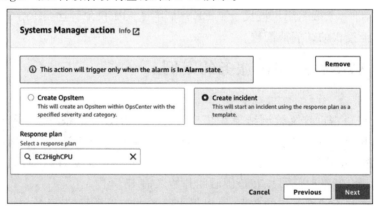

图 9-14　Incident Manager 与 CloudWatch 的警报集成

在创建 CloudWatch 警报时,需要设置一个阈值,然后在配置 Systems Manager 的操作中选择"创建事件",指定 Incident Manager 中的响应计划。这样,一旦发生关键问题,Incident Manager 就会自动启动响应。这种自动化的响应机制,大大提高了处理事件的效率。

在 AWS 环境中,事件是指任何未计划的中断或服务质量降低,这可能对业务运营产生重大影响。Incident Manager 的主要特性包括以下几种。

(1) 通过自动化计划,有效地管理参与负责响应事件的人员。

(2) 提供相关的故障排除数据。

(3) 使用预定义的自动化运行簿,启用自动响应操作。

(4) 提供与所有利益相关者协作和沟通的方式。

在使用 Incident Manager 时,需要创建和配置各种组件,包括响应计划、事件检测、运行手册自动化支持和参与计划。这些组件协同工作,以便在检测到事件时,自动执行预定义的响应计划。

Incident Manager 集成了用户参与、升级、运行簿、响应计划及时通信和事后分析,以协助团队更快地处理事件并恢复应用程序的正常运行。例如,当系统检测到不合规的安全组规则时,可以使用 Incident Manager 自动触发响应计划,通知相关人员,并自动执行运行手册以修复不合规的资源。这样,可以更快地解决安全问题,减少潜在的安全风险。

9.8 安全管理自动化

9.8.1 安全管理自动化的概念和意义

安全管理自动化是指利用技术和工具实现安全管理过程的部分或全部自动化,以提高安全管理的效率和效果,降低安全管理的成本和风险。安全管理自动化的意义主要体现在以下几方面。

(1) 提高安全管理效率:通过自动配置、更新安全设备和服务的安全设置,自动监测和识别安全事件和威胁,自动执行安全事件的响应和处置,自动评估和改进安全管理的效果和水平。这样可以节省人力和时间,减少人为错误和遗漏,提高安全管理的速度和准确性。

(2) 提高安全管理效果:通过自动收集和分析安全数据和日志,自动生成和发送安全告警和报告,自动提出安全管理的改进和优化建议。这样可以增强安全管理的可见性和敏捷性,以及时发现和解决安全问题,提高安全管理的质量和性能。

(3) 降低安全管理成本和风险:通过自动实施安全策略和控制,阻止安全事件的扩散和恶化,恢复正常的业务运行,保留安全取证信息。这样可以减少安全管理的人力和物力投入,减少安全事件的影响和损失,降低安全管理的经济和法律风险。

(4) 应对复杂多变的安全威胁:通过自动利用安全解决方案,例如安全信息和事件管理(SIEM)、终端检测和响应(EDR)、威胁情报等,以及与其他组织和机构的安全协作,适应不断变化的安全环境和需求,应对各种类型和规模的安全威胁,提高安全管理的灵活性和适应性。

9.8.2 安全管理自动化的主要内容

1. 安全配置自动化

可以自动化地配置和更新安全设备和服务的安全设置,例如防火墙、入侵检测和防御、访问控制、加密和认证等,以保持安全策略的一致性和有效性。安全配置自动化的主要优势包括以下几点。

(1)简化和标准化安全配置的过程,避免人为错误和遗漏,提高安全配置的速度和准确性。

(2)实现安全配置的跨平台和跨环境的一致性,避免安全配置的冲突和不兼容,提高安全配置的可移植性和可复用性。

(3)实现安全配置的实时和动态更新,避免安全配置的过期和失效,提高安全配置的灵活性和适应性。

2. 安全监控自动化

可以自动化地监测和识别网络中的安全事件和威胁,收集和分析安全数据和日志,生成和发送安全告警和报告,以提高安全可见性和敏捷性。安全监控自动化的主要优势如下:

(1)增强和扩展安全监控的范围和深度,覆盖多个安全维度和层次,提高安全监控的全面性和细致性。

(2)利用安全解决方案,例如安全信息和事件管理(SIEM)、终端检测和响应(EDR)、威胁情报等,提高安全监控的智能性和精确性。

(3)实现安全监控的实时的和持续的反馈,以及时发现和通知安全问题,提高安全监控的及时性和有效性。

3. 安全响应自动化

可以自动地执行安全事件的响应和处置,例如隔离和清除受影响的系统和数据,恢复正常的业务运行,保留安全取证信息,以减少安全事件的影响和损失。安全响应自动化的主要优势如下:

(1)加快和优化安全响应的过程,避免人为的延迟和失误,提高安全响应的速度和质量。

(2)实现安全响应的跨平台和跨环境的协调和协作,避免安全响应的冲突和不一致,提高安全响应的协同性和一致性。

(3)实现安全响应的自动执行和定制执行,避免安全响应的过度和不足,提高安全响应的合理性和适当性。

4. 安全优化自动化

可以自动化地评估和改进安全管理的效果和水平,例如分析安全事件的原因和后果,识别安全管理的优点和缺点,提出安全管理的改进和优化建议,以提高安全能力和水平。安全优化自动化的主要优势如下:

（1）收集和整合安全管理的数据和指标，例如安全事件的数量、类型、严重性、响应时间、恢复时间等，提高安全管理的可衡量性和可比较性。

（2）利用安全解决方案，例如安全评估、安全基准、安全建议等，提高安全管理的可评估性和可改进性。

（3）实现安全管理的持续和迭代的优化，避免安全管理的滞后和陈旧，提高安全管理的可持续性和可靠性。

9.8.3　AWS 的安全管理自动化的服务和工具

AWS 提供了一系列支持安全管理自动化的服务和工具，可以协助实现安全配置自动化、安全监控自动化、安全响应自动化和安全优化自动化等各方面。

（1）安全配置自动化：自动配置和更新 AWS 资源的安全设置，以及跟踪和记录资源的配置变化。这类产品包括以下几种。

- AWS Config：定义和执行安全策略和规则，以及检测和修复 AWS 资源的配置偏差。
- AWS Systems Manager：自动化地管理 AWS 资源的安全补丁、状态和合规性。
- AWS CloudFormation：自动化地创建和更新安全模板和堆栈。

（2）安全监控自动化：自动化地监测和识别 AWS 账户和资源的安全事件和威胁，以及收集和分析安全数据和日志。这类产品包括以下几种。

- AWS CloudTrail：记录和存储 AWS 账户的所有 API 调用，以及生成和发送安全告警和报告。
- AWS GuardDuty：利用机器学习和威胁情报来检测 AWS 账户和资源的异常和恶意活动，以及生成和发送安全告警和报告。
- AWS Detective：利用机器学习检测 AWS 账户和资源的关联和模式，以及生成和发送安全告警和报告。

（3）安全响应自动化：自动化地执行安全事件的响应和处置，例如隔离和清除受影响的系统和数据，恢复正常的业务运行，保留安全取证信息，以减少安全事件的影响和损失。这类产品包括以下几种。

- AWS Security Hub：集成和聚合 AWS 账户和资源的安全信息和事件，以及定义和执行安全事件的响应计划。
- AWS Incident Manager：指定安全事件的响应团队的成员、角色和职责，以及实现安全事件的响应的协调和协作。
- AWS Lambda：自动化地执行安全事件的响应的自动和定制操作，例如隔离和清除受影响的系统和数据，恢复正常的业务运行，保留安全取证信息等。

（4）安全优化自动化：自动化地评估和改进 AWS 账户和资源的安全管理的效果和水平，以及与其他组织和机构的安全协作。这类产品包括以下几种。

- AWS Security Hub：利用安全解决方案，例如 AWS 基础安全最佳实践（FSBP）标准、AWS CIS 基准、PCI DSS 标准等，来提高 AWS 账户和资源的安全评估和改进的可评估性和可改进性。

- AWS Trusted Advisor：获取 AWS 账户和资源的安全建议和优化，例如关闭未使用的安全组、启用多因素认证、删除未使用的 IAM 凭证等。
- AWS Marketplace：发现和部署来自第三方供应商的安全解决方案，例如防病毒、防火墙、加密等，以及与其他组织和机构的安全协作。

在实施安全管理自动化时，应该根据组织的需求和状况，有针对性地选择 AWS 服务和工具。由于不同组织的安全管理目标和挑战各异，因此，基于实际情况进行选择，确保所选的 AWS 服务和工具能够满足安全管理需求。在选定合适的 AWS 服务和工具后，进行正确的配置和使用，以最大化安全管理自动化的效果。这包括设置适当的安全策略、配置安全控制措施及确保服务的正常运行。配置和使用 AWS 服务和工具后，还应定期监测和评估安全管理自动化的效果，了解其是否达到预期的目标和标准，以及是否存在问题与改进空间。最后，持续优化和改进安全管理自动化的过程和结果，以适应安全环境和需求的变化，以及应对安全威胁的发展和演变。通过不断地优化和改进，可以确保安全管理自动化始终保持最佳状态，为组织的安全管理提供有力支持。这是一个持续的过程，需要始终保持警惕，随时准备应对新的挑战和机遇。

9.9　AWS 事件响应最佳实践

AWS 事件响应最佳实践是在使用 AWS 服务和工具进行安全事件的检测、响应和恢复时应遵循的一些指导和建议。这些最佳实践旨在提高事件响应的效率和效果，降低事件响应的成本和风险。它们涵盖了事件响应中的各方面和内容，包括定义事件响应中的角色和责任、开展员工培训、制定上报策略、详细规划沟通、执行根本原因分析、采用混沌工程实践等。遵循这些最佳实践，可以更好地使用 AWS 进行事件响应，以及与其他组织和机构的安全协作。

（1）定义事件响应中的角色和责任：确定事件响应的相关责任方，为事件制定 RACI 图表，如负责人（Responsible）、责任人（Accountable）、咨询人（Consulted）和知情人（Informed），并将关键的云上责任相关方添加到事件响应计划中。这样做是为了明确事件响应的工作分配和沟通路径，避免责任的模糊和冲突，提高事件响应的协同性和一致性。可以使用 AWS Config、AWS Systems Manager、AWS CloudFormation 等服务来定义和执行事件响应中的角色和责任。

（2）开展员工培训：定期对事件响应团队和其他相关人员进行事件响应的培训和演练，以提高他们的事件响应的技能和经验，以及熟悉事件响应的流程和工具。这样做是为了提高事件响应的人力素质和能力，避免事件响应的失误和延迟，提高事件响应的速度和质量。

（3）制定上报策略：根据事件的优先级和严重性对事件进行分类，以指导事件响应的时间表、补救措施和调查活动，以及制定事件响应的上报策略，确定应该通知的人员和采取的行动。这样做是为了合理地分配事件响应的资源和注意力，避免事件响应的过度和不足，提高事件响应的合理性和适当性。可以使用 AWS CloudTrail、AWS GuardDuty、AWS Detective 等服务来制定上报策略。

（4）详细规划沟通：建立清晰的沟通渠道和计划，以及事件响应的状态报告和总结报告的模板，以便在事件响应期间及时地向利益相关者（从 IT 团队到最终用户）通报事件的状态和结果，建立信任并避免错位的指责。这样做是为了保持事件响应的透明度和可追溯性，避免信息的混乱和误导，提高事件响应的可信度和满意度。可以使用 AWS Security Hub、AWS Incident Manager、AWS Lambda 等服务来详细规划沟通。

（5）执行根本原因分析：在事件响应结束后，执行根本原因分析，以了解事件发生的原因，识别系统中的缺陷或漏洞，提出事件响应的改进和优化建议，以及制定事件响应的优化和改进的措施和计划。这样做是为了防止事件的重复和扩散，避免事件的根源和影响，提高事件响应的质量和性能。可以使用 AWS Security Hub、AWS Trusted Advisor、AWS Marketplace 等服务来执行根本原因分析。

（6）采用混沌工程实践：进行定期演练，在系统中故意制造混沌条件，例如服务器故障、网络延迟或资源限制，以测试系统的弹性，以及增强事件响应的流程和工具。这样做是为了提高系统的可靠性和可恢复性，避免系统的脆弱和不可预测，提高事件响应的灵活性和适应性。

提示：Netflix 公司是混沌工程领域的倡导者，多年来一直使用混沌工程来提高其系统的弹性，包括在生产中对分布式软件系统故意地进行故障注入，以测试在面临动荡或意外条件时的弹性。通过混沌工程，Netflix 成功地避免了多次云厂商的大规模故障。

通过遵循这些最佳实践，可以更好地使用 AWS 进行事件响应，以及与 AWS 的资源和解决方案进行安全管理自动化的学习和借鉴。

9.10 本章小结

本章深入探讨了 AWS 事件响应和恢复的各方面。首先了解了事件响应成熟度模型和安全事件的响应流程，然后详细介绍了 AWS Trusted Advisor 服务、AWS Security Hub 服务、AWS GuardDuty 服务、AWS Detective 服务和 AWS Incident Manager 服务，包括它们的概述、在安全方面的应用及具体的案例。接下来，讨论了安全管理自动化的概念和意义、主要内容及 AWS 的安全管理自动化的服务和工具。最后，深入了解了 AWS 事件响应最佳实践。通过本章的学习，可以更好地理解和应用 AWS 在事件响应和恢复方面的服务和工具，以提高安全管理能力。

此刻，当我们合上这本书的时候，意味着一段学习的旅程即将结束。在这段旅程中，我们一同启航，共同探索公有云安全的深邃与广阔。从基础概念到实践操作，每步都留下了我们坚实的足迹。感谢您与我同行，共同面对挑战，共同寻找答案。

愿您带着本书的知识，继续在信息技术的道路上勇往直前。期待在未来的日子里，我们还能在知识的海洋中再次相遇。祝您前程似锦，未来充满无限可能！

图 书 推 荐

书　　名	作　者
仓颉语言元编程	张磊
仓颉语言实战(微课视频版)	张磊
仓颉语言核心编程——入门、进阶与实战	徐礼文
仓颉语言程序设计	董昱
仓颉程序设计语言	刘安战
仓颉语言极速入门——UI 全场景实战	张云波
HarmonyOS 移动应用开发(ArkTS 版)	刘安战、余雨萍、陈争艳 等
深度探索 Vue.js——原理剖析与实战应用	张云鹏
前端三剑客——HTML5＋CSS3＋JavaScript 从入门到实战	贾志杰
剑指大前端全栈工程师	贾志杰、史广、赵东彦
Flink 原理深入与编程实战——Scala＋Java(微课视频版)	辛立伟
Spark 原理深入与编程实战(微课视频版)	辛立伟、张帆、张会娟
PySpark 原理深入与编程实战(微课视频版)	辛立伟、辛雨桐
HarmonyOS 应用开发实战(JavaScript 版)	徐礼文
HarmonyOS 原子化服务卡片原理与实战	李洋
鸿蒙操作系统开发入门经典	徐礼文
鸿蒙应用程序开发	董昱
鸿蒙操作系统应用开发实践	陈美汝、郑森文、武延军 等
HarmonyOS 移动应用开发	刘安战、余雨萍、李勇军 等
HarmonyOS App 开发从 0 到 1	张诏添、李凯杰
JavaScript 修炼之路	张云鹏、戚爱斌
JavaScript 基础语法详解	张旭乾
华为方舟编译器之美——基于开源代码的架构分析与实现	史宁宁
Android Runtime 源码解析	史宁宁
恶意代码逆向分析基础详解	刘晓阳
网络攻防中的匿名链路设计与实现	杨昌家
深度探索 Go 语言——对象模型与 runtime 的原理、特性及应用	封幼林
深入理解 Go 语言	刘丹冰
Vue＋Spring Boot 前后端分离开发实战	贾志杰
Spring Boot 3.0 开发实战	李西明、陈立为
Flutter 组件精讲与实战	赵龙
Flutter 组件详解与实战	［加］王浩然(Bradley Wang)
Dart 语言实战——基于 Flutter 框架的程序开发(第 2 版)	亢少军
Dart 语言实战——基于 Angular 框架的 Web 开发	刘仕文
IntelliJ IDEA 软件开发与应用	乔国辉
Python 量化交易实战——使用 vn.py 构建交易系统	欧阳鹏程
Python 从入门到全栈开发	钱超
Python 全栈开发——基础入门	夏正东
Python 全栈开发——高阶编程	夏正东
Python 全栈开发——数据分析	夏正东
Python 编程与科学计算(微课视频版)	李志远、黄化人、姚明菊 等
Diffusion AI 绘图模型构造与训练实战	李福林
HuggingFace 自然语言处理详解——基于 BERT 中文模型的任务实战	李福林

书　名	作　者
图像识别——深度学习模型理论与实战	于浩文
数字 IC 设计入门(微课视频版)	白栎旸
动手学推荐系统——基于 PyTorch 的算法实现(微课视频版)	於方仁
人工智能算法——原理、技巧及应用	韩龙、张娜、汝洪芳
Python 数据分析实战——从 Excel 轻松入门 Pandas	曾贤志
Python 概率统计	李爽
Python 数据分析从 0 到 1	邓立文、俞心宇、牛瑶
从数据科学看懂数字化转型——数据如何改变世界	刘通
鲲鹏架构入门与实战	张磊
鲲鹏开发套件应用快速入门	张磊
华为 HCIA 路由与交换技术实战	江礼教
华为 HCIP 路由与交换技术实战	江礼教
openEuler 操作系统管理入门	陈争艳、刘安战、贾玉祥 等
5G 核心网原理与实践	易飞、何宇、刘子琦
Python 游戏编程项目开发实战	李志远
编程改变生活——用 Python 提升你的能力(基础篇·微课视频版)	邢世通
编程改变生活——用 Python 提升你的能力(进阶篇·微课视频版)	邢世通
编程改变生活——用 PySide6/PyQt6 创建 GUI 程序(基础篇·微课视频版)	邢世通
编程改变生活——用 PySide6/PyQt6 创建 GUI 程序(进阶篇·微课视频版)	邢世通
FFmpeg 入门详解——音视频原理及应用	梅会东
FFmpeg 入门详解——SDK 二次开发与直播美颜原理及应用	梅会东
FFmpeg 入门详解——流媒体直播原理及应用	梅会东
FFmpeg 入门详解——命令行与音视频特效原理及应用	梅会东
FFmpeg 入门详解——音视频流媒体播放器原理及应用	梅会东
精讲 MySQL 复杂查询	张方兴
Python Web 数据分析可视化——基于 Django 框架的开发实战	韩伟、赵盼
Python 玩转数学问题——轻松学习 NumPy、SciPy 和 Matplotlib	张骞
Pandas 通关实战	黄福星
深入浅出 Power Query M 语言	黄福星
深入浅出 DAX——Excel Power Pivot 和 Power BI 高效数据分析	黄福星
从 Excel 到 Python 数据分析：Pandas、xlwings、openpyxl、Matplotlib 的交互与应用	黄福星
云原生开发实践	高尚衡
云计算管理配置与实战	杨昌家
虚拟化 KVM 极速入门	陈涛
虚拟化 KVM 进阶实践	陈涛
HarmonyOS 从入门到精通 40 例	戈帅
OpenHarmony 轻量系统从入门到精通 50 例	戈帅
AR Foundation 增强现实开发实战(ARKit 版)	汪祥春
AR Foundation 增强现实开发实战(ARCore 版)	汪祥春